本書について

　本書は、すでに乙種第4類の危険物取扱者免状を有する方が、第4類以外の乙種第1・2・3・5・6類の危険物取扱者試験に合格してもらうことを目標に発刊した受験対策本です。

　乙種のいずれかの危険物取扱者免状を有する方が、その他の乙種を受験する場合、試験科目のうち「①危険物に関する法令（法令）」および「②基礎的な物理学及び基礎的な化学（物化）」の全問が免除になります。そのため、本書では「③危険物の性質並びにその火災予防及び消火の方法（性消）」に限り、問題と解説を収録しています。

　危険物取扱者試験の合格基準は、科目ごとの正解率がそれぞれ60％以上であることが求められます。したがって、試験科目の免除で受験する場合、③性消で出題される10問のうち、6問以上正解すれば合格ラインをクリアできます。

　それでは、合格基準となる6問を正解するためにはどうすればよいのか。・・・ズバリ「過去に出題された問題を集中的に解いて覚える！」ことが最も効率的な学習方法でしょう。しかし、国家試験である危険物取扱者試験は、問題冊子の会場外への持ち出しは禁止、かつ問題も非公表となっています。そこで小社では、複数の受験者に依頼し会場内で問題を覚えてもらい、それらを元に過去問題を復元し掲載しています。したがって、記載内容や表現が実際の試験と一部異なっている場合もありますが、問題の主旨は合っているものと確信しています。また、読者には限られた時間で効率よく学習し合格してもらうために、基礎的な化学の知識はなるべく省き、テキストパートも簡潔にまとめています。

　問題は、令和5年〜平成25年にかけて実施された試験の中から抜粋して収録しています。問題の文末にある［★］マークは、小社の調査データから、近年の出題傾向を踏まえて、頻出問題であると判断したものに表記しています。

　また、問題ごとにチェックマーク（☑）をつけてありますので、習熟度の確認にご活用ください。

　近年、危険物取扱者試験では新出問題が出題されることもあります。しかし、その数はわずかで、多くは過去に出題された問題の中から、繰り返し出題される傾向にあります。それら出題頻度の高い問題を「繰り返し解いて内容を覚える」ことが、試験合格への近道だと私たちは考えています。

　末筆ではございますが、本書が試験合格の一助となれば幸いです。

公論出版　危険物取扱者試験 編集部

受験の手引

■危険物取扱者について
◎消防法に基づく危険物の取扱い及び取扱いに立ち会うために必要となる国家資格。
◎危険物取扱者の免状は、貯蔵し、または取り扱うことができる危険物の種類によって、甲種・乙種・丙種に分かれている。
◎乙種危険物取扱者第1類～第6類のうち免状を交付されている類の危険物の取扱いと立会いができる。

■乙種の試験方法及び科目と合格基準
◎受験にあたり、資格は必要なし。
◎試験方法は、マーク・カードによる筆記試験（五肢択一式）。
◎乙種試験における科目及び科目免除対象は下記のとおり。

免除対象者	試 験 科 目	免除	出題数	合計	試験時間
※1	危険物に関する法令	免除		10問	35分
	基礎的な物理学及び基礎的な化学				
	危険物の性質並びにその火災予防及び消火の方法	―	10問		
※2	危険物に関する法令	―	15問	24問	1時間30分
	基礎的な物理学及び基礎的な化学	免除 （一部）	4問		
	危険物の性質並びにその火災予防及び消火の方法		5問		
※3	危険物に関する法令	免除		5問	35分
	基礎的な物理学及び基礎的な化学				
	危険物の性質並びにその火災予防及び消火の方法	免除 （一部）	5問		

※1 「乙種危険物取扱者免状を有する者（※乙4取得済み等）」の第1類から第6類いずれかの受験時
※2 「火薬類免状を有する者」の第1類又は第5類受験時
※3 「乙種危険物取扱者免状を有し、かつ火薬類免状を有する科目免除申請者」の第1類又は第5類受験時

◎合格基準は甲種・乙種・丙種の危険物取扱者試験ともに、試験科目ごとの成績が、それぞれ60％以上（科目免除を受けた受験者についてはその科目を除く）。
◎また、同時に複数類の受験が可能（※支部により異なる）。なお、併願する際は電子申請不可なので注意（書面申請のみ）。

■試験の手続き
◎危険物取扱者試験は、「一般財団法人　消防試験研究センター」が実施。ただし、受験願書の受付や試験会場の運営等は、各都道府県の支部が担当している。
◎試験の申請は、書面申請と電子申請の2通りで、書面申請は、消防試験研究センター各都道府県支部及び関係機関・各消防本部などで願書を配布（無料）しているので、それを利用する。電子申請は、「一般財団法人　消防試験研究センター」のHPにアクセスして行う。詳細は消防試験研究センターHP参照。

共通する性状　第1〜6類の概要等

■1 第1〜6類のまとめ	4P
■2 類を特定しない試験問題（6問）	6P
■3 乙種第1類で出題された問題（8問）	10P
■4 乙種第2類で出題された問題（8問）	14P
■5 乙種第3類で出題された問題（9問）	17P
■6 乙種第5類で出題された問題（8問）	22P
■7 乙種第6類で出題された問題（10問）	27P
■8 消火設備と適応する危険物の火災（ポイント）	32P

重要!!

　本章《共通する性状》では主に、"危険物の類ごとの一般的な性状"についての問題をまとめている。問題の傾向として、該当種類以外の各類における、共通する性状について問う問題が多い。例えば、第1類危険物の試験であれば2・3・4・5・6類それぞれについて、選択肢ごとに性状等を問う問題が多い傾向にある。

　したがって、受験しようとしている類だけでなく、その他の類についての性質や危険性などもある程度、頭に入れておく必要がある。

　"危険物の類ごとの一般的な性状"を問う問題は、以前より出題頻度が非常に高い傾向にあり今後も出題されると思われるので、しっかりと学習しておこう。

1 第1~6類のまとめ

類別	性質（燃焼性）	状態	主な性質と危険性
第1類	酸化性固体 （不燃性）	固体	①比重は1より大きい。 ②衝撃や摩擦に不安定である。 ③酸化性が強く、他の物質を強く酸化させる。**可燃物**との接触・混合は爆発の危険性がある。 ④物質そのものは燃焼しない。 ⑤多量の酸素を含有しており、**加熱すると分解して酸素を放出**する。 ⑥**アルカリ金属（P.64参照）**の過酸化物は、水と反応して発火・爆発するおそれがある。また、同時に酸素を放出する。 ⑦多くは無色または白色である。
第2類	可燃性固体 （可燃性）	固体	①酸化されやすい（燃えやすい）。 ②火炎により着火しやすい、または**比較的低温**（40℃未満）で**引火**しやすい。 ③引火性固体（固形アルコールなど）の燃焼は主に蒸発燃焼である。 ④比重は引火性固体を除き1より大きい。また、水に溶けない。 ⑤硫化リンは水や熱水に分解して、有毒で可燃性の硫化水素などを生じる。
第3類	自然発火性物質 および 禁水性物質 （可燃性、 一部不燃性）	固体 液体	①空気にさらされると**自然発火**するものがある。 ②水と接触すると**発火**または可燃性ガスを発生するものがある。 ③多くは、自然発火性と禁水性の両方の性質をもつ。（例外として、**リチウム**は**禁水性のみ**、黄リンは**自然発火性のみ**をもつ）
第4類	引火性液体 （可燃性）	液体	①引火性があり、蒸気を発生させ引火や爆発のおそれのあるものがある。 ②**蒸気比重は1より大きく**、蒸気は低所に滞留する（空気よりも重い）。 ③多くは**液比重が1より小さく**、水に溶けない。 ④電気の**不良導体**のため、静電気を蓄積しやすい（特に非水溶性のもの）。 ⑤乾性油など自然発火性を有するものもある。

類別	性質（燃焼性）	状態	主な性質と危険性
第5類	自己反応性物質 （一般に可燃性）	固体 液体	①比重は1より大きい。 ②内部（自己）燃焼する物質が多い。 ③加熱すると爆発的に燃焼する（**燃焼速度が速い**）。 　また、引火性を有するものもある。 ④多くが**分子内に酸素を含有**しており、酸素がなくても自身で酸素を出して自己燃焼する。
第6類	酸化性液体 （不燃性）	液体	①**無機化合物**で、比重は1より大きい。 ②物質そのものは燃焼しない。 ③他の物質を強く酸化させる（**強酸化剤**）。 ④**酸素を分離して他の燃焼を助ける**ものがある。 ⑤多くが腐食性があり、蒸気は有毒。 ⑥ハロゲン間化合物は、水と激しく反応する。

- **固体**…液体または気体（常温（20℃）、常圧（1気圧）のときに気体状であるもの）以外のもの。
- **液体**…常温（20℃）、常圧（1気圧）で液状であるもの。または温度20℃を超え40℃以下の間において液状となるもの。

 解説　*有機物、可燃物とは？*

　有機物とは、炭素Cを含む化合物（二酸化炭素、一酸化炭素、炭酸塩等は除く）のことをいい、有機化合物ともよばれる。また、それ以外を無機物という。メタノール CH_3OH やエタノール C_2H_5OH 等のアルコール類は有機物である。

　可燃物は酸化されやすい物質、すなわち燃えやすいもののことである。代表例として木材、石炭、ガソリン等の物質が挙げられる。また、紙、じゅうたん、木材、衣服等も可燃物となる。

 解説　*"酸（強酸）"と"酸化（強酸化剤）"のちがい*

　酸は「水に溶けると電離して水素イオン H^+ を生じる物質」で、強酸を水溶液等に入れた場合、ほぼ完全に電離する。

　一方、酸化性は他の物質を酸化させる性質を示している。酸化とは、狭義には「酸素と化合する」ことを示し、広義には「電子を奪われる過程やそれに伴う化学反応」のことをいう。酸化作用により酸化剤自身は還元される。

　"酸"と"酸化"は別物であり、したがって第1類危険物や第6類危険物に分類される酸化性物質が、必ずしも強い酸性を示すとは限らない。

　一部には、強酸性を示しつつ、強い酸化力をもった硝酸のような物質もある。

2　類を特定しない試験問題

注意：以下の問題は、乙種の類に関係なく試験で出題されている。

【1】第1類から第6類の危険物の性状等について、次のうち妥当なものはどれか。

[★]

☑ 1．1気圧において、常温（20℃）で引火するものは、必ず危険物である。
2．すべての危険物には、引火点がある。
3．危険物は、必ず燃焼する。
4．すべての危険物は、分子内に炭素、酸素または水素のいずれかを含有している。
5．危険物は、1気圧において、常温（20℃）で液体または固体である。

【2】第1類から第6類の危険物の性状について、次のうち妥当でないものはどれか。

[★]

☑ 1．同一の物質であっても、形状および粒度によって危険物になるものとならないものがある。
2．不燃性の液体および固体で、酸素を分離し、他の燃焼を助けるものがある。
3．液体の危険物の比重は1より小さいが、固体の危険物の比重はすべて1より大きい。
4．危険物には単体、化合物および混合物の3種類がある。
5．多くの酸素を含んでおり、他から酸素の供給がなくても燃焼するものがある。

【3】第1類から第6類の危険物の性状等について、次のうち妥当なものはどれか。
☑ 1．危険物には常温（20℃）において、気体、液体及び固体のものがある。
2．引火性液体の燃焼は蒸発燃焼であるが、引火性固体の燃焼は分解燃焼である。
3．液体の危険物の比重は1より小さいが、固体の危険物の比重は1より大きい。
4．危険物には単体、化合物および混合物の3種類がある。
5．同一の類の危険物に対する適応消火剤および消火方法は同じである。

【4】第1類から第6類の危険物の性状等について、次のうち妥当なものはどれか。

[★]

☑ 1．危険物には常温（20℃）において、気体、液体および固体のものがある。
2．不燃性の液体および固体で、酸素を分離し、他の燃焼を助けるものがある。
3．液体の危険物の比重は1より小さいが、固体の危険物の比重はすべて1より大きい。
4．保護液として、水、二硫化炭素およびメタノールを使用するものがある。
5．同一の類の危険物に対する適応消火剤および消火方法は同じである。

【5】第1類から第6類の危険物の性状について、次のうち妥当でないものはどれか。

[★]

☑ 1．同一の物質であっても、形状および粒度によって危険物になるものとならないものがある。

2．引火性液体の燃焼は蒸発燃焼であるが、引火性固体の燃焼は分解燃焼である。

3．水と接触して発熱し可燃性ガスを生成するものがある。

4．危険物には単体、化合物および混合物の3種類がある。

5．多くの酸素を含んでおり、他から酸素の供給がなくても燃焼するものがある。

【6】第1類から第6類の危険物の性状等について、次のうち妥当でないものはどれか。

[★]

☑ 1．同一の物質であっても、形状および粒度によって危険物になるものとならないものがある。

2．不燃性の液体または固体で、酸素を分離し他の燃焼を助けるものがある。

3．水と接触して発熱し、可燃性ガスを生成するものがある。

4．保護液として、水、二硫化炭素およびメタノールを使用するものがある。

5．多くの酸素を含んでおり、他から酸素の供給がなくても燃焼するものがある。

▶▶解答＆解説‥‥‥‥‥‥‥‥‥‥‥‥‥‥‥‥‥‥‥‥‥‥‥‥‥‥‥‥‥‥‥‥‥

【1】解答「5」

1．引火とは、「他の火熱によって可燃性の物質が発火すること」をいう。例えば、紙は1気圧・常温（20℃）で容易に引火（発火）するが、危険物に指定されていない。

2．引火点が存在するのは、一般に引火性液体と引火性固体である。引火点が存在しない危険物は数多くある。

3．第1類危険物（酸化性固体）及び第6類危険物（酸化性液体）は、それ自体は燃焼しない。

4．第4類（引火性液体）の危険物は、分子内に炭素C、酸素Oまたは水素Hのいずれかを含有しているものが多い。しかし、第2類（可燃性固体）の硫化リンや金属粉などは、分子内に、C・O・Hのいずれも含有していない。

5．消防法における危険物は、常温（20℃）・1気圧において固体または液体のみであり、気体は含まない。

【2】解答「3」

1．第2類危険物の鉄粉や金属粉は、目開きが鉄粉53μm、金属粉150μmの網ふるいを通過するものが50％未満の場合は、危険物から除外される。

2．第1類の危険物は不燃性の酸化性固体で、酸素を分離し、他の燃焼を助ける。また、第6類の危険物は不燃性の酸化性液体で、同様に酸素を分離し、他の燃焼を助ける。

3．液体の危険物は、比重が1より小さいものが多いが、ジエチル亜鉛（第3類）や二硫化炭素（第4類）のように、1より大きいものもある。また、固体の危険物は、比重が1より大きいものが多いが、カリウムK…0.86、ナトリウムNa…0.97、リチウムLi…0.5（いずれも第3類）のように、比重が1より小さいものもある。

4．第4類引火性液体のガソリンや灯油などは、混合物である。

5．第5類の危険物は大部分が分子内に酸素を含有しているため、他から酸素供給がなくても燃焼する。自己燃焼性を有する。

【3】解答「4」

1．消防法における危険物は、常温（20℃）・1気圧において固体または液体のみであり、気体は含まない。

2．引火性液体の燃焼は液体そのものが燃えるのではなく、液面から蒸発する可燃性蒸気が空気と混合し、点火源により燃焼するのが蒸発燃焼である。また、蒸発燃焼する引火性固体は非常に少なく、硫黄、ナフタリン、赤リン、マグネシウム、固形アルコールなどが該当する。

3．液体、及び固体の危険物ともに、比重が1より小さいものと1より大きいものがある。

4．すべての物質は純物質と混合物に分類され、純物質は更に単体と化合物に区分される。危険物も同様に、それぞれの種類のものがある。

5．同一の類の危険物であっても、適応する消火剤や消火方法は異なる場合が多い。例えば、第1類（酸化性固体）の危険物は、一般に多量の水で冷却して消火するのが適切とされている。しかし、アルカリ金属の過酸化物は、水と反応して酸素を放出するため、消火剤に乾燥砂が使われる。

【4】解答「2」

1．消防法における危険物は、常温（20℃）・1気圧において固体または液体のみであり、気体は含まない。

2．第1類の危険物は不燃性の酸化性固体で、酸素を分離し、他の燃焼を助ける。また、第6類は不燃性の酸化性液体で、酸素を分離し、他の燃焼を助ける。

3．液体の危険物は、比重が1より小さいものが多いが、ジエチル亜鉛（第3類）や二硫化炭素（第4類）のように、1より大きいものもある。また、固体の危険物は、比重が1より大きいものが多いが、カリウムK…0.86、ナトリウムNa…0.97、リチウムLi…0.5（いずれも第3類）のように、比重が1より小さいものもある。

4．危険物の保護液に、二硫化炭素CS_2およびメタノールCH_3OHが使われることは一般にない。第5類（自己反応性物質）のニトロセルロース（硝化綿）の保護液は、エタノールC_2H_5OHである。

5．同一の類の危険物であっても、適応する消火剤や消火方法は異なる場合が多い。例えば、第1類（酸化性固体）の危険物は、一般に多量の水で冷却して消火するのが適切とされている。しかし、アルカリ金属の過酸化物は、水と反応して酸素を放出するため、消火剤に乾燥砂が使われる。

【5】解答「2」

1．第2類危険物の鉄粉や金属粉は、目開きが鉄粉53μm、金属粉150μmの網ふるいを通過するものが50％未満の場合は、危険物から除外される。

2．引火性液体の燃焼は液体そのものが燃えるのではなく、液面から蒸発する可燃性蒸気が空気と混合し、点火源により燃焼するのが蒸発燃焼である。また、蒸発燃焼する引火性固体は非常に少なく、硫黄、ナフタリン、赤リン、マグネシウム、固形アルコールなどが該当する。

3．第3類危険物は水と接触すると発火し、可燃性ガスを発生するものがある。

4．すべての物質は純物質と混合物に分類され、純物質は更に単体と化合物に区分される。危険物も同様に、それぞれの種類のものがある。

5．第5類危険物は多くが分子内に酸素を含有しているため、自己燃焼性を有している。

【6】解答「4」

1．第2類危険物の鉄粉や金属粉は、目開きが鉄粉53μm、金属粉150μmの網ふるいを通過するものが50％未満の場合は、危険物から除外される。

2．第1類の危険物は不燃性の酸化性固体で、酸素を分離し、他の燃焼を助ける。また、第6類の危険物は不燃性の酸化性液体で、同様に酸素を分離し、他の燃焼を助ける。

3．第3類危険物は水と接触すると発火し、可燃性ガスを発生するものがある。

4．危険物の保護液に、二硫化炭素CS_2およびメタノールCH_3OHが使われることは一般にない。エタノールC_2H_5OHは、第5類（自己反応性物質）のニトロセルロース（硝化綿）の保護液として使われる。その他、主な危険物の保護液には、第3類のカリウム、ナトリウムの保護液に灯油、流動パラフィンなどが使われる

5．第5類危険物は大部分が分子内に酸素を含有しているため、自己燃焼性を有する。

3 乙種第1類で出題された問題

【1】危険物の類ごとに共通する性状について、次のA～Eのうち妥当でないものの組合せはどれか。［★］

  A．第2類の危険物は不燃性の液体である。

  B．第3類の危険物の多くは、自然発火性と禁水性の両方の危険性を有する。

  C．第4類の危険物の多くは、電気の良導体である。

  D．第5類の危険物の多くは、燃焼速度が大きい。

  E．第6類の危険物は、有機物を酸化させる。

  □　1．AとB　　　2．AとC　　　3．BとD　　　4．CとE　　　5．DとE

【2】危険物の類ごとに共通する性状について、次のうち妥当なものはどれか。［★］

  □　1．第2類の危険物は着火または引火の危険性のある固体である。

  2．第3類の危険物は水との接触により発熱し、発火する。

  3．第4類の危険物は引火性であり、自然発火する。

  4．第5類の危険物は酸素含有物質であり、酸化性が強い。

  5．第6類の危険物は強酸であり、腐食性がある。

【3】危険物の類ごとの性状について、次のA～Eのうち、妥当なものはいくつあるか。

                                          ［★］

  A．第2類の危険物は、いずれも着火または引火の危険のある固体の物質である。

  B．第3類の危険物は、いずれも酸素を自ら含んでいる自然発火性の物質である。

  C．第4類の危険物は、いずれも比重が1より大きく、酸素を含んでいる物質である。

  D．第5類の危険物は、いずれも可燃性の固体で加熱、衝撃、摩擦等により発火し爆発する。

  E．第6類の危険物は、いずれも不燃性の液体で、多くは腐食性があり皮膚をおかす。

  □　1．1つ　　　2．2つ　　　3．3つ　　　4．4つ　　　5．5つ

【4】危険物の類ごとの性状について、次のうち妥当でないものはどれか。［★］

  □　1．第2類の危険物は、着火しやすく、燃焼すると有毒ガスを出すものもある。

  2．第3類の危険物は、いずれも自然発火性を有する物質である。

  3．第4類の危険物は、流動性があり、火災になった場合に拡大する危険性がある。

  4．第5類の危険物の多くは酸素を自ら含み、自己燃焼性がある。

  5．第6類の危険物は、酸化性液体である。

【5】危険物の類ごとの一般的性状として、次のうち妥当なものはどれか。

☐ 1．第2類の危険物は、多くは無機物の可燃性固体であるが引火しやすい有機物もある。

2．第3類の危険物は、すべて自然発火性と禁水性の両方の危険性を有している。

3．第4類の危険物は、すべて比重は1より小さく、引火性の液体であり、火気などにより引火・爆発するおそれがある。

4．第5類の危険物は、引火性のものはないが、加熱、衝撃、摩擦などにより発火・爆発するおそれがある。

5．第6類の危険物は、不燃性の液体であり、水と激しく反応するものはない。

【6】危険物の類ごとの一般的性状について、次のうち妥当なものはどれか。

☐ 1．第2類の危険物は比重が1より小さい。

2．第3類の危険物は自然発火性および禁水性の両方の性質を有するものがある。

3．第4類の危険物は蒸気比重が1より小さい。

4．第5類の危険物は比重が1より小さく、常温（20℃）では可燃性の固体である。

5．第6類の危険物は不燃性の無機化合物で、常温（20℃）で固体である。

【7】危険物の類ごとの一般的な性状について、次のうち妥当なものはどれか。

☐ 1．第2類の危険物は、可燃性の固体であり、いずれもよく水に溶ける。

2．第3類の危険物は、可燃性の固体であり、いずれも自然発火性および禁水性の両方の性質を有している。

3．第4類の危険物は、引火性の液体であり、いずれも比重は1より大きい。

4．第5類の危険物は、可燃性の固体であり、いずれも燃焼速度が大きい。

5．第6類の危険物は、不燃性の液体であり、いずれも無機化合物である。

【8】危険物の類ごとの一般的性状について、次のうち妥当なものはどれか。

☐ 1．第2類の危険物は、可燃性の固体であり、水に溶けない。

2．第3類の危険物は、可燃性の固体であり、いずれも自然発火性と禁水性の両方の性質を有している。

3．第4類の危険物は、引火性の液体であり、比重は1より大きい。

4．第5類の危険物は、可燃性の固体であり、燃焼速度が大きい。

5．第6類の危険物は、不燃性の液体であり、いずれも分子中に酸素を含有している。

▶▶解答＆解説‥‥‥‥‥‥‥‥‥‥‥‥‥‥‥‥‥‥‥‥‥‥‥‥‥‥‥‥‥‥‥‥‥‥‥‥‥‥

【1】 解答「2」（A・C が誤り）

A．第2類の危険物は可燃性の固体である。

C．第4類の危険物の多くは、電気の不良導体である。

【2】 解答「1」

2．第3類の危険物は、自然発火性物質および禁水性物質で多くが両方の性質を示す。しかし、すべてのものが水との接触により発熱し、発火するわけではない。なお、黄リンは自然発火性を示すのみで、禁水性を示すことはない。

3．第4類の危険物は引火性であるが、乾性油（アマニ油、キリ油など）を除き自然発火することはない。

4．第5類の危険物は自己反応性物質であり、多くが酸素を含有している。ただし、アジ化ナトリウム NaN_3 など、酸素を含有していないものもある。また、酸化性が強いものは、一部にすぎない。酸化性が強いのは、第1類と第6類の危険物である。

5．第6類の危険物は酸化性液体であり、腐食性がある。ただし、強酸であるとは限らない。

【3】 解答「2」（A・E が正しい）

B．第3類の危険物は、自然発火性物質および禁水性物質である。

C．第4類の危険物は、比重が1より小さいものが多い。また、酸素を含んでいるものと、含んでいないものがある。

D．第5類の危険物は自己反応性物質であり、固体と液体がある。ほとんどが可燃性である。

【4】 解答「2」

1．第2類の硫化リン、赤リンP、硫黄Sは、燃焼するといずれも有毒ガスを出す。

2．第3類の危険物は、自然発火性物質および禁水性物質である。ほとんどは両方の性質をもつが、禁水性のみを有する物質もある。

【5】 解答「1」

1．第2類（可燃性固体）の危険物は無機物質が多い。しかし、引火性固体（固形アルコールなど）は有機化合物である。

2．第3類の危険物は、自然発火性物質および禁水性物質である。ほとんどは両方の性質をもつが、禁水性のみを有する物質もある。

3．第4類の危険物の比重は一般に1より小さいが、1より大きいものもある。二硫化炭素…1.3、クロロベンゼン…1.1、グリセリン…1.3 など。

4．第5類の危険物には、引火性を有するものもある。エチルメチルケトンパーオキサイドや硝酸メチル、硝酸エチルなどは引火性である。

5．第6類の危険物にはハロゲン間化合物など、水と激しく反応するものがある。

共通する性状

【6】解答「2」

1. 第2類の危険物は、引火性固体（固形アルコール…0.8）を除き、比重が1より大きい。
3. 第4類の危険物は、蒸気比重が1より大きい。
4. 第5類の危険物は、比重が1より大きい。また、可燃性の固体または液体である。
5. 第6類の危険物は、常温（20℃）で液体である。

【7】解答「5」

1. 第2類の危険物は、一般に水に溶けない。
2. 多くは自然発火性と禁水性の両方の性質をもつが、例外として、リチウムLiは禁水性、黄リンP4は自然発火性のみを有する。
3. 第4類の危険物は、液体の比重が1より小さいものが多い。
4. 第5類の危険物は、可燃性の固体または液体である。

【8】解答「1」

2. 第3類の危険物は可燃性（ただし一部不燃性）の固体または液体である。多くは自然発火性と禁水性の両方の性質をもつが、例外として、リチウムLiは禁水性、黄リンP4は自然発火性のみを有する。
3. 第4類の危険物は、液体の比重が1より小さいものが多い。
4. 第5類の危険物は、可燃性の固体または液体である。
5. 第6類の危険物のうち、ハロゲン間化合物は、分子中に酸素を含んでいない。

4 乙種第2類で出題された問題

【1】危険物の類ごとに共通する性状について、次のうち妥当なものはどれか。

☐　1．第1類の危険物は、空気にさらされると自然発火するものがある。

　　2．第3類の危険物は、可燃性の固体または液体で、自ら酸素を保有しており、燃焼速度がきわめて大きい。

　　3．第4類の危険物は、蒸気比重が1より大きく、その蒸気は低所に滞留しやすい。

　　4．第5類の危険物は、空気中の水分と反応し、発熱するとともに水素を発生する。

　　5．第6類の危険物は、不燃性の液体であり、分解すると可燃性ガスおよび酸素を発生し、発火・爆発する。

【2】危険物の類ごとの性状について、次のうち妥当でないものはどれか。[★]

☐　1．第1類の危険物は、分子中に酸素を含有しており、分解して酸素を放出する。

　　2．第3類の危険物は、可燃性の固体であり、加熱や衝撃で発火・爆発するものが多い。

　　3．第4類の危険物の蒸気と空気との混合物は、引火・爆発のおそれがある。

　　4．第5類の危険物は、加熱、衝撃、摩擦等により発火・爆発するものが多い。

　　5．第6類の危険物は、加熱や日光で分解するものがある。

【3】危険物の類ごとの一般的性状について、次のうち妥当でないものはどれか。

☐　1．第1類の危険物は、酸化性の固体で、多くは溶解性を有している。

　　2．第3類の危険物は、いずれも自然発火性または禁水性を有しており、多くは両方の性質を有する。

　　3．第4類の危険物は、引火性の液体で、可燃性蒸気は空気より重い。

　　4．第5類の危険物は、自己反応性物質で、多くが酸素を含有しているので自己燃焼する。

　　5．第6類の危険物は、不燃性で、いずれも分子中に酸素を含有して他の燃焼を助ける。

【4】危険物の類ごとの一般的性状について、次のうち妥当でないものはどれか。[★]

☐　1．第1類の危険物は酸素を含有しているので、加熱すると単独でも爆発的に燃焼する。

　　2．第3類の危険物は空気中において発火し、または水と接触することによって可燃性ガスを発生する。

　　3．第4類の危険物は蒸気比重が1より大きく、引火の危険性が高い。

　　4．第5類の危険物は比重が1より大きく、燃焼速度が大きい。

　　5．第6類の危険物は不燃性の無機化合物で、常温（20℃）で液体である。

【5】危険物の類ごとの一般的性状について、次のうち妥当なものはどれか。[★]

1．第1類の危険物の多くは、加熱すると昇華する。

2．第3類の危険物の多くは、金属または金属を含む化合物である。

3．第4類の危険物の多くは、酸化力が強い液体である。

4．第5類の危険物の多くは、水との接触により発火・爆発するおそれがある。

5．第6類の危険物の多くは、引火性を有する。

【6】危険物の類ごとの性状について、次のうち妥当なものはどれか。[★]

1．第1類の危険物は、酸素を多量に含有している強い酸化剤であり、そのほとんどが可燃性である。

2．第3類の危険物は、水と作用して発熱し可燃性ガスを発生するが、それ自体はすべて不燃性である。

3．第4類の危険物は、可燃性物質であり、発生する蒸気は空気より軽い。

4．第5類の危険物は、固体であり、内部（自己）燃焼を起こしやすい。

5．第6類の危険物は、可燃物に接触すると、それを酸化させ可燃物が発火することがある。

【7】第1類から第6類の危険物の性状等について、次のA～Eのうち、妥当でないものを組み合せたものはどれか。

　　A．第1類と第4類の危険物は、可燃性である。

　　B．第3類と第6類の危険物は、比重が1より小さい。

　　C．第3類と第5類の危険物の中には、液体のものがある。

　　D．第4類と第5類の危険物の中には、状態によって自然発火するものがある。

　　E．第1類と第6類の危険物は、酸化性物質である。

1．AとB　　2．AとC　　3．BとE　　4．CとD　　5．DとE

【8】危険物の類ごとの性状として、次のうち妥当でないものはどれか。

1．第1類の危険物は、いずれも酸化性の固体であり、潮解性を有するものがある。

2．第3類の危険物は、いずれも自然発火性または禁水性の物質であり、それらの両方の性質を有するものもある。

3．第4類の危険物は、いずれも引火性の液体であり、有毒な蒸気を発生するものがある。

4．第5類の危険物は、いずれも燃焼速度が大きく、その多くは、分子内に含まれる酸素により自己燃焼する。

5．第6類の危険物は、いずれも分子内に酸素を含有しており、周囲の可燃物を燃焼させる。

▶▶解答＆解説‥‥‥‥‥‥‥‥‥‥‥‥‥‥‥‥‥‥‥‥‥‥‥‥‥‥‥‥‥‥‥‥‥‥‥‥‥

【1】解答「3」
1．第1類の危険物は、酸化性固体で不燃性である。自然発火性を有するものがあるのは、第3類の危険物である。
2．選択肢は第5類の危険物の内容である。
3．第4類（引火性液体）の危険物は、蒸気比重がすべて1より大きい。
4．選択肢中の「空気中の水分と反応し、発熱するとともに水素を発生する」という内容は、第3類の禁水性物質における特性の1つである。
5．第6類の危険物は、不燃性の液体である。しかし、分解により可燃性ガス及び酸素を発生するという特性はない。第6類は、相手の物質を酸化させる特性がある。

【2】解答「2」
2．選択肢は第2類の危険物の内容である。
5．第6類の危険物である過酸化水素H_2O_2は、加熱や日光で速やかに分解する。

【3】解答「5」
5．第6類の危険物には、分子中に酸素Oを含まないもの（ハロゲン間化合物）もある。

【4】解答「1」
1．第1類の危険物は、いずれも酸素を含有しているため、加熱や衝撃で分解して酸素を放出しやすい。ただし、そのものは不燃性である。

【5】解答「2」
1．加熱により昇華する危険物は、赤リン（第2類）やピクリン酸（第5類）が該当する。
3．選択肢は第6類の危険物の内容である。
4．第5類の危険物は、アジ化ナトリウムなど一部を除き水との接触による発火・爆発のおそれはない。
5．第6類の危険物は不燃性であり、引火性を有しない。

【6】解答「5」
1．第1類の危険物は不燃性である。
2．第3類の危険物は一部は不燃性だが、ほとんどが可燃性である。
3．第4類の危険物の蒸気は、一般に空気より重い。
4．第5類の危険物は固体と液体がある。

【7】解答「1」（A・Bが誤り）
A．第1類の危険物は、不燃性であり誤り。
B．第6類の危険物は、比重が1よりも大きいため誤り。
D．第4類は動植物油類のうち乾性油（アマニ油、キリ油等）、第5類はニトロセルロースが自然発火に該当するものとなるため正解。

【8】解答「5」
5．第6類の危険物には、分子中に酸素Oを含まないもの（ハロゲン間化合物）もある。

5　乙種第3類で出題された問題

【1】危険物の類ごとの性状について、次のうち妥当でないものはどれか。

☐　1．第1類の危険物の多くは、加熱、衝撃、摩擦等により分解し、水素を発生する。

　　2．第2類の危険物の多くは、着火しやすい固体である。

　　3．第4類の危険物の多くは、可燃性蒸気を発生し、その蒸気は低所に滞留しやすい。

　　4．第5類の危険物の多くは、燃焼速度が大きい。

　　5．第6類の危険物の多くは、有機物を酸化させ、燃焼させることがある。

【2】危険物の類ごとの性状について、次のうち妥当なものはどれか。

☐　1．第1類の危険物は、いずれも酸素を含有しているため、加熱すると単独でも爆発的に燃焼する。

　　2．第2類の危険物は、いずれも可燃性の固体で、一般に空気と接触すると発火する危険性がある。

　　3．第4類の危険物は、いずれも静電気が蓄積しにくい電気の良導体である。

　　4．第5類の危険物は、いずれも比重が1より小さく、燃焼速度の大きい固体の物質である。

　　5．第6類の危険物は、いずれも強酸化性の液体で、腐食性があり皮膚をおかす。

【3】危険物の類ごとの一般的性状について、次のうち妥当なものはどれか。[★]

☐　1．第1類の危険物は、いずれも酸素を含む自己燃焼性の物質である。

　　2．第2類の危険物は、いずれも比重が1より大きい固体の無機物質である。

　　3．第4類の危険物は、いずれも引火点と発火点を有する可燃性の物質で、発火点の方が引火点より低い。

　　4．第5類の危険物は、いずれも可燃性の固体または液体で、加熱、衝撃、摩擦等により発火・爆発することがある。

　　5．第6類の危険物は、いずれも酸化性の固体で、可燃物と接触すると酸素を発生する。

【4】危険物の類ごとの一般的性状について、次のうち妥当なものはどれか。

☐ 1．第1類の危険物は、いずれも酸化性の固体であり、加熱、衝撃などにより酸素を放出する。

2．第2類の危険物は、いずれも無機化合物であり、酸化剤と混合すると、打撃などにより爆発のおそれがある。

3．第4類の危険物は、いずれも炭素と水素からなる化合物であり、蒸気は空気より軽い。

4．第5類の危険物は、いずれも可燃性の固体であり、加熱、衝撃などにより爆発のおそれがある。

5．第6類の危険物は、いずれも無機化合物の強酸であり、腐食性がある。

【5】危険物の類ごとの一般的性状について、次のうち妥当なものはどれか。[★]

☐ 1．第1類の危険物は可燃性であり、他の物質を強く酸化する。

2．第2類の危険物は固体であり、引火性のものはない。

3．第4類の危険物の蒸気は空気と混合して爆発性の混合気体をつくる。

4．第5類の危険物はすべて自然発火性の物質である。

5．第6類の危険物は可燃性の無機化合物で、他の物質を酸化する性質がある。

【6】危険物の類ごとに共通する性状について、次のうち妥当でないものはどれか。

[★]

☐ 1．第1類の危険物には、無色または白色の固体で、水と反応して発熱し水素を発生するものがある。

2．第2類の危険物には、有毒のもの、または燃焼により有毒ガスを発生するものがある。

3．第4類の危険物は、液体から発生する蒸気の比重が1より大きいので、可燃性蒸気は低所に滞留しやすい。

4．第5類の危険物は、燃焼速度が極めて大きく、多くは加熱、衝撃、摩擦などにより発火・爆発のおそれがある。

5．第6類の危険物は、不燃物であるが酸化力が強く、有機物と混合するとこれを酸化させ、発火・爆発するおそれがある。

【7】危険物の類ごとの性状について、次のうち妥当なものはどれか。

☐ 1．第1類の危険物の多くは、無色または黄色の液体である。

2．第2類の危険物は、不燃性である。

3．第4類の危険物の多くは、水より重い。

4．第5類の危険物の多くは、燃焼速度は小さく、衝撃、摩擦等では発火しない。

5．第6類の危険物は、腐食性がある。

【8】危険物の類ごとの一般的性状について、次のA〜Eのうち妥当でないものの組合せはどれか。[★]

A．第1類の危険物は、酸化性の固体であり、酸素を分子中に含有している。

B．第2類の危険物は、可燃性の固体であり、引火点は40℃以上である。

C．第4類の危険物は、引火性を有する液体であり、可燃性蒸気は空気より重い。

D．第5類の危険物は、自己反応性物質であり、多くは加熱、衝撃、摩擦により発火・爆発するおそれがある。

E．第6類の危険物は、不燃性の液体または固体であり、多くは腐食性がある。

1．AとB 　　　2．AとC 　　　3．BとE
4．CとD 　　　5．DとE

【9】危険物の類ごとの一般的性状について、次のA〜Eのうち妥当でないものの組合せはどれか。

A．第1類の危険物は、酸化性の液体または固体であり、酸素を分子中に含有している。

B．第2類の危険物は、可燃性の固体であり、可燃性蒸気を発生するものがある。

C．第4類の危険物は、引火性の液体であり、可燃性蒸気の比重は1より小さい。

D．第5類の危険物は、自己反応性物質であり、多くは加熱、衝撃、摩擦により発火・爆発するおそれがある。

E．第6類の危険物は、不燃性の液体であり、有機物を酸化させ、発火させることがある。

1．AとC 　　　2．AとE 　　　3．BとD
4．BとE 　　　5．CとD

【10】危険物の類ごとに共通する性状について、次のA〜Eのうち妥当なものの組合せはどれか。

A．第1類の危険物は、いずれも酸化性の固体であり、加熱、衝撃などにより酸素を放出する。

B．第2類の危険物は、いずれも可燃性の固体であり、可燃性蒸気を発生するものがある。

C．第4類の危険物は、可燃性の蒸気を発生し、その蒸気は高所に滞留しやすい。

D．第5類の危険物は、いずれも比重が1より大きく、燃焼速度が極めて大きい固体である。

E．第6類の危険物は、いずれも強酸の液体で、腐食性があり皮膚をおかす。

1．AとB 　　　2．AとC 　　　3．BとC
4．CとD 　　　5．BとE

▶▶解答＆解説……………………………………………………………………………………

【1】解答「1」

1．第1類の危険物の多くは、加熱、衝撃、摩擦等により分解し、酸素を発生する。

【2】解答「5」

1．第1類の危険物は、いずれも酸素を含有しているが、そのものは不燃性である。

2．第2類の危険物は可燃性固体であり、燃えやすいが、一般に空気との接触で発火する危険性はない。

3．第4類の危険物は、一般に電気の不良導体であり、静電気が蓄積しやすい。特に非水溶性のものは電気が流れにくい。

4．第5類の危険物は自己反応性物質であり、いずれも比重が1より大きい。また、固体と液体がある。

【3】解答「4」

1．第1類の危険物は、いずれも酸素を含む酸化性の固体であり、そのものは燃焼しない。

2．第2類の危険物は、一般に比重が1より大きい可燃性の固体であるが、無機物質と有機物質があり、また比重が1より小さいものもある。

3．第4類の危険物は、いずれも引火点を有する可燃性の物質である。また、発火点の方が引火点より高い。

5．第6類の危険物は、いずれも酸化性の液体である。

【4】解答「1」

2．第2類危険物において、引火性固体など一部のものは有機物である。

3．第4類の危険物は、蒸気比重はすべて1より大きい。よって空気よりも重い。

4．第5類の危険物は、可燃性の固体または液体である。

5．第6類の危険物は酸化性液体であり、腐食性がある。一方で、硝酸などは強酸性を示すものの、第6類危険物のいずれの物質も強酸であるとは限らない。

【5】解答「3」

1．第1類の危険物は不燃性である。

2．第2類の危険物は可燃性の固体であり、引火性固体は引火性を有する。

4．第5類の危険物は自己反応性物質である。

5．第6類の危険物は不燃性の無機化合物である。

【6】解答「1」

1．第1類の危険物は、無色または白色のものが多いが、過マンガン酸カリウム…黒紫あるいは赤紫色、重クロム酸カリウム…橙赤色、二酸化鉛…黒褐色、などもある。また、アルカリ金属の過酸化物は、水と反応して発熱し酸素を発生する。

2．第2類の危険物である硫黄は有毒で眼や皮膚および気道を刺激する。また、硫化リンは燃焼すると、有毒な亜硫酸ガスSO_2とリン酸化物を発生する。

【7】解答「5」

1．第1類の危険物は固体であり、その多くは無色または白色である。

2．第2類の危険物は可燃性である。

3．第4類の危険物の多くは、比重が1より小さい。

4．第5類の危険物は燃焼速度が速く、加熱、衝撃、摩擦等により発火し爆発するものが多い。

【8】解答「3」（B・Eが誤り）

B．第2類危険物は可燃性固体であるが、中でも引火性固体は1気圧において引火点40℃未満である。

E．第6類危険物は酸化性の液体である。固体は含まない。

【9】解答「1」（A・Cが誤り）

A．第1類危険物は酸化性の固体である。液体は含まない。

C．第4類危険物の可燃性蒸気の比重は1より大きい。

【10】解答「1」（A・Bが正しい）

C．第4類危険物の発生蒸気は1より大きく、低所に滞留しやすい。

D．第5類危険物には液体のものも存在する。

E．第6類危険物はいずれも酸化性物質であるものの、強酸でないものも存在する。

6 乙種第5類で出題された問題

【1】危険物の類ごとの一般的性状について、次のうち妥当なものはどれか。[★]

☐ 1．第1類の危険物は、いずれも酸化性の固体で、一般に不燃性の物質である。

2．第2類の危険物は、いずれも固体の無機物質で、酸化剤と接触すると爆発の危険性がある。

3．第3類の危険物は、いずれも可燃性の固体で、水と反応すると可燃性の気体を発生する。

4．第4類の危険物は、いずれも引火点を有する液体で、引火の危険性は引火点の高い物質ほど高く、引火点の低い物質ほど低い。

5．第6類の危険物は、いずれも強酸性の液体で、腐食性があり皮膚をおかす。

【2】危険物の類ごとに共通する性状について、次のうち妥当なものはどれか。[★]

☐ 1．第1類の危険物は、燃焼速度が大きい可燃物である。

2．第2類の危険物は、着火または引火の危険性のある固体である。

3．第3類の危険物は、水との接触により発熱し、発火する。

4．第4類の危険物は、酸化性が強い酸素含有物質である。

5．第6類の危険物は、腐食性がある強酸である。

【3】危険物の類ごとの性状について、次のうち妥当なものはどれか。[★]

☐ 1．第1類の危険物は、可燃物に対して、酸素を供給する役割をし、燃焼を著しく促進する。

2．第2類の危険物は、可燃性の固体または液体で、燃焼速度が大きい物質である。

3．第3類の危険物は、水と接触すると酸素を生成し、他の可燃物の燃焼を助長する。

4．第4類の危険物は、常温（20℃）で自然発火するものが多い。

5．第6類の危険物は、水と発熱反応を起こし、水素の発生により、発火・爆発のおそれがある。

【4】危険物の類ごとの一般的性状について、次のうち妥当なものはどれか。

☐ 1. 第1類の危険物は、いずれも水によく溶ける物質で、木材、紙などに染み込み、乾燥すると爆発する危険性がある。

2. 第2類の危険物は、いずれも固体の無機物質で、比重は1より大きく、水に溶けない。

3. 第3類の危険物は、いずれも自然発火性または禁水性の危険性を有しており、多くは両方の危険性を有する。

4. 第4類の危険物は、いずれも炭素と水素からなる化合物で、蒸気は空気より重い。

5. 第6類の危険物は、いずれも酸化力の強い可燃性の液体で、自己燃焼を起こしやすい。

【5】危険物の類ごとの性状として、次のうち妥当なものはどれか。

☐ 1. 第1類の危険物は、液体であり、可燃物を酸化する。

2. 第2類の危険物は、固体であり、燃焼しやすい。

3. 第3類の危険物は、固体であり、空気中で自然発火する。

4. 第4類の危険物は、液体または固体であり、可燃性蒸気を発生する。

5. 第6類の危険物は、液体であり、加熱等により急激に発熱、分解する。

【6】危険物の類ごとの一般的性状について、次のうち妥当なものはどれか。

☐ 1. 第1類の危険物は、酸化性の液体で、腐食性があり、皮膚をおかし、蒸気は有毒である。

2. 第2類の危険物は、固体または液体で、自然発火性と禁水性の性質がある。

3. 第3類の危険物は、着火しやすい可燃性の固体で、中には低温で引火するものがある。

4. 第4類の危険物は、引火性の液体で、蒸気の比重は1より大きい。

5. 第6類の危険物は、酸化性の固体で、加熱、衝撃、摩擦により酸素を放出し、周囲の可燃物の燃焼を促進する。

【7】危険物の類ごとの性状について、次のA〜Eのうち妥当なものはいくつあるか。

［★］

A．第1類の危険物は、一般に、酸化されやすい物質と混合すると、加熱、衝撃などにより発火する危険性がある。

B．第2類の危険物は、一般に、比重は1より大きく水に溶けないが、水と接触して発火するものもある。

C．第3類の危険物は、いずれも可燃性の固体であり、水と反応すると可燃性の気体を発生する。

D．第4類の危険物は、いずれも引火性の液体で、水より軽く、また蒸気も空気より軽い。

E．第6類の危険物は、酸化力が強く、自らは不燃性であるが、有機物と混ぜるとこれを酸化させ、着火させることがある。

☑ 1．1つ　　　2．2つ　　　3．3つ　　　4．4つ　　　5．5つ

【8】危険物の類ごとの性状について、次のA〜Eのうち妥当でないものはいくつあるか。［★］

A．第1類の危険物は、いずれも潮解性を有する物質で、木材、紙などに染み込み、乾燥すると爆発するものがある。

B．第2類の危険物は、一般に、酸化剤と混合すると、打撃などにより爆発する危険がある。

C．第3類の危険物は、いずれも酸素を自ら含んでいる自然発火性の物質である。

D．第4類の危険物は、可燃性物質で引火点と発火点を有し、発火点の方が引火点よりも高い。

E．第6類の危険物は、いずれも強酸で自らは不燃性であるが、有機物と混ぜるとこれを酸化させ、着火させることがある。

☑ 1．1つ　　　2．2つ　　　3．3つ　　　4．4つ　　　5．5つ

▶▶解答＆解説‥‥‥‥‥‥‥‥‥‥‥‥‥‥‥‥‥‥‥‥‥‥‥‥‥‥‥‥‥‥‥‥‥‥

【1】解答「1」

2．第2類（可燃性固体）の危険物は、無機物質が多い。しかし、引火性固体（固形アルコールなど）は有機化合物である。

3．第3類（自然発火性物質および禁水性物質）の危険物は、固体のものが多いが、液体のものもある（ジエチル亜鉛（C_2H_5）$_2$ZnやトリクロロシランSiHCl$_3$など）。また、一部不燃性のものもある。

4．引火性液体における引火の危険性は、引火点の低いものほど高い。

5．第6類の危険物は酸化性液体であり、腐食性がある。一方で、硝酸などは強酸性を示すものの、第6類危険物のいずれの物質も強酸であるとは限らない。

【2】解答「2」

1．第1類の危険物は、酸化性固体である。燃焼速度が大きいのは、一般に第5類の危険物の特性である。

3．第3類の危険物は自然発火性物質および禁水性物質で多くが両方の性質を示す。しかし、黄リンは自然発火性のみを示し、禁水性は示さない。

4．第4類の危険物は、引火性液体である。酸化性が強い酸素含有物質であるのは、第1類または第6類の危険物の特性である。

5．第6類の危険物は酸化性液体であり、腐食性がある。一方で、硝酸などは強酸性を示すものの、第6類危険物のいずれの物質も強酸であるとは限らない。

【3】解答「1」

2．選択肢は第5類危険物の内容。

3．第3類危険物のうち禁水性のものは、水と接触すると多くが水素等の可燃性ガスを発生する。

4．第4類危険物のうち、動植物油類の一部に条件により自然発火するものがある。

5．第6類の危険物のうち、ハロゲン間化物は水と激しく反応し、猛毒で腐食性のあるフッ化水素（HF）を生じると同時に発熱するが、「水と反応し、水素を発生する」特性があるのは、第3類の禁水性物質である。

【4】解答「3」

1．第1類の危険物の中には、水に溶けない、または水に溶けにくいものもある。

2．第2類の危険物は、一般に比重が1より大きい可燃性の固体であるが、無機物質と有機物質がある。また、固形アルコール（0.8）など比重が1より小さいものもある。

4．第4類の危険物の二硫化炭素CS$_2$などは水素を含まない。また、ガソリンはいろいろな炭化水素の混合物である。

5．第6類の危険物は酸化力の強い、不燃性の液体である。

【5】解答「2」

1．第1類の危険物は、固体である。

3．第3類の危険物は、固体または液体である。

4．第4類の危険物はすべて液体であり、固体のものはない。

5．第6類の危険物のうち、加熱等により発熱、分解するものは一部であり、類ごとに共通する性状としては不適切。

【6】解答「4」

1．選択肢は第6類の危険物の内容である。

2．選択肢は第3類の危険物の内容である。

3．選択肢は第2類の危険物の内容である。

5．選択肢は第1類の危険物の内容である。

【7】解答「3」（A・B・Eが正しい）

B．第2類の危険物は可燃性固体であり、一般に比重は1より大きく水に溶けない。また、アルミニウム粉、亜鉛粉、マグネシウム（粉）は空気中の水分と接触して自然発火することがある。

C．第3類の危険物は自然発火性物質及び禁水性物質であり、固体又は液体である。

D．第4類の危険物は引火性液体であり、多くが水より軽く、また蒸気は空気より重い。

【8】解答「3」（A・C・Eが誤り）

A．第1類の危険物には、過塩素酸アンモニウムNH_4ClO_4など潮解性のないものもある。

C．第3類危険物は、一般に酸素を含まない。

E．第6類の危険物は酸化力の強い、不燃性の液体である。酢酸など一部、強酸性を示すものがあるが、すべてが強酸というわけではない。

7 乙種第6類で出題された問題

【1】危険物の類ごとの性状について、次のうち妥当なものはどれか。[★]

☐ 1．第1類の危険物は、加熱、衝撃、摩擦等により分解し、酸素を放出する。
　　2．第2類の危険物は、水溶性の液体が多い。
　　3．第3類の危険物は、無機化合物の固体または金属の単体である。
　　4．第4類の危険物の多くは、電気の良導体である。
　　5．第5類の危険物は、水と反応し、水素を発生する。

【2】危険物の類ごとに共通する性状について、次のうち妥当でないものはどれか。

☐ 1．第1類の危険物は、加熱、衝撃、摩擦により容易に分解し、酸素を放出する。
　　2．第2類の危険物は、比較的低温で着火しやすい可燃性固体であり、自然発火
　　　したり水との接触により発熱することはない。
　　3．第3類の危険物の多くは、空気または水と接触することにより発熱し、可燃
　　　性ガスを発生して発火する。
　　4．第4類の危険物は、火気などにより引火・爆発のおそれがある。
　　5．第5類の危険物の多くは、加熱、衝撃、摩擦により発火・爆発のおそれがある。

【3】危険物の類ごとの性状について、次のうち妥当でないものはどれか。[★]

☐ 1．第1類の危険物は、一般に可燃物と混合すると、加熱、衝撃等により爆発す
　　　る危険がある。
　　2．第2類の危険物は、酸化剤と混合すると、打撃等により爆発する危険がある。
　　3．第3類の危険物は、いずれも禁水性である。
　　4．第4類の危険物は、引火性液体であり、発生する蒸気はいずれも空気より重い。
　　5．第5類の危険物の多くは、加熱、衝撃等により発火する。

【4】危険物の類ごとの一般的性状について、次のうち妥当なものはどれか。

☐ 1．第1類の危険物は、いずれも酸素を含む自己燃焼性の物質である。
　　2．第2類の危険物は、いずれも着火または引火の危険性がある固体の物質であ
　　　る。
　　3．第3類の危険物は、いずれも自然発火性の物質で、酸素を含有している。
　　4．第4類の危険物は、いずれも静電気が蓄積しにくい電気の良導体である。
　　5．第5類の危険物は、いずれも比重は1より小さく、燃焼速度の大きい固体の
　　　物質である。

【5】危険物の類ごとの一般的性状について、次のA～Eのうち妥当なものはいくつあるか。

A．第1類の危険物は、酸化力が強い固体である。

B．第2類の危険物は、酸化剤との接触または混合により発火・爆発するおそれがある。

C．第3類の危険物は、空気中で発火するもの、または水と接触して発火し、もしくは可燃性ガスを発生するものがある。

D．第4類の危険物は、引火性の液体であり、静電気の火花によって引火するものもある。

E．第5類の危険物は、固体または液体の自己反応性物質であり、多くは、加熱、衝撃、摩擦等により発火・爆発するおそれがある。

☑ 1．1つ　　2．2つ　　3．3つ　　4．4つ　　5．5つ

【6】危険物の類ごとの一般的性状について、次のA～Eのうち妥当でないものはいつくあるか。［★］

A．第1類の危険物は、酸化力が強い液体である。

B．第2類の危険物は、酸化剤との接触または混合により発火・爆発する恐れがある。

C．第3類の危険物は、いずれも分子中に酸素を含んでおり、燃焼速度が大きい。

D．第4類の危険物は、引火性の液体であり静電気の火花によって発火するものがある。

E．第5類の危険物は、空気または水と接触することによって発火するおそれがある。

☑ 1．1つ　　2．2つ　　3．3つ　　4．4つ　　5．5つ

【7】危険物の類ごとに共通する性状について、次のうち妥当なものはどれか。

☑ 1．第1類の危険物は、可燃性であり、燃焼速度が大きい。

2．第2類の危険物は、着火または引火の危険性のある固体である。

3．第3類の危険物は、水との接触により発熱し、発火する。

4．第4類の危険物は、可燃性であり、腐食性がある。

5．第5類の危険物は、酸素含有物質であり、酸化性が強い。

【8】 危険物の類ごとに共通する性状として、次のうち妥当なものはどれか。

☑ 1．第1類の危険物は、一般に不燃性物質であるが、加熱、衝撃、摩擦などにより分解して酸素を放出するため、周囲の可燃物の燃焼を著しく促進する。

2．第2類の危険物の多くは酸素を含有しており、極めて激しい燃焼を起こす。

3．第3類の危険物は、自然発火性または禁水性のいずれかの性質を有しており、両方の性質を有するものはない。

4．第4類の危険物は、いずれも引火性の液体で、水より重く、また蒸気も空気より重い。

5．第5類の危険物は、いずれも可燃性の固体で、酸素又は窒素のいずれかを含有している。

【9】 危険物の類ごとの一般的性状について、次のうち妥当なものはどれか。

☑ 1．第1類の危険物は、いずれも水によく溶ける。

2．第2類の危険物は、いずれも引火点が40℃以上の可燃性の固体である。

3．第3類の危険物は、いずれも分子内に酸素を含有する自己燃焼性の物質である。

4．第4類の危険物は、いずれも引火性の液体であり、分子内に水素を含まないものがある。

5．第5類の危険物は、いずれも固体の可燃物であり、多くは加熱、衝撃、摩擦により発火・爆発する。

【10】 危険物の類ごとの一般的性状について、次のうち妥当でないものはどれか。

☑ 1．第1類の危険物は、いずれも水によく溶ける。

2．第2類の危険物は、いずれも可燃性の固体であり、可燃性蒸気を発生するものがある。

3．第3類の危険物には、水と接触して可燃性ガスを発生するものがある。

4．第4類の危険物は、いずれも引火性の液体であり、分子内に水素を含まないものがある。

5．第5類の危険物は、固体または液体の物質であり、多くは加熱、衝撃、摩擦により発火・爆発する。

▶▶解答＆解説・・・

【1】 解答「1」

2．第2類の危険物は、可燃性固体である。

3．第3類の危険物は、自然発火性物質及び禁水性物質であり、多くは固体であるが、液体のもの（ジエチル亜鉛 $(C_2H_5)_2Zn$ やトリクロロシラン $SiHCl_3$）もある。また、有機化合物（アルキルアルミニウム、アルキルリチウムなど）もある。

4．第4類の危険物の多くは、電気の不良導体である。

5．「水と反応し、水素を発生する」特性があるのは、第3類の禁水性物質である。

【2】 解答「2」

2．第2類の危険物のうち、微粉状のアルミニウム Al、亜鉛 Zn、マグネシウム Mg は、水と接触すると水素と熱を発生、爆発する危険性がある。

【3】 解答「3」

3．第3類の危険物は自然発火性物質および禁水性物質で、多くが両方の性質を示す。しかし、すべてのものが水との接触により発熱し、発火するわけではない。黄リンは、禁水性を示さない。

【4】 解答「2」

1．選択肢は第5類の危険物の内容である。

3．第3類の危険物は自然発火性物質および禁水性物質で、多くが両方の性質を示すものの、リチウム Li は禁水性のみを有するため誤り。

4．第4類の危険物は電気の不良導体であり、静電気を蓄積しやすい（特に非水溶性のもの）。

5．比重は1よりも大きい。

【5】 解答「5」（すべて正しい）

【6】 解答「3」（A・C・Eが誤り）

A．第1類危険物は酸化性（酸化力の強い）の固体である。

C．選択肢は、第5類危険物の内容である。

E．選択肢は、第3類危険物の内容である。

【7】 解答「2」

1．第1類の危険物は、不燃性である。

3．第3類の危険物の多くは、自然発火性と禁水性の両方の性質を持つが、例外として黄リンは自然発火性のみを有する。

4．第4類の危険物のうち、腐食性があるのは酢酸やアクリル酸など一部である。

5．第5類の危険物の大部分は酸素含有物質であるが、アジ化ナトリウム NaN_3 は酸素を含有していない。また、強い酸化作用を有する物質は、過酸化ベンゾイル $(C_6H_5CO)_2O_2$ 等の一部の物質に限られる。

【8】解答「1」
  2．第2類の危険物は、酸素を含有していない。
  3．第3類の危険物は、自然発火性と禁水性の両方の性質を持つものがほとんどである。
  4．第4類の危険物の多くは水より軽い。なお、蒸気は空気より重い。
  5．第5類の危険物は、固体または液体の自己反応性物質である。

【9】解答「4」
  1．第1類危険物の中には、水に溶けない、または水に溶けにくいものがある。
  2．第2類危険物の中で、引火性固体（固形アルコール、その他）は1気圧において引火点40℃未満である。
  3．第3類危険物は、一般に酸素を含まない。
  4．第4類危険物の二硫化炭素CS_2などは、水素を含まない。
  5．第5類危険物には液体のものも含まれる。

【10】解答「1」
  1．第1類危険物の中には、水に溶けない、または水に溶けにくいものがある。
  2．第2類危険物の中の引火性固体（固形アルコール、その他）は、常温（20℃）で可燃性蒸気を発生するものがある。
  4．第4類危険物の二硫化炭素CS_2などは水素を含まない。

8 消火設備と適応する危険物の火災（ポイント）

消火設備ごとの、適応する危険物の火災は次のとおりである（**政令別表第5**）。

例えば、水消火器（棒状）は第5類および第6類危険物の火災には適応するが、第4類危険物の火災には適応しない。また、第1類から第3類危険物の火災には、危険物の種類に応じて適応するものと適応しないものがある。

消火設備の区分		第1類		第2類			第3類		第4類	第5類	第6類
		アルカリ金属の過酸化物	その他	鉄粉、金属粉、マグネシウム	引火性固体	その他	禁水性物品	その他			
第1種	屋内または屋外消火栓設備	–	○	–	○	○	–	○	–	○	○
第2種	スプリンクラー設備	–	○	–	○	○	–	○	–	○	○
第3種（消火設備）	水蒸気または水噴霧消火設備	–	○	–	○	○	–	○	○	○	○
	泡消火設備	–	○	–	○	○	–	○	○	○	○
	不活性ガス消火設備	–	–	–	○	–	–	–	○	–	–
	ハロゲン化物消火設備	–	–	–	○	–	–	–	○	–	–
	粉末消火設備（りん酸塩類等）	–	○	–	○	○	–	○	○	–	○
	粉末消火設備（炭酸水素塩類等）	○	–	○	○	–	○	–	○	–	–
	粉末消火設備（その他のもの）	○	–	○	–	–	○	–	–	–	–
第4種（大型消火器）または第5種（小型消火器）	水消火器（棒状）	–	○	–	○	○	–	○	–	○	○
	水消火器（霧状）	–	○	–	○	○	–	○	–	○	○
	強化液消火器（棒状）	–	○	–	○	○	–	○	–	○	○
	強化液消火器（霧状）	–	○	–	○	○	–	○	○	○	○
	泡消火器	–	○	–	○	○	–	○	○	○	○
	二酸化炭素消火器	–	–	–	○	–	–	–	○	–	–
	ハロゲン化物消火器	–	–	–	○	–	–	–	○	–	–
	粉末消火器（りん酸塩類等）	–	○	–	○	○	–	○	○	–	○
	粉末消火器（炭酸水素塩類等）	○	–	○	○	–	○	–	○	–	–
	粉末消火器（その他のもの）	○	–	○	–	–	○	–	–	–	–
第5種	水バケツまたは水槽	–	○	–	○	○	–	○	–	○	○
	乾燥砂	○	○	○	○	○	○	○	○	○	○
	膨張ひる石または膨張真珠岩	○	○	○	○	○	○	○	○	○	○

第1類危険物　酸化性　固体

1 共通する性状（8問）		35 P
2 共通する貯蔵・取扱い方法（火災予防）（7問）		40 P
3 共通する消火方法（18問）		43 P
4 塩素酸塩類（11問）		51 P
	1. 塩素酸カリウム KClO₃	51 P
	2. 塩素酸ナトリウム NaClO₃	52 P
	3. 塩素酸アンモニウム NH₄ClO₃	52 P
	4. 塩素酸バリウム Ba（ClO₃）₂	52 P
	5. 塩素酸カルシウム Ca（ClO₃）₂	53 P
5 過塩素酸塩類（6問）		58 P
	1. 過塩素酸カリウム KClO₄	58 P
	2. 過塩素酸ナトリウム NaClO₄	58 P
	3. 過塩素酸アンモニウム NH₄ClO₄	59 P
6 無機過酸化物（9問）		62 P
	1. 過酸化カリウム K₂O₂	63 P
	2. 過酸化ナトリウム Na₂O₂	63 P
	3. 過酸化カルシウム CaO₂	64 P
	4. 過酸化マグネシウム MgO₂	64 P
	5. 過酸化バリウム BaO₂	65 P
7 亜塩素酸塩類（3問）	1. 亜塩素酸ナトリウム NaClO₂	70 P
8 臭素酸塩類（5問）		72 P
	1. 臭素酸カリウム KBrO₃	72 P
	2. 臭素酸ナトリウム NaBrO₃	72 P
9 硝酸塩類（5問）		75 P
	1. 硝酸カリウム KNO₃	75 P
	2. 硝酸ナトリウム NaNO₃	75 P
	3. 硝酸アンモニウム NH₄NO₃	76 P

※次ページに続く

⑩ ヨウ素酸塩類（4問）		79 P
	1. ヨウ素酸カリウム KIO₃	79 P
	2. ヨウ素酸ナトリウム NaIO₃	79 P
⑪ 過マンガン酸塩類 （4問）		82 P
	1. 過マンガン酸カリウム KMnO₄	82 P
	2. 過マンガン酸ナトリウム 三水和物 NaMnO₄·3H₂O	83 P
⑫ 重クロム酸塩類（3問）		85 P
	1. 重クロム酸カリウム K₂Cr₂O₇	85 P
	2. 重クロム酸アンモニウム (NH₄)₂Cr₂O₇	85 P
⑬ その他のもので政令 で定めるもの（13問）		87 P
	1. 過ヨウ素酸ナトリウム NaIO₄	87 P
	2. 三酸化クロム CrO₃	87 P
	3. 二酸化鉛 PbO₂	88 P
	4. 次亜塩素酸カルシウム Ca(ClO)₂	88 P
	5. 炭酸ナトリウム過酸化水素付加物 2Na₂CO₃・3H₂O₂	89 P
⑭ 第1類危険物まとめ		94 P

1 共通する性状

　第1類の危険物は、消防法別表第1の第1類に類別されている物品（塩素酸塩類など）で、**酸化性固体の性状を有するもの**である。

　酸化性固体とは、固体であって**酸化力の潜在的な危険性**を判断するための試験（燃焼試験など）において一定の性状を示すもの、または**衝撃に対する敏感性**を判断するための試験（落球式打撃感度試験等）において一定の性状を示すものをいう。

1．形状と色

　大部分は、**無色の結晶または白色の粉末**である。例外となる有色のものを次表に示す。

〔有色の第1類危険物〕

品　名	物　品　名	色　と　形　状
無機過酸化物	過酸化カリウム K2O2	橙色の粉末
	過酸化ナトリウム Na2O2	淡黄色の粉末
過マンガン酸塩類	過マンガン酸カリウム KMnO4	黒紫色または赤紫色の結晶
	過マンガン酸ナトリウム NaMnO4	赤紫色の粉末
重クロム酸塩類	重クロム酸アンモニウム (NH4)2Cr2O7	橙黄〜赤色の針状結晶
	重クロム酸カリウム K2Cr2O7	橙赤色の結晶
その他	三酸化クロム CrO3	暗赤色の結晶
	二酸化鉛 PbO2	黒褐色の粉末

2．性質

　酸化性固体の性状を有しており、**比重は1よりも大きい**。**不燃性物質**（無機化合物）であるが、**酸素Oを分子内に含んでおり、加熱、衝撃、摩擦などにより酸素を分解・放出し、可燃物の燃焼を促進する。相手の物質を酸化する酸化剤**である。なお、自らは酸素を放出し、酸化反応は起きない。

　また固体とは、常温（20℃）において液体または気体以外のものをいい、粉末や結晶の形状を示す。また、不燃性物質とは、それ自体は燃焼しない物質をいう。

第1類　危険物

35

▶溶解性

水に溶けるものが多い。次表では例外となる水に溶けない（もしくは溶けにくい）ものを示す。

〔水に溶けない または 溶けにくい第１類危険物〕

品　名	物　品　名
塩素酸塩類	塩素酸カリウム $KClO_3$（冷水に溶けにくく熱水に溶けやすい）
過塩素酸塩類	過塩素酸カリウム $KClO_4$
無機過酸化物	過酸化カルシウム CaO_2
	過酸化マグネシウム MgO_2
	過酸化バリウム BaO_2
その他	二酸化鉛 PbO_2

▶潮解性

潮解性（空気中の水分を吸収して水溶液になる現象）を有するものがある。可燃物にしみ込んで乾燥した場合、爆発するおそれがある。

〔潮解性を有する第１類危険物〕

品　名	物　品　名
塩素酸塩類	塩素酸ナトリウム $NaClO_3$／塩素酸カルシウム $Ca(ClO_3)_2$
過塩素酸塩類	過塩素酸ナトリウム $NaClO_4$
無機過酸化物	過酸化カリウム K_2O_2
亜塩素酸塩類	亜塩素酸ナトリウム $NaClO_2$
硝酸塩類	硝酸ナトリウム $NaNO_3$／硝酸アンモニウム NH_4NO_3
過マンガン酸塩類	過マンガン酸ナトリウム $NaMnO_4$
その他	三酸化クロム CrO_3

※ナトリウム Na を含む化合物は、吸湿性・潮解性を示すものが多い。

３．危険性

可燃物、有機物、酸化されやすいもの（還元剤）との混合・接触は、加熱、衝撃、摩擦などによって発火、爆発を起こすことがある。また、過塩素酸アンモニウム NH_4ClO_4 は加熱により分解して酸素を放出し、さらに加熱すると発火する。

アルカリ金属の過酸化物（過酸化カリウム K_2O_2 や過酸化ナトリウム Na_2O_2 など）は、水と反応して発熱し、爆発することがある。この反応では同時に酸素 O_2 を発生する。

【1】第1類の危険物の性状について、次のうち妥当でないものはどれか。[★]

☐　1．いずれも強酸化性である。

　　2．いずれも酸素と窒素を含む化合物である。

　　3．水に溶けるものが多い。

　　4．いずれも加熱、衝撃等により分解しやすい。

　　5．いずれも可燃物と混合したものは、特に発火・爆発の危険性が高い。

【2】第1類の危険物の性状について、次のうち妥当でないものはどれか。[★]

☐　1．加熱により発火するものがある。

　　2．可燃物や有機物に接触すると、発火・爆発するものがある。

　　3．熱分解すると、酸素を放出し可燃物の燃焼を促進するおそれがある。

　　4．可燃物や金属粉の異物が混入すると、衝撃や摩擦等により発火・爆発するおそれがある。

　　5．常温（20℃）の空気中に放置すると、酸化熱が蓄積し、発火・爆発のおそれがある。

【3】第1類の危険物に共通する性状について、次のA〜Eのうち妥当なものはいくつあるか。[★]

　　A．自然発火性物質である。

　　B．比重が1より小さい物質である。

　　C．引火性物質である。

　　D．水によく溶ける物質である。

　　E．酸素含有物質である。

☐　1．1つ

　　2．2つ

　　3．3つ

　　4．4つ

　　5．5つ

【4】第1類の危険物と性状の組合せで、次のうち妥当なものはどれか。

☐　1．塩素酸カリウム　　　……加熱すると分解して酸素を発生する。

　　2．過塩素酸ナトリウム　……水には溶けない。

　　3．過酸化カリウム　　　……炭酸ナトリウムと反応して発熱する。

　　4．過マンガン酸カリウム……無色または白色の粉末である。

　・5．硝酸ナトリウム　　　……潮解性はない。

【5】第1類の危険物の性状として、次のA～Eのうち、妥当でないもののみをすべて掲げているものはどれか。

A．多くのものは水に不溶で、水よりも軽い。
B．可燃物と接触すると、発火・爆発のおそれがある。
C．熱分解すると、酸素を放出して可燃物の燃焼を促進するおそれがある。
D．衝撃、摩擦によって容易に発火する。
E．常温（20℃）の空気中に放置すると、酸化熱が蓄積して、発火・爆発のおそれがある。

☑ 1．A、B　　　2．A、E　　　3．B、C
　 4．A、D、E　5．C、D、E

【6】第1類の危険物の性状について、次のA～Eのうち、妥当でないものを組み合せたものはどれか。

A．加熱により発火しやすく、燃焼速度が大きい。
B．常温（20℃）において液体のものはない。
C．分子中に酸素を含有しないものがある。
D．衝撃、摩擦により分解する。
E．水と反応し酸素と熱を発生するものがある。

☑ 1．AとB　　2．AとC　　3．BとD　　4．CとE　　5．DとE

【7】第1類の危険物に共通する特性として、次のうち妥当でないものはどれか。
☑ 1．多くは無色または白色の固体である。
　 2．多くは不燃性の物質である。
　 3．加熱、衝撃または摩擦により分解し、容易に酸素を放出する。
　 4．火災時には、周囲の可燃物の燃焼を著しく促進する。
　 5．多くは有機化合物である。

【8】第1類の性状について、次のうち妥当でないものはどれか。
☑ 1．無色（白色）の固体であるが、暗赤色、黒褐色および橙黄色のものもある。
　 2．水に溶けるものが多い。
　 3．爆発の恐れがあるため、容器にガス抜き口を設ける。
　 4．加熱、衝撃または摩擦により酸素を放出する。
　 5．有機物と混合すると、爆発することがある。

▶▶解答＆解説⋯⋯⋯⋯⋯⋯⋯⋯⋯⋯⋯⋯⋯⋯⋯⋯⋯⋯⋯⋯⋯⋯⋯⋯⋯⋯⋯⋯⋯⋯

【1】解答「2」

2．いずれも酸素 O を含む化合物である。ただし、窒素 N は、含むものと含まないものがある。硝酸塩類、重クロム酸アンモニウム（$NH_4)_2Cr_2O_7$ などは窒素を含む。

【2】解答「5」

1．過塩素酸アンモニウム NH_4ClO_4 は加熱により分解して酸素を放出するが、更に温度を高めるとやがて発火する。

5．第 1 類危険物は、相手の物質を酸化反応させる酸化剤である。自体は酸素を分子内に含んでおり、加熱、衝撃、摩擦などにより酸素を分解・放出するので、酸化反応は起きない。

【3】解答「1」（E のみが妥当）

A．第 1 類は酸化性固体であり、第 3 類が自然発火性物質および禁水性物質である。

B．比重は 1 より大きい。

C．第 1 類は一般に不燃性であり、引火性を示さない。第 4 類が引火性液体である。

D．多くが水に溶けるが、塩素酸カリウム $KClO_3$ など水（冷水）に溶けにくいものもある。

【4】解答「1」

2．過塩素酸ナトリウム $NaClO_4$ は水によく溶け、潮解性がある。

3．過酸化カリウム $KClO_4$ は水と反応して発熱し、酸素を発生する。

4．過マンガン酸カリウム $KMnO_4$ は、濃い赤紫色の結晶である。

5．硝酸ナトリウム $NaNO_3$ は水によく溶け、潮解性がある。

【5】解答「4」（A・D・E が妥当でない）

A．水に溶けるものが多く、また水よりも重い（比重が 1 より大きい）。

D．不燃性であり、一般に発火はしない。

E．第 1 類危険物は、相手の物質を酸化反応させる酸化剤である。自体は酸素を分子内に含んでおり、加熱、衝撃、摩擦などにより酸素を分解・放出するので、酸化反応は起きない。

【6】解答「2」（A と C が妥当でない）

A．第 1 類の危険物は不燃性である。

C．いずれの物質も分子内に酸素を含有している。

【7】解答「5」

5．第 1 類の危険物は無機化合物である。

【8】解答「3」

1．第 1 類には暗赤色の三酸化クロム CrO_3、黒褐色の二酸化鉛 PbO_2 などがある。

3．容器は湿気を避けて密栓し、冷暗所に貯蔵する。

第 1 類 危 険 物

2　共通する貯蔵・取扱い方法（火災予防）

①衝撃、摩擦を与えない。火気、加熱を避ける。

②有機物、可燃物、酸化されやすい物質（還元剤）、強酸類との接触を避ける。

③容器に密栓して冷暗所に貯蔵する。

④アルカリ金属の過酸化物にあっては、水との接触を避ける。

⑤潮解性、吸湿性のあるものは湿気に注意する。

　※潮解性とは、固体が空気中の水分を吸収して溶ける性質をいう。

▶過去問題◀

【1】第1類の危険物の貯蔵または取扱いの方法について、火災予防上、一般的に重視しなくてもよいものは次のうちどれか。［★］

☑　1．容器の破損、腐食に注意する。
　　2．炭酸水素塩類との接触を避ける。
　　3．換気のよい冷暗所で貯蔵する。
　　4．可燃物との接触を避ける。
　　5．加熱、衝撃または摩擦などを避ける。

【2】第1類の危険物について、火災予防上、一般的に避けなければならない組合せは、次のA～Eのうちいくつあるか。［★］

　　A．塩素酸カリウム…………水との接触
　　B．過酸化カリウム…………アルコールとの接触
　　C．亜塩素酸ナトリウム………強酸との接触
　　D．重クロム酸アンモニウム…可燃物との混合
　　E．硝酸アンモニウム…………加熱、衝撃、摩擦

☑　1．1つ　　　2．2つ　　　3．3つ　　　4．4つ　　　5．5つ

【3】第1類の危険物を貯蔵保管する施設の構造、設備及び容器等について、次のA～Eのうち危険物の性状に照らして妥当でないものの組合せはどれか。［★］

　　A．収納容器が落下した場合の衝撃防止のため、床に厚手のカーペットを敷く。
　　B．容器は金属、ガラスおよびプラスチック製とし、ふたが容易にはずれないように密栓する。
　　C．棚に転倒防止策を施した容器収納庫に第2類の危険物と同時に貯蔵する。
　　D．防爆構造でない照明装置や換気設備を設置する。
　　E．危険物用の消火設備として、乾燥砂を設置する。

☑　1．AとC　　　2．AとD　　　3．BとC　　　4．BとE　　　5．DとE

【4】第1類の危険物の貯蔵または取扱いについて、次のうち妥当でないものはどれか。

☐　1．水との接触を避けて貯蔵しなければならないものがある。
　　2．衝撃、摩擦等を与えないようにする。
　　3．爆発するおそれがあるので容器は密栓しない。
　　4．火気または加熱を避ける。
　　5．強酸との接触を避けて貯蔵しなければならないものがある。

【5】第1類の危険物の貯蔵、取扱いについて、次のうち妥当でないものはどれか。

☐　1．加熱、衝撃、摩擦を与えないようにする。
　　2．アルカリ金属の過酸化物は、水との接触を避ける。
　　3．潮解した危険物は、おがくずに吸着させて回収する。
　　4．直射日光を避け、換気のよい冷暗所に貯蔵する。
　　5．強酸類との接触を避ける。

【6】第1類の危険物の貯蔵または取扱いについて、次のA～Eのうち、妥当なものを組み合せたものはどれか。

　　A．危険物の火災には消火剤として、いずれも水を使用する。
　　B．爆発するおそれがあるので容器は密栓しない。
　　C．吸湿した物質は、加熱して水分を乾燥させた後に貯蔵する。
　　D．強酸との接触を避けて貯蔵しなければならないものがある。
　　E．衝撃、摩擦等を与えないようにする。

☐　1．AとB　　2．AとD　　3．BとC　　4．BとE　　5．DとE

【7】第1類の危険物の貯蔵、取扱いについて、次のうち妥当なものはどれか。

☐　1．分解して気体が発生するおそれがあるので、容器には通気口を設けて貯蔵する。
　　2．取扱場所には、落下時の衝撃緩和のためゴムマットを敷設する。
　　3．アルカリ金属の過酸化物は、加湿して貯蔵する。
　　4．還元性物質と接触しないように取り扱う。
　　5．潮解した危険物は、おがくずに吸着させて回収する。

▶▶解答&解説……………………………………………………………………………………

【1】解答「2」

　　2．炭酸水素塩類は粉末消火剤の主成分の一種で、炭酸水素ナトリウム NaHCO₃ や炭酸水素カリウム KHCO₃ が該当する。油・電気火災に適応し、加熱により、二酸化炭素を放出する。火災予防上、第1類危険物と炭酸水素塩類との接触について、重視する必要はない。

【2】解答「4」（B・C・D・Eの組合せ）

　A．塩素酸カリウム（塩素酸塩類）の消火は、大量の水を使用する。従って、火災予防上の観点から見た場合、特に避ける必要はない。

　B．第1類の危険物は、可燃物との接触を避ける必要がある。

　C．亜塩素酸ナトリウム $NaClO_2$ は、酸と接触すると二酸化塩素 ClO_2 ガスを発生する。二酸化塩素は爆発性がある。

　D．第1類の危険物は、可燃物との混合（接触）を避ける必要がある。

　E．硝酸アンモニウム NH_4NO_3 は、単独でも加熱、衝撃により分解爆発（爆発的に分解）することがある。

【3】解答「1」（A・Cが妥当でない）

　A．第1類の危険物は、可燃物との接触を避ける必要がある。じゅうたんは可燃物。

　C．第1類の危険物は強酸化剤であり、酸化されやすい第2類（可燃性固体）の危険物と同時に貯蔵してはならない。

　D．防爆とは、爆発性ガスや粉じんが発生している箇所で電気器具を使用しても、その電気火花や高熱部が爆発の点火源とならないようにすることをいう。第1類の危険物を貯蔵保管する場合、爆発性ガスの発生はあまり考えられない。しかし、第4類の危険物を貯蔵保管する場合は、防爆構造の照明装置や換気設備を設置する必要がある。

　E．乾燥砂は、すべての類の危険物の火災に適応する。

【4】解答「3」

　1．アルカリ金属の過酸化物は、水と激しく反応して熱と酸素を発生する。このため、アルカリ金属の過酸化物を貯蔵・取扱う際は、水・湿気との接触を避けなければならない。

　3．水分の浸入を防ぐため、容器は密栓して貯蔵する。

　5．例えば、亜塩素酸ナトリウム $NaClO_2$ は、酸と接触すると、爆発性の二酸化塩素 ClO_2 ガスを発生する。

【5】解答「3」

　3．潮解性のある危険物は、可燃物にしみ込み乾燥した場合、爆発の危険がある。

【6】解答「5」（DとEが妥当）

　A．アルカリ金属の過酸化物は水と反応するため、水系（水・強化液・泡）の消火剤は使用できない。

　B．容器は密封して冷暗所に貯蔵する。

　C．加熱により分解して酸素を放出するため、火気、加熱は避ける。

【7】解答「4」

　1．容器は密封して冷暗所に貯蔵する。

　2．ゴムマットなどの可燃物との接触は避ける。

　3．アルカリ金属の過酸化物は、水との接触は避ける。

　5．潮解性のある危険物は、可燃物にしみ込み乾燥した場合、爆発の危険がある。

3 共通する消火方法

1．アルカリ金属等の過酸化物

　水と反応して熱と多量の酸素を発生するアルカリ金属の過酸化物は、消火に水が使えないため、火災の初期段階では粉末消火器（炭酸水素塩類を使用するもの）または乾燥砂等を使用する。中期以降は、周囲の可燃物に注水して、延焼防止に重点をおく。

　なお、アルカリ土類金属等の無機過酸化物はアルカリ金属の無機過酸化物に比べ、水との反応による危険性は低いが、注水による消火は好ましくない。したがって、**乾燥砂等**による消火が推奨される。

アルカリ金属の過酸化物	アルカリ土類金属の過酸化物
・過酸化カリウム K_2O_2 ・過酸化ナトリウム Na_2O_2 　　　　　　　　　　　　　　など	・過酸化カルシウム CaO_2 ・過酸化マグネシウム MgO_2 ・過酸化バリウム BaO_2　　　　など

▶適応する消火剤

- ・**炭酸水素塩類**を使用する粉末消火剤
- ・ソーダ灰
- ・乾燥砂、膨張ひる石、膨張真珠岩

▶適応しない消火剤

- ・**水系**の消火剤（水、強化液、泡）
- ・**二酸化炭素**消火剤
- ・**ハロゲン化物**消火剤

2．アルカリ金属等の過酸化物を除くもの

　第1類の危険物は酸素を分子内に含んでおり、加熱等により酸素を分解放出する。燃焼の際には酸素を供給する「**酸素供給体**」となるため、可燃物の燃焼が激しくなる。

　したがって、消火は一般に**多量の水により冷却**して酸素の分解放出を抑制することにより行う。同時に、可燃物の燃焼も抑えることができる。

▶適応する消火剤

- ・**水**（棒状・霧状）
- ・強化液消火剤、泡消火剤
- ・**リン酸塩類**を使用する粉末消火剤
- ・乾燥砂、膨張ひる石、膨張真珠岩

▶適応しない消火剤

- ・**二酸化炭素**消火剤
- ・**ハロゲン化物**消火剤

［アルカリ金属等の過酸化物］

【1】 次に掲げる危険物にかかわる火災で、一般的に水による消火が妥当でないものはいくつあるか。［★］

塩素酸カリウム	塩素酸ナトリウム	過酸化カリウム
過酸化ナトリウム	過塩素酸アンモニウム	過酸化バリウム
過酸化カルシウム	過酸化マグネシウム	

☐ 1．1つ   2．2つ   3．3つ   4．4つ   5．5つ

【2】 アルカリ金属の過酸化物に共通する消火の方法として、次のうち妥当でないものはどれか。［★］

☐ 1．炭酸水素塩類を使用する粉末消火剤を使用する。
   2．乾燥砂で覆う。
   3．ソーダ灰（炭酸ナトリウム無水和物）で覆う。
   4．泡消火剤を放射する。
   5．膨張ひる石（バーミキュライト）で覆う。

【3】 アルカリ金属の過酸化物の消火方法として、次のうち最も妥当なものはどれか。

☐ 1．泡消火剤を放射する。
   2．霧状の水で冷却する。
   3．二酸化炭素消火剤を放射する。
   4．強化液消火剤を放射する。
   5．乾燥砂で覆う。

【4】 第1類の危険物の貯蔵および取扱いについて、火災予防上、水や湿気との接触を避けなければならない物質は、次のうちどれか。［★］

☐ 1．過酸化ナトリウム
   2．塩素酸カリウム
   3．過塩素酸ナトリウム
   4．塩素酸アンモニウム
   5．臭素酸カリウム

【5】次の A ～ D の危険物が関わる火災において、炭酸水素塩類を使用した粉末消火剤による初期消火が妥当であるものを全て掲げているのはどれか。

> A．塩素酸塩類
> B．臭素酸塩類
> C．アルカリ金属の過酸化物
> D．亜塩素酸塩類

☑　1．A　　　　2．C　　　　3．D　　　　4．A、B　　　　5．C、D

【6】第 1 類の危険物の貯蔵及び取扱いについて、火災予防上、水や湿気との接触を避けなければならない物質は、次のうちどれか。[★]

☑　1．亜塩素酸ナトリウム　　　2．塩素酸ナトリウム　　　3．過塩素酸カリウム
　　4．過塩素酸アンモニウム　　5．過酸化カリウム

▶▶解答&解説‥‥‥‥‥‥‥‥‥‥‥‥‥‥‥‥‥‥‥‥‥‥‥‥‥‥‥‥‥‥‥‥‥‥‥‥

【1】解答「5」（過酸化カリウム、過酸化ナトリウム、過酸化バリウム、過酸化カルシウム、過酸化マグネシウムの 5 つが妥当でない）

　　5．アルカリ金属の過酸化物とアルカリ土類金属等の過酸化物を選ぶ。これらは水と反応して熱と多量の酸素を発生する。消火剤は、炭酸水素塩類を使用する粉末消火剤の他、乾燥砂、膨張ひる石、膨張真珠岩を使用する。

【2】解答「4」

　　4．アルカリ金属の過酸化物は、水と反応して熱と酸素を発生する。このため、水系（水・強化液・泡）の消火剤は使用できない。炭酸水素塩類を使用する粉末消火剤や乾燥砂、ソーダ灰（窒息効果）などを用いて消火する。

【3】解答「5」

　　アルカリ金属の過酸化物の消火には、炭酸水素塩類を使用する粉末消火剤または乾燥砂を用いるのが適当とされている。

【4】解答「1」

　　1．アルカリ金属の過酸化物は、水と激しく反応して熱と酸素を発生する。よって、アルカリ金属の過酸化物を貯蔵・取扱う際は、水・湿気との接触を避けなければならない。

【5】解答「2」（C のみ妥当）

　　A&B & D．アルカリ金属等の過酸化物を除く第 1 類危険物における初期消火は、リン酸塩類の粉末を使用する。

【6】解答「5」

　　5．アルカリ金属の過酸化物は、水と激しく反応して熱と酸素を発生する。このため、アルカリ金属の過酸化物を貯蔵・取扱う際は、水・湿気との接触を避けなければならない。

[アルカリ金属等の過酸化物を除くもの]

【1】 次の文の（ ）内のA～Cに当てはまる語句の組合せとして、妥当なものはどれか。
[★]

「第1類の危険物にかかわる火災は、注水して消火するのが効果的である。それは、
（A）を（B）以下に冷却してその分解を抑え、かつ、可燃物の燃焼も抑えることができるからである。

ただし、水と反応して（C）し、酸素を発生するものもあるので、消火には注意が必要である。」

	A	B	C
1.	酸化剤	発火点	爆発
2.	還元剤	引火点	発光
3.	酸化剤	分解温度	発熱
4.	還元剤	燃焼温度	吸熱
5.	可燃物	分解温度	爆発

【2】 第1類の危険物（アルカリ金属およびアルカリ土類金属の過酸化物ならびにこれを含有するものを除く。）のすべてに有効な消火方法として、次のA～Eのうち、妥当なものの組合せはどれか。[★]

A．粉末消火剤（炭酸水素塩類を使用するもの）により消火する。
B．霧状の水により消火する。
C．ハロゲン化物消火剤により消火する。
D．二酸化炭素消火剤により消火する。
E．棒状の水により消火する。

1．AとC　　2．AとE　　3．BとD　　4．BとE　　5．CとD

【3】 第1類の危険物（アルカリ金属の過酸化物およびこれを含有するものを除く。）にかかわる火災に共通する消火方法として、次のA～Eのうち、妥当なものの組合せはどれか。

A．砂で覆う。
B．炭酸水素塩類を使用する粉末消火剤を放射する。
C．二酸化炭素消火剤を放射する。
D．ハロゲン化物消火剤を放射する。
E．大量の水を放射する。

1．AとB　　2．AとE　　3．BとC　　4．CとD　　5．DとE

【4】 第1類の危険物（アルカリ金属およびアルカリ土類金属の過酸化物ならびにこ
　れを含有するものを除く。）に関わる火災のすべてに有効な消火方法として、次の
　A～Eによる組合せのうち、最も妥当なものはどれか。

　　A．泡消火剤により消火する。

　　B．ハロゲン化物消火剤により消火する

　　C．二酸化炭素消火剤により消火する。

　　D．粉末消火剤（炭酸水素塩類等を使用するもの）により消火する。

　　E．霧状の水により消火する。

☑　1．AとC　　2．AとE　　3．BとC　　4．BとD　　5．CとD

【5】 第1類の危険物（アルカリ金属およびアルカリ土類金属の過酸化物ならびにこ
　れを含有するものを除く。）に関わる火災に共通する消火方法として、次のA～E
　による組合せのうち、最も妥当なものはどれか。[★]

　　A．粉末消火剤（炭酸水素塩類を使用するもの）により消火する。

　　B．ハロゲン化物消火剤により消火する。

　　C．二酸化炭素消火剤により消火する。

　　D．乾燥砂により消火する。

　　E．大量の水により消火する。

☑　1．AとB　　2．AとE　　3．BとC　　4．CとD　　5．DとE

▶▶解答＆解説‥‥‥‥‥‥‥‥‥‥‥‥‥‥‥‥‥‥‥‥‥‥‥‥‥‥‥‥‥‥‥‥‥‥

【1】解答「3」

【2】解答「4」（B・Eが妥当）

　A．炭酸水素塩類を使用する粉末消火剤は、アルカリ金属等の過酸化物の消火には適応
　　する、それ以外の第1類危険物には適応しない。

　C＆D．アルカリ金属等の過酸化物を除く第1類危険物の消火には、ハロゲン化物消火
　　剤および二酸化炭素消火剤は適応しない。

【3】解答「2」（A・Eが妥当）

　A．砂（乾燥砂）による窒息消火は、すべての第1類危険物の火災に有効な消火方法。

【4】解答「2」（A・Eが妥当）

　　アルカリ金属等の過酸化物を除く第1類危険物の消火には、水、強化液消火剤および
　泡消火剤は適応するが、二酸化炭素消火剤およびハロゲン化物消火剤は適応しない。ま
　た、粉末消火剤による消火はリン酸塩類を使用したもので行う（アルカリ金属等の過酸
　化物を除く）。

【5】解答「5」（D・Eが妥当）

　A．炭酸水素塩類を使用する粉末消火剤は、アルカリ金属等の過酸化物には適応するが、それ以外の第1類危険物には適応しない。

　B＆C．第1類危険物の消火には、ハロゲン化物消火剤および二酸化炭素消火剤は適応しない。

▶過去問題［3］◀

[第1類危険物　総合]

【1】初期消火の方法の組み合わせで、次のうち妥当でないものはどれか。

☑　1．亜塩素酸ナトリウム……………多量の水

　　2．臭素酸カリウム…………………水系消火剤（霧状）

　　3．硝酸アンモニウム………………粉末消火剤（リン酸塩類のもの）

　　4．過塩素酸カリウム………………水系消火剤（棒状）

　　5．過酸化ナトリウム………………二酸化炭素消火剤

【2】可燃物と次の危険物による火災の消火方法として、次のうち妥当でないものはどれか。

☑　1．塩素酸塩類の火災には、水を放射する。

　　2．硝酸塩類の火災には、水を放射する。

　　3．無機過酸化物の火災には、水を放射する。

　　4．過マンガン酸塩類の火災には、水を放射する。

　　5．重クロム酸塩類の火災には、水を放射する。

【3】第1類の危険物と木材等の可燃物とが共存する火災の消火方法として、次のA〜Eのうち妥当でないものはいくつあるか。［★］

　A．塩素酸塩類は注水により消火する。

　B．無機過酸化物は注水を避け、乾燥砂をかける。

　C．硝酸塩類は二酸化炭素等で窒息消火するのが最も有効である。

　D．亜塩素酸塩類は強酸の液体で中和し消火する。

　E．過塩素酸塩類は注水を避ける。

☑　1．1つ　　　2．2つ　　　3．3つ　　　4．4つ　　　5．5つ

【4】火災時の消火を考慮した場合、次のA～Eの危険物のうち、過塩素酸ナトリウムと同一の室に貯蔵しない方が良い物質のみ掲げているものはどれか。[★]

A．過酸化ナトリウム
B．塩素酸カリウム
C．塩素酸ナトリウム
D．過酸化カリウム
E．硝酸アンモニウム

1．AとB　　2．BとC　　3．CとE　　4．DとE　　5．AとD

【5】火災時の消火を考慮して、過塩素酸ナトリウムと同一の室に貯蔵しない方がよい危険物は、次のうちどれか。[★]

1．過マンガン酸カリウム
2．塩素酸カリウム
3．塩素酸ナトリウム
4．過酸化ナトリウム
5．硝酸アンモニウム

【6】次のA～Eの危険物に関わる火災のうち、炭酸水素塩類を使用する粉末消火剤による消火方法が妥当でないものはいくつあるか。[★]

A．アルカリ金属の過酸化物
B．ヨウ素酸塩類
C．過マンガン酸塩類
D．重クロム酸塩類
E．硝酸塩類

1．1つ　　　2．2つ　　　3．3つ　　　4．4つ　　　5．5つ

【7】次に掲げる危険物にかかわる火災の消火方法について、妥当でないものはどれか。

1．亜塩素酸ナトリウム……泡消火剤で消火した。
2．過酸化ナトリウム　……炭酸水素塩類の粉末消火器で消火した。
3．過酸化カリウム　　　……強化液消火器で消火した。
4．臭素酸カリウム　　　……霧状の水を放射する消火器で消火した。
5．硝酸アンモニウム　　……リン酸塩類の粉末消火剤で消火した。

▶▶解答＆解説……………………………………………………………………………………

【1】解答「5」

　5．過酸化ナトリウムNa₂O₂などのアルカリ金属の過酸化物は、炭酸水素塩類を使用する粉末消火剤が適応する。二酸化炭素を放出する消火剤は使えない。

【2】解答「3」

　3．カリウム、ナトリウム等のアルカリ金属の無機過酸化物は、水と反応して発熱し、爆発することがある。そのため、消火に水は使用できない。

【3】解答「3」（C・D・Eが妥当でない）

　C．第1類危険物は、熱を受けると酸素を放出するため、アルカリ金属の過酸化物を除き、大量の水で消火するのが最も有効である。

　D．亜塩素酸塩類である亜塩素酸ナトリウムNaClO₂は強酸を混合すると、二酸化塩素ClO₂が発生する。二酸化塩素は爆発性がある。

　E．過塩素酸塩類にかかわる火災は、多量の注水で消火する。

【4】解答「5」（A・Dが妥当）

　アルカリ金属の過酸化物を選ぶ。アルカリ金属の過酸化物は火災の際、注水による消火ができないため、過塩素酸ナトリウムと同一の室に貯蔵しない方がよい。

【5】解答「4」

　アルカリ金属の過酸化物を選ぶ。アルカリ金属の過酸化物は火災の際、注水による消火ができないため、過塩素酸ナトリウムと同一の室に貯蔵しない方がよい。

【6】解答「4」（B・C・D・Eが妥当）

　水と反応して熱と多量の酸素を発生するアルカリ金属の過酸化物は、消火に水が使用できないため、炭酸水素塩類の粉末消火剤が適応する。しかし、他の酸化性の危険物は、炭酸水素塩類の粉末消火剤は適応しない。

【7】解答「3」

　1＆4＆5．これらはアルカリ金属の過酸化物を除く第1類危険物であり、水系の消火剤およびリン酸塩類を使用する粉末消火剤が適応する。

　2＆3．これらはアルカリ金属の過酸化物であり、炭酸水素塩類を使用する粉末消火剤および乾燥砂などが適応し、水系（水・強化液・泡）の消火剤は適応しない。

4　塩素酸塩類

　塩素酸塩類とは、塩素酸 HClO3 の水素原子 H が金属または他の陽イオンと置換してできる塩の総称。一般に無色の結晶で、常温では安定であるが、加熱すると分解する。有機物や硫黄等の可燃物と混合すると、摩擦等により爆発することがある。

　また、塩素酸塩類や過塩素酸塩類、過マンガン酸塩類などの**酸化性塩類**は、**強酸**を添加すると不安定な遊離酸を生成し、可燃物を発火させることがある。さらに、酸化性塩類自体も爆発的に分解する。

1. 塩素酸カリウム　KClO3

形状	・光沢のある無色の結晶または白色の粉末。
性質	比重 2.3 融点 356 〜 368℃ ・冷水には溶けにくいが、熱水に溶ける。吸湿性や潮解性はない。 ・強い酸化剤。 ・加熱すると約 400℃で塩化カリウムと過塩素酸カリウムに分解。更に加熱すると、過塩素酸カリウムが、酸素と塩化カリウムに分解する（酸素が分解放出される）。
性質	・中性およびアルカリ性溶液中では酸化作用を示さないが、酸性溶液では酸化剤としてはたらく。
危険性	・衝撃、摩擦、加熱または強酸の添加により爆発するおそれがある。 ・赤リン、硫黄等の可燃性物質との混合は、わずかな刺激で爆発するおそれがある。 ・硫化銀、二酸化マンガン、炭素、酸化鉛等との混合は、急激な加熱または衝撃により爆発するおそれがある。 ・長期保存したものや日光にさらされたものは、亜塩素酸カリウムを含み、有機物・硫黄・リンなどの可燃性物質と接触しただけで爆発するおそれがある。
貯蔵・取扱い	・異物の混入を防ぐ。　　・換気のよい冷暗所（遮光）に貯蔵。 ・容器は密栓し破損に注意。　・加熱、衝撃、摩擦を避ける。 ・分解を促進する薬品類との接触を避ける。
消火方法	・注水（噴霧）消火。なお、泡消火剤、強化液消火剤、粉末消火剤（リン酸塩類）も有効である。
その他	・爆薬、マッチ、花火（赤紫色）、漂白剤等の原料に用いられる。

2. 塩素酸ナトリウム　NaClO3

形状	▪ 無色の結晶。
性質	**比 重**　2.5 **融 点**　248～261℃ ▪ 潮解性があり、水やエタノール（アルコール）に溶ける。 ▪ 加熱すると約300℃で分解し、酸素が放出される。
危険性	▪ 潮解したものが紙、木等にしみ込み、これが乾燥すると衝撃、摩擦、加熱により爆発するおそれがある。 ※その他は、塩素酸カリウムとほぼ同じ。
貯蔵・取扱い	▪ 潮解性があるため、容器の密栓、密封には特に注意する。 ※その他は、塩素酸カリウムとほぼ同じ。
消火方法	※塩素酸カリウムと同じ。
その他	▪ マッチ、花火（黄色）、爆薬、印刷インキ等の原料に用いられる。

3. 塩素酸アンモニウム　NH4ClO3

形状	▪ 無色の針状結晶。
性質	▪ 水によく溶けるが、アルコールには溶けにくい。 ▪ 加熱すると100℃以上で分解して爆発するおそれがある。
危険性	▪ 不安定で、常温でも爆発するおそれがある。 ※その他は、塩素酸カリウムとほぼ同じ。
貯蔵・取扱い	▪ 爆発性があるため、長期保存はできない。 ※その他は、塩素酸カリウムとほぼ同じ。
消火方法	※塩素酸カリウムと同じ。

4. 塩素酸バリウム　Ba(ClO3)2

形状	▪ 白色の粉末または無色の結晶。
性質	**比 重**　3.2 **融 点**　414℃ ▪ 水に溶けるが、塩酸やエタノールには溶けにくい。 ▪ 加熱すると250℃付近から分解して酸素が放出される。
危険性	▪ 急な加熱または衝撃により爆発するおそれがある。
貯蔵・取扱い	※塩素酸カリウムとほぼ同じ。
消火方法	※塩素酸カリウムと同じ。
その他	▪ バリウムについて…炎色は黄緑または緑色である。また、酸と反応して水素を発生するため、爆発するおそれがある。

5. 塩素酸カルシウム　Ca(ClO3)2

形状	・無色または白色の結晶。
性質	**比　重**　2.7 **融　点**　325℃ ・水によく溶ける。　　・潮解性がある。 ・水溶液からは76℃以下で二水和物、76℃以上で無水物が析出。 ・二水和物は急激に加熱すると、100℃で融解する。
危険性	・可燃物と混合すると、摩擦、衝撃等で爆発するおそれがある。 ・酸と接触すると、有害なガスが発生することがある。
貯蔵・取扱い	※塩素酸カリウムとほぼ同じ。
消火方法	※塩素酸カリウムと同じ。
その他	・カルシウム Ca について…炎色は橙色である。 ・除草剤や花火の材料に用いられる。

★塩素酸塩類とその種類★

塩素酸 $HClO_3$ の水素原子 H を、カリウム K 等と置換したもの！

塩素酸**カリウム** $KClO_3$

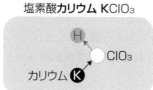

塩素酸**ナトリウム** $NaClO_3$

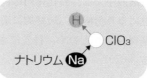

塩素酸**アンモニウム** NH_4ClO_3

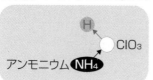

塩素酸**バリウム** $Ba(ClO_3)_2$

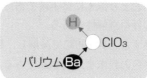

第1類　危険物

[塩素酸カリウム]

【1】 塩素酸カリウムの性状について、次のうち妥当でないものはどれか。[★]

　☑　1．加熱すると、約400℃で分解し始める。

　　　2．マッチ、花火等の製造に用いられる。

　　　3．水によく溶けて酸素を発生する。

　　　4．硫黄の粉末と混合したものは、わずかな衝撃でも爆発することがある。

　　　5．濃硫酸と接触すると、爆発する危険性がある。

【2】 塩素酸カリウムの性状について、次のうち妥当でないものはどれか。[★]

　☑　1．強烈な衝撃や急激な加熱によって爆発する。

　　　2．少量の濃硝酸の添加によって爆発する。

　　　3．水酸化カリウム水溶液の添加によって爆発する。

　　　4．無色の結晶または白色の粉末である。

　　　5．炭素粉との混合物は加熱や衝撃によって爆発する。

【3】 塩素酸カリウムの性状について、次のうち妥当でないものはどれか。[★]

　☑　1．無色の結晶である。

　　　2．アルカリ性溶液にはよく溶ける。

　　　3．酸性溶液中では、酸化作用は抑制される。

　　　4．加熱により分解し、最終的に塩化カリウムと酸素になる。

　　　5．長期保存したものや、日光にさらされたものは亜塩素酸カリウムを含むこと
　　　　がある。

【4】 塩素酸カリウムの一般的性状について、次のうち妥当なものはどれか。

　☑　1．冷水および温水には不溶である。

　　　2．吸湿性や潮解性がある。

　　　3．加熱すると約300℃で分解し、酸素を発生する。

　　　4．赤褐色の粉末または結晶である。

　　　5．濃硫酸や濃硝酸に触れると爆発する危険性がある。

第
1
類

危
険
物

【5】塩素酸カリウムの取り扱いについて、次のうち妥当でないものはどれか。

☑ 1．熱源に近づけない。

2．肌に触れない。

3．乾燥した冷所に保存する。

4．容器に密閉する。

5．床に飛び散った場合、強酸で中和する。

【6】塩素酸カリウムにかかわる火災の初期消火の方法について、次のA～Eのうち妥当でないものの組合せはどれか。[★]

A．粉末消火剤（リン酸塩類を使用するもの）で消火する。

B．水で消火する。

C．ハロゲン化物消火剤で消火する。

D．泡消火剤で消火する。

E．二酸化炭素消火剤で消火する。

☑ 1．AとC　　2．AとD　　3．CとD　　4．CとE　　5．DとE

【7】塩素酸カリウムにかかわる火災の消火方法について、次のうち最も妥当なものはどれか。

☑ 1．棒状の水で消火する。

2．炭酸水素塩類を使用する粉末消火剤で消火する。

3．ハロゲン化物消火剤で消火する。

4．二酸化炭素消火剤で消火する。

5．霧状の水で消火する。

[塩素酸アンモニウム]

【8】塩素酸アンモニウムの性状について、次のA～Eのうち妥当なものはいくつあるか。[★]

A．赤紫色の針状結晶である。

B．常温（20℃）でも衝撃により爆発しやすい。

C．水に溶けない。

D．エチルアルコールによく溶ける。

E．注水により消火するのが最もよい。

☑ 1．1つ　　2．2つ　　3．3つ　　4．4つ　　5．5つ

【9】 塩素酸アンモニウムの性状について、次のうち妥当でないものはどれか。[★]

☐ 1．無色の針状結晶である。

2．水によく溶ける。

3．高温では爆発するおそれがある。

4．エタノールによく溶ける。

5．不安定な物質であり、常温(20℃)においても、衝撃により爆発することがある。

[塩素酸バリウム]

【10】 塩素酸バリウムの性状について、次のうち妥当でないものはどれか。[★]

☐ 1．無色または白色の結晶である。

2．水に溶けない。

3．加熱や衝撃、摩擦により、爆発することがある。

4．硫酸と接触させると、爆発することがある。

5．可燃物と混合して燃焼させると、炎は緑色を呈する。

[塩素酸カルシウム]

【11】 塩素酸カルシウムの性状について、次のうち妥当でないものはどれか。

☐ 1．無色または白色の結晶である。

2．水に溶けない。

3．可燃物の存在下で、摩擦や衝撃により爆発することがある。

4．急激に加熱すると、約100℃で融解することがある。

5．酸と接触すると、有害なガスを発生することがある。

【1】解答「3」

　3．塩素酸カリウム $KClO_3$ は冷水には溶けにくいが、熱水には溶ける。

【2】解答「3」

　2．塩素酸カリウム $KClO_3$ は少量の強酸の添加によって爆発する。硝酸は強酸性。

　3．水酸化カリウム KOH などの強アルカリを添加しても、爆発することはない。また、
　　　塩素酸カリウムはアルカリ性にすると酸化力が弱くなる。

【3】解答「3」

　3．中性およびアルカリ性溶液中では酸化作用を示さないが、酸性溶液中では酸化剤と
　　　してはたらく。

【4】解答「5」

　1．冷水には溶けにくいが、温水には溶ける。

　2．吸湿性や潮解性は有していない。

　3．加熱すると約400℃で分解、酸素を発生する。

　4．無色の結晶または白色の粉末である。

　5．強酸の添加により爆発するおそれがあるため正しい。

【5】解答「5」

　5．強酸との接触は爆発の危険性があるため避ける。

【6】解答「4」（C・E が妥当でない）

　C&E．第1類危険物の消火には、ハロゲン化物消火剤および二酸化炭素消火剤は適応
　　　　しない。

【7】解答「5」

　3&4．塩素酸カリウムの火災において、棒状注水やハロゲン化物消火剤、二酸化炭素
　　　　消火剤による消火は適応しない。

　2．粉末消火剤で消火する場合は、リン酸塩類のものを使用する。

　1&5．棒状・噴霧による注水は、どちらも適応するものの、消火の際は噴霧状の注水
　　　　を使用するほうが好ましい。

【8】解答「2」（B・E が妥当）

　A．塩素酸アンモニウム NH_4ClO_3 は無色の結晶である。

　C&D．水に溶けるが、エチルアルコールには溶けにくい。

【9】解答「4」

　4．エタノールなどのアルコール類には溶けにくい。

【10】解答「2」

　2．塩素酸バリウム $Ba(ClO_3)_2$ は水に溶ける。

【11】解答「2」

　2．塩素酸カルシウム $Ca(ClO_3)_2$ は水に溶ける。

5 過塩素酸塩類

過塩素酸塩類とは、過塩素酸 $HClO_4$ の水素原子 H が金属または他の陽イオンと置換してできる塩の総称。一般に無色の結晶で、熱に対しても安定であるが、強熱すると分解して酸素を放出する。リン、硫黄、木炭粉末、その他の可燃物と混合すると、急激な燃焼を起こし、爆発するおそれがある。

1. 過塩素酸カリウム KClO4

形状	▪光沢のある無色の結晶または白色の粉末。
性質	**比 重** 2.5 **融 点** 610℃ ▪水に溶けにくい。 ▪加熱すると約400℃で酸素と塩化カリウムに分解する（酸素が分解放出される）。
危険性	▪衝撃、加熱による危険性は、塩素酸カリウムよりやや低い。 ▪強酸、可燃物または酸化されやすいものとの混合による危険性は、塩素酸カリウムよりやや低い。
貯蔵・取扱い	▪異物の混入を防ぐ。 ▪容器は密栓（破損に注意する）し、換気のよい冷暗所に貯蔵。 ▪加熱、衝撃、摩擦を避ける。 ▪分解を促進する薬品類との接触を避ける。 ▪衣服に付着した場合は、大量の水で洗い流す。 ▪粉じんを吸い込まないように注意する。
消火方法	▪注水消火。なお、泡消火剤、強化液消火剤、粉末消火剤（リン酸塩類）も有効である。
その他	▪マッチ、花火（赤紫色）、ロケット燃料等の原料に用いられる。

2. 過塩素酸ナトリウム NaClO4

形状	▪無色または白色の結晶。
性質	**比 重** 2.0 **融 点** 482℃ ▪水によく溶け、エタノール、アセトンにも溶ける。 ▪潮解性がある。 ▪加熱すると200℃以上で分解して酸素が放出される。
危険性	※過塩素酸カリウムと同じ。
貯蔵・取扱い	※過塩素酸カリウムと同じ。
消火方法	※過塩素酸カリウムと同じ。
その他	▪花火（黄色）、除草剤、ジェット燃料等の原料に用いられる。

3．過塩素酸アンモニウム　NH4ClO4

形状	▪ 無色または白色の結晶
性質	**比重**　1.95 ▪ 水、エタノール、アセトンに溶けるが、エーテルには溶けない。 ▪ 加熱すると150℃で分解を始めて酸素を発生する。400℃で急激に分解し発火することもある。 ▪ 200℃で融解する前に分解する。
危険性	▪ 燃焼により多量のガスを発生するので、塩素酸カリウムよりもやや危険である。
貯蔵・取扱い	※過塩素酸カリウムと同じ。
消火方法	※過塩素酸カリウムと同じ。

★過塩素酸塩類とその種類★

 過塩素酸 HClO4の水素原子 H を、カリウム K 等と置換したもの!

過塩素酸**カリウム** KClO4　　　過塩素酸**ナトリウム** NaClO4　　　過塩素酸**アンモニウム** NH4ClO4

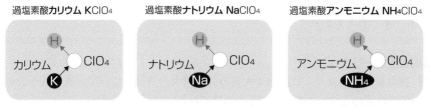

▶過去問題◀

[過塩素酸カリウム]

【1】過塩素酸カリウムの貯蔵・取扱いについて、次のうち妥当でないものはどれか。

- 1．可燃物との接触を避ける。
- 2．火気または加熱を避ける。
- 3．粉じんを吸い込まないようにする。
- 4．通気孔の空いた容器で保存する。
- 5．衣服に付着した場合、大量の水で洗い流す。

【2】 塩素酸カリウムと過塩素酸カリウムの性状等について、次のA〜Eのうち、妥当なものはいくつあるか。

> A. 急激に加熱すると、いずれも爆発する危険がある。
> B. 1 mol 中に存在する塩素の量は、過塩素酸カリウムの方が多い。
> C. いずれも常温（20℃）では、だいだい色の粉末である。
> D. 塩素酸カリウムは赤リンとともにマッチの原料になる。
> E. いずれも漂白剤としてよく使用されている。

□ 1. 1つ　　　2. 2つ　　　3. 3つ　　　4. 4つ　　　5. 5つ

【3】 過塩素酸カリウムにかかわる火災の消火方法について、次のうち妥当でないものはどれか。［★］

□ 1. 強化液消火剤（噴霧状）で消火する。
　　2. 粉末消火剤（リン酸塩類を使用するもの）で消火する。
　　3. ハロゲン化物消火剤で消火する。
　　4. 泡消火剤で消火する。
　　5. 水で消火する。

［過塩素酸ナトリウム］

【4】 過塩素酸ナトリウムに関わる火災の初期消火の方法について、次のA〜Dのうち妥当なものをすべて掲げているものはどれか。

　　A. 泡消火剤で消火する。
　　B. 二酸化炭素消火剤で消火する。
　　C. 強化液消火剤で消火する。
　　D. 水（棒状）で消火する。

□ 1. A、B　　2. A、C　　3. A、C、D　　4. B、C、D　　5. B、D

【5】 過塩素酸ナトリウムに関わる火災の初期消火の方法について、次のA〜Eのうち妥当なもののみの組合せはどれか。［★］

　　A. 二酸化炭素消火剤で消火する。
　　B. 泡消火剤で消火する。
　　C. 水で消火する。
　　D. ハロゲン化物消火剤で消火する。
　　E. 強化液で消火する。

□ 1. A、B、D　　　2. A、C、D　　　3. A、C、E
　　4. B、C、E　　　5. B、D、E

[過塩素酸アンモニウム]

【6】 過塩素酸アンモニウムの性状について、次のうち妥当でないものはどれか。

▱ 1．無色または白色の結晶である。

2．100℃で容易に融解する。

3．水に溶ける。

4．水よりも重い。

5．摩擦や衝撃により、爆発することがある。

▶▶解答＆解説……………………………………………………………………………

【1】 解答「4」

4．容器は密栓し、換気のよい冷暗所に貯蔵する。

【2】 解答「2」（A・D が妥当）

B．塩素酸カリウム KClO$_3$、過塩素酸カリウム KClO$_4$ に含まれる塩素 Cl の分子の数は同じである。よって、1mol 中に存在する塩素 Cl の量は、どちらも同じである。

C．塩素酸カリウム KClO$_3$ は無色の結晶または白色の粉末であり、過塩素酸カリウムは無色の結晶である。

E．塩素酸カリウム KClO$_3$ のみが該当する。

【3】 解答「3」

3．第 1 類危険物の消火には、二酸化炭素消火剤およびハロゲン化物消火剤は適応しない。

【4】 解答「3」（A・C・D が妥当）

アルカリ金属等の過酸化物を除く第 1 類危険物の消火には、水、強化液消火剤および泡消火剤は適応するが、二酸化炭素消火剤およびハロゲン化物消火剤は適応しない。

【5】 解答「4」（B・C・E が妥当）

アルカリ金属等の過酸化物を除く第 1 類危険物の消火には、水、強化液消火剤および泡消火剤は適応するが、二酸化炭素消火剤およびハロゲン化物消火剤は適応しない。

【6】 解答「2」

2．アンモニウム塩は多くの場合、加熱していくと融解する前に分解する。過塩素酸アンモニウム NH$_4$ClO$_4$ は、200℃に達すると融解前に分解してしまう。

6 無機過酸化物

無機過酸化物とは、無機化合物のうち過酸化物イオン O_2^{2-} を含む化合物の総称。過酸化水素 H_2O_2 の H がカリウム K、ナトリウム Na 等の**金属原子により置換**されたものである。

カリウム、ナトリウム等のアルカリ金属の無機過酸化物は、水と激しく反応して分解し、多量の酸素を発生する。一方、マグネシウム Mg、カルシウム Ca およびバリウム Ba のアルカリ土類金属等の無機過酸化物は、アルカリ金属の無機過酸化物に比べ、水との反応による危険性は低い。

注：マグネシウム Mg はアルカリ土類金属に含まない。

 解説 アルカリ金属、アルカリ土類金属とは？

元素の周期表の縦の列を「族」、横の行を「周期」といい、同じ族に属する元素は「同族元素」とよばれ、互いに似た性質を示す。その性質の似た元素群は、特別な名称で呼ばれることがある。

「アルカリ金属」とは、水素を除く1族の元素群の総称。単体では、銀白色で融点が低い。また、常温の水と反応して水素を発生するという特徴がある。空気中でも水蒸気と反応するので、ナトリウムやカリウムは灯油中に保存する。

「アルカリ土類金属」とは、ベリリウム、マグネシウムを除く2族の元素群の総称。自然界に酸化物として多く存在し、熱に強く水に溶け難い性質を持つ。これらの酸化物は長年元素だと考えられており、水に溶けてアルカリ性を示すためアルカリ土類と呼ばれていたが、その後金属の酸化物であると判明し、現在のようにアルカリ土類金属と呼ばれるようになった。単体では、常温の水と反応して水素を発生する。ただし、マグネシウムとベリリウムは常温の水とは反応しない（マグネシウムは熱水と反応）。

周期＼族	1	2	3
1	水素 H		
2	リチウム Li	ベリリウム Be	
3	ナトリウム Na	マグネシウム Mg	
4	カリウム K	カルシウム Ca	
5	ルビジウム Rb	ストロンチウム Sr	
6	セシウム Cs	バリウム Ba	
7	フランシウム Fr	ラジウム Ra	
	アルカリ金属	アルカリ土類金属	

1．過酸化カリウム　K₂O₂

形状	▪ 橙色の粉末。
性質	**比重** 2.0 **融点** 490℃ ▪ 潮解性がある。 ▪ 加熱すると融点以上で分解し、酸素を発生する。 ▪ 水と反応して熱と酸素を発生し、水酸化カリウム KOH を生じる。
危険性	▪ 水と反応して発熱し、爆発するおそれがある。 ▪ 有機物、可燃物、酸化されやすいものと混合すると、衝撃、加熱等により発火、爆発するおそれがある。　　▪ 皮膚をおかす。
貯蔵・取扱い	▪ 水分の浸入を防ぐため、容器は密栓する。 ▪ 有機物、可燃物、酸化されやすいものから隔離する。 ▪ 加熱、衝撃、摩擦を避ける。 ▪ 直射日光を避け、冷暗所で貯蔵する。
消火方法	▪ 注水は避け、乾燥砂をかけるなどして窒息消火する。
その他	▪ 漂白剤等に用いられる。

2．過酸化ナトリウム　Na₂O₂

形状	▪ 白色、淡黄色の粉末。または、六方晶系の結晶。
性質	**比重** 2.8 **融点** 460℃ ▪ 吸湿性が強い。また、空気中の二酸化炭素を吸収する性質がある。 ▪ 加熱すると約 660℃で分解し、酸素を発生する。 ▪ 水と反応して熱と酸素、水酸化ナトリウム NaOH を生じる。 ▪ 加熱し融解したものはプラチナ Pt をおかすため、ニッケル Ni、金 Au または銀 Ag のるつぼ※を用いる必要がある。
危険性	▪ 水と反応して発熱し、爆発するおそれがある。 ▪ 有機物、可燃物、酸化されやすいものと混合すると、衝撃、加熱等により発火、爆発するおそれがある。　　▪ 皮膚をおかす。 ▪ 酸性溶液と反応させると、過酸化水素 H₂O₂ を発生する。
貯蔵・取扱い	※過酸化カリウムと同じ。
消火方法	※過酸化カリウムと同じ。
その他	▪ 漂白剤、有機過酸化物、薬用石けん、酸素発生剤等の製造に用いられる。

※るつぼ（坩堝）：実験を行う際に、物質を溶融・焙焼・高温処理するときに用いる耐熱性容器をいい、石英製・陶磁製・金属製などがある。

第1類 危険物

3. 過酸化カルシウム　CaO2

形状	・無色の粉末。
性質	・酸に溶け、水には溶けにくい。また、アルコールやジエチルエーテルには溶けない。 ・加熱すると275℃以上で分解し、酸素を発生する。
危険性	・275℃以上に加熱すると爆発的に分解する。 ・酸を作用させると過酸化水素 H_2O_2 を生じて分解する。
貯蔵・取扱い	・加熱を避ける。 ・酸との接触を避ける。 ・容器は密栓する。
消火方法	※過酸化カリウムと同じ。

4. 過酸化マグネシウム　MgO2

形状	・無色または白色の粉末。
性質	比重　3.0 ・酸に溶け、水にはわずかに溶ける。また、アルコール、ジエチルエーテルには溶けない。 ・加熱すると酸素を発生し、酸化マグネシウムを生じる。 ・湿気または水の存在下で酸素を発生する。
危険性	・希酸に溶けて過酸化水素を生じる。 ・水と反応して酸素を発生する。 ・有機物などと混合すると加熱、摩擦により爆発するおそれがある。
貯蔵・取扱い	※過酸化カルシウムと同じ。
消火方法	※過酸化カリウムと同じ。
その他	・漂白剤、殺菌剤等に用いられる。

5. 過酸化バリウム BaO₂

形状	・白色または灰白色の粉末。
性質	**比　重** 4.96 **融　点** 450℃ ・冷水にわずかに溶ける。 ・加熱すると840℃で酸素を発生し、酸化バリウムを生じる。 ・アルカリ土類金属の過酸化物のうち、最も安定している。
危険性	・酸により分解し、過酸化水素 H_2O_2 と熱を生じて分解する。また、熱水により同じく分解し、酸素と熱を発生する。 ・酸化されやすい物質、湿った紙等と混合すると爆発することがある。 ・有毒である。
貯蔵・取扱い	※過酸化カルシウムと同じ。
消火方法	※過酸化カリウムと同じ。
その他	・漂白剤、殺菌剤等に用いられる。

第 1 類　危険物

★無機過酸化物の種類＆水との反応★

 過酸化水素 H_2O_2 の水素原子 H を、カリウム K 等と置換したもの！
アルカリ金属の無機過酸化物は水と激しく反応する！

★アルカリ金属の無機過酸化物

過酸化**カリウム** K_2O_2　　　　過酸化**ナトリウム** Na_2O_2

★アルカリ土類金属・2族の無機過酸化物

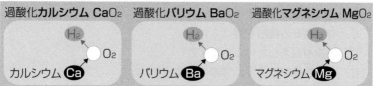

過酸化**カルシウム** CaO_2　過酸化**バリウム** BaO_2　過酸化**マグネシウム** MgO_2

（大　水との反応　小）

水

無機
過酸化物

[無機過酸化物　総合]

【1】 無機過酸化物の性状等について、次のうち妥当でないものはどれか。[★]

☑　1．過酸化水素の水素原子が金属で置換されたものである。

2．無機過酸化物には、過酸化水素が付加した形で存在する過酸化水素付加物がある。

3．水と激しく発熱反応して分解し、助燃性ガスを発生する。

4．それ自体は燃えないが、可燃物と接触すると発火させることがある。

5．強烈な衝撃を与えたり、または急激に高温にすると爆発することがある。

【2】 無機過酸化物の性状等について、次のA～Dのうち、妥当なもののみの組合せはどれか。

A．無機過酸化物は、それ自体が燃焼することがない。

B．過酸化マグネシウムは、有機物と混合すると非常に爆発しやすくなる。

C．過酸化カリウムが水と反応して生じる液体は、強い酸性を示す。

D．過酸化ナトリウムは、約100℃で分解して水素を生成する。

☑　1．AとB

2．BとC

3．CとD

4．AとD

5．BとD

[過酸化カリウム]

【3】 過酸化カリウムの貯蔵、取扱いについて、次のA～Eのうち妥当でないものはいくつあるか。[★]

A．加熱、衝撃を避ける。

B．乾燥状態で保管する。

C．有機物との接触を避ける。

D．異物が混入しないようにする。

E．ガス抜き口を設けた容器に貯蔵する。

☑　1．1つ　　　2．2つ　　　3．3つ　　　4．4つ　　　5．5つ

第1類　危険物

【4】 過酸化カリウムが可燃物と接触した際の初期消火の方法として、最も妥当なものは次のうちどれか。

☑ 1．リン酸塩類の消火粉末を放射する消火器を使用する。
   2．霧状の水を放射する消火器を使用する。
   3．泡を放射する消火器を使用する。
   4．炭酸水素塩類の消火粉末を放射する消火器を使用する。
   5．棒状の水を放射する消火器を使用する。

[過酸化ナトリウム]

【5】 過酸化ナトリウムの貯蔵、取扱いに関する次のA～Dについて、正誤の組合せとして、妥当なものはどれか。[★]

   A．直射日光を避け、冷暗所で貯蔵する。
   B．水で湿潤とした状態にして貯蔵する。
   C．貯蔵容器は密封する。
   D．加熱する場合は、白金るつぼを用いる。

	A	B	C	D
☑ 1.	○	×	×	○
2.	○	×	○	○
3.	×	○	×	×
4.	×	○	×	○
5.	○	×	○	×

注：表中の○は正、×は誤を表すものとする。

【6】 過酸化ナトリウムの貯蔵、取扱いに関する次のA～Dについて、正誤の組合せとして、妥当なものはどれか。[★]

   A．麻袋や紙袋で貯蔵する。
   B．直射日光を避け、乾燥した冷暗所で貯蔵する。
   C．水で湿潤した状態で貯蔵する。
   D．加熱する場合は、白金るつぼを用いない。

	A	B	C	D
☑ 1.	×	○	×	○
2.	○	×	×	○
3.	×	○	○	×
4.	×	○	×	×
5.	○	×	○	×

注：表中の○は正、×は誤を表すものとする。

【7】過酸化ナトリウムの性状について、次のうち妥当でないものはどれか。

☑ 1．白色または淡黄色の結晶である。

　 2．酸との混合により、分解が抑制される。

　 3．加熱により、白金容器を侵す。

　 4．空気中の二酸化炭素を吸収する。

　 5．常温（20℃）で水と激しく反応し、酸素を発生する。

【8】過酸化ナトリウムにかかわる火災の初期消火の方法として、次のうち最も妥当なものはどれか。[★]

☑ 1．霧状の水を放射する消火器で消火する。

　 2．泡を放射する消火器で消火する。

　 3．棒状の水を放射する消火器で消火する。

　 4．消火粉末を放射する消火器（リン酸塩類等を使用するもの）で消火する。

　 5．乾燥砂で消火する。

［過酸化バリウム］

【9】過酸化バリウムの性状について、次のうち妥当でないものはどれか。[★]

☑ 1．白色または灰白色の粉末である。

　 2．冷水にわずかに溶ける。

　 3．それ自体は燃焼しないが、酸化性物質である。

　 4．高温に熱すると、酸化バリウムと酸素に分解する。

　 5．アルカリ土類金属の過酸化物のうち、最も不安定な物質である。

【10】過酸化バリウムの性状等について、次のうち妥当でないものはどれか。

☑ 1．黒紫色の結晶性粉末である。

　 2．融点は約450℃である。

　 3．約800℃で分解して酸化バリウムとなる。

　 4．アルカリ土類金属の過酸化物の中では最も安定である。

　 5．漂白剤に使用される。

▶▶解答＆解説 ⋯⋯⋯⋯⋯⋯⋯⋯⋯⋯⋯⋯⋯⋯⋯⋯⋯⋯⋯⋯⋯⋯⋯⋯⋯⋯⋯⋯⋯⋯

【1】解答「2」

2．本書のテキスト「炭酸ナトリウム過酸化水素付加物」（第1類**13**その他のもので政令で定めるもの）で示すとおり「過酸化水素が付加した形で存在する過酸化水素付加物」として、炭酸ナトリウム過酸化水素付加物$2Na_2CO_3・3H_2O_2$がある。過炭酸ナトリウムと呼ばれることが多く、漂白剤によく使われている。消防法の酸化性固体「その他のもので政令で定めるもの」に指定されている。ただし、無機過酸化物ではない。

3．無機過酸化物は、水と激しく発熱反応して分解し、助燃性ガス（酸素）を発生する。

【2】解答「1」（A・Bが妥当）

C．過酸化カリウムK_2O_2は、水と反応して水酸化カリウムKOHと酸素を生じる。水酸化カリウム水溶液は、強いアルカリ性を示す。

D．過酸化ナトリウムは、約660℃で分解して酸素を生成する。

【3】解答「1」（Eが妥当でない）

E．水分の浸入を防ぐため、容器は密栓して貯蔵する。

【4】解答「4」

1．過酸化カリウムの初期消火において、リン酸塩類の粉末消火器は適応しない。

2＆3＆5．アルカリ金属の過酸化物の消火には強化液や泡を含む、水系消火剤は適応しないため、使用しない。

【5】解答「5」（A・Cは○、B・Dは×）

B．過酸化ナトリウムNa_2O_2は水と反応するため、水で湿潤した状態にしてはならない。

D．過酸化ナトリウムは加熱により融解すると、白金Ptをおかす。このため、白金のるつぼを使用してはならない。るつぼは、高熱を利用して物質の溶融を行う際に使用する湯のみ状の耐熱容器で、実験では20mℓ程度のものが使われる。

【6】解答「1」（B・Dは○、A・Cは×）

A．過酸化ナトリウムNa_2O_2は、麻袋や紙袋などの可燃物に接触させてはならない。また、吸湿性もあるため、容器に入れて密封する。

C．過酸化ナトリウムは水と反応するため、水で湿潤した状態にしてはならない。

【7】解答「2」

2．酸類との接触は、発火、爆発のおそれがあるため誤りである。

【8】解答「5」

4．過酸化ナトリウムNa_2O_2などのアルカリ金属の過酸化物は、炭酸水素塩類を使用する粉末消火剤が適応する。リン酸塩類を使用する粉末消火剤は適応しない。

5．乾燥砂などで窒息消火する。

【9】解答「5」

5．過酸化バリウムBaO_2は、アルカリ土類金属の過酸化物のうち、最も安定している物質である。

【10】解答「1」

1．白色または灰白色の粉末である。

第
1
類

危
険
物

7　亜塩素酸塩類

　亜塩素酸塩類とは、亜塩素酸 $HClO_2$ の水素原子 H が金属または他の陽イオンと置換してできる塩の総称。強い酸化力を有し、酸や有機物が混入すると、加熱、衝撃により爆発する。

1．亜塩素酸ナトリウム　$NaClO_2$

形状	・白色の結晶性粉末。
性質	**融点**　180 〜 200℃ ・水に溶け、吸湿性がある。 ・わずかに潮解性がある。 ・加熱すると塩素酸ナトリウム $NaClO_3$ と塩化ナトリウム $NaCl$ に分解し、酸素を発生する。 ※一般の市販品は 140℃以上で分解し、酸素を放出する。 ・常温でも分解して二酸化塩素 ClO_2 を発生するため、特異な刺激臭がする。 ・二酸化塩素は爆発性を有する。
危険性	・直射日光や紫外線で徐々に分解する。 ・酸と混合すると爆発性の二酸化塩素 ClO_2 が発生し、高濃度になると分解爆発する危険性がある。 ・酸化されやすい物質（還元性物質）や有機物と混合すると、わずかな刺激で発火・爆発するおそれがある。 ・有機物が共存すると、加熱により爆発するおそれがある。 ・鉄や銅などほとんどの金属を腐食する。
貯蔵・取扱い	・直射日光を避け、換気に注意する。 ・酸、有機物、還元性物質等とは隔離する。
消火方法	・注水消火。なお、泡消火剤、強化液消火剤、粉末消火剤（リン酸塩類）も有効である。
その他	・水道の殺菌等に用いられる。

【1】 亜塩素酸ナトリウムの性状について、次のうち妥当でないものはどれか。

☐ 1. 自然に放置した状態でも分解して少量の二酸化塩素を発生するため、特有の刺激臭がある。

2. 水に溶けない。

3. 酸と混合すると爆発性のガスを発生する。

4. 加熱により分解し、主に酸素を発生する。

5. 鉄、銅、銅合金その他ほとんどの金属を腐食する。

【2】 亜塩素酸ナトリウムの性状について、次のうち妥当でないものはどれか。

☐ 1. わずかに潮解性を有する白色の結晶または結晶性の粉末である。

2. 自然に放置した状態でも分解して少量の二酸化塩素を発生するので、特有の刺激臭がある。

3. 加熱すると、分解して塩素酸ナトリウムと塩化ナトリウムになり、さらに加熱すると酸素を放出する。

4. 摩擦、衝撃等により爆発することがある。

5. 塩酸、硫酸等の無機酸と接触すると激しく反応するが、シュウ酸、クエン酸等の有機酸とは反応しない。

【3】 亜塩素酸ナトリウムに関わる火災の消火方法について、次のA〜Eのうち妥当でないものはいくつあるか。[★]

A. 泡消火剤による消火は有効である。

B. 二酸化炭素消火剤による消火は有効である。

C. 水による消火は有効である。

D. ハロゲン化物消火剤による消火は有効である。

E. 強化液消火剤による消火は有効である。

☐ 1. 1つ　　　2. 2つ　　　3. 3つ　　　4. 4つ　　　5. 5つ

▶▶解答&解説‥‥‥‥‥‥‥‥‥‥‥‥‥‥‥‥‥‥‥‥‥‥‥‥‥‥‥‥‥‥‥‥‥‥‥‥‥‥‥

【1】 解答「2」

2. 亜塩素酸ナトリウム$NaClO_2$は、吸湿性があり水に溶ける。

【2】 解答「5」

5. 亜塩素酸ナトリウム$NaClO_2$は、シュウ酸、クエン酸等の有機酸とも反応し、爆発性の二酸化塩素ClO_2を発生する。

【3】 解答「2」（B・Dが妥当でない）

アルカリ金属等の過酸化物を除く第1類危険物の消火には、水、強化液消火剤および泡消火剤は適応するが、二酸化炭素消火剤およびハロゲン化物消火剤は適応しない。

8 臭素酸塩類

臭素酸塩類とは、臭素酸 $HBrO_3$ の水素原子 H を金属または他の陽イオンと置換してできる塩の総称。塩素酸塩類より強い酸化力を有する。

1. 臭素酸カリウム　$KBrO_3$

形状	▪無色、無臭の結晶性粉末。
性質	**比 重**　3.3 **融 点**　350℃ ▪冷水にわずかに溶け、温水によく溶ける。また、アルコールに溶けにくく、アセトンには溶けない。 ▪加熱すると 370℃で分解を始め、酸素と臭化カリウム KBr を発生する。 ▪酸類との接触によっても分解し、酸素を放出する。
危険性	▪衝撃によって爆発する危険性がある。 ▪有機物や硫黄などの酸化されやすい物質を混ぜたものは、加熱、摩擦により爆発することがある。
貯蔵・取扱い	▪加熱、衝撃、摩擦を避ける。 ▪酸、有機物、硫黄と隔離する。
消火方法	▪注水消火。なお、泡消火剤、強化液消火剤、粉末消火剤（リン酸塩類）も有効である。
その他	▪小麦粉の漂白等に用いられる。

2. 臭素酸ナトリウム　$NaBrO_3$

形状	▪無色または白色の結晶性粉末。
性質	**比 重**　3.3 **融 点**　381℃ ▪水によく溶け、エタノールにはほとんど溶けない。 ▪不燃性で、強力な酸化剤である。 ▪加熱すると、臭化ナトリウム NaBr と酸素に分解する。
危険性	▪火災時に刺激性あるいは有毒なヒューム（臭化水素など）を放出。 ▪可燃性物質や還元剤と激しく反応し、発火や爆発することがある。 ▪有機物や硫黄などを混合すると更に危険性が増し、加熱や摩擦により爆発することがある。
貯蔵・取扱い	▪有機物や可燃性物質との接触を避ける。 ▪加熱・摩擦・衝撃を避ける。
消火方法	▪注水により消火する。

[臭素酸カリウム]

【1】臭素酸カリウムの性状について、次のうち妥当でないものはどれか。[★]

☐ 1．無色、無臭の結晶性粉末である。
2．冷水にわずかに溶け、温水によく溶ける。
3．酸類と接触すると分解し酸素を放出する。
4．高温に熱すると酸素と臭化カリウムに分解する。
5．水に溶かすと酸化作用はなくなる。

【2】臭素酸カリウムの性状について、次のうち妥当でないものはどれか。

☐ 1．無色、無臭の結晶性粉末である。
2．冷水にわずかに溶け、温水によく溶ける。
3．酸類と接触すると分解し酸素を放出する。
4．加熱、衝撃、摩擦等によって臭素を放出する。
5．有機物や硫黄粉末と混合した状態では、加熱により発火・爆発のおそれがある。

[臭素酸ナトリウム]

【3】臭素酸ナトリウムの性状について、次のうち妥当でないものはどれか。[★]

☐ 1．水溶液は還元剤として作用する。
2．火災時には刺激性、あるいは有毒なヒュームを放出する。
3．臭素酸ナトリウム自体には、可燃性はない。
4．可燃性物質との混合物は、加熱、衝撃、摩擦により、火災や爆発のおそれがある。
5．加熱すると酸素と臭化ナトリウムに分解する。

【4】臭素酸ナトリウムの性状について、次のうち妥当でないものはどれか。[★]

☐ 1．水溶液は強酸化剤として作用する。
2．熱分解によりナトリウムを生成し、水と激しく反応する。
3．無色（白色）の結晶（粉末）である。
4．可燃性物質との混合物は、加熱、衝撃、摩擦により、火災や爆発のおそれがある。
5．火災時に刺激性、あるいは有毒なヒュームを放出する。

【5】臭素酸ナトリウムの性状について、次のうち妥当でないものはどれか。

☐ 1．無色の結晶である。
2．エタノールによく溶ける。
3．強い酸化力を有する。
4．加熱により分解し、酸素を放つ。
5．硫黄と混合すると、爆発することがある。

▶▶解答＆解説··

【1】解答「5」

 4．2KBrO$_3$ ⟶ 2KBr ＋ 3O$_2$

 5．臭素酸カリウムは強い酸化剤であり、水に溶かしても酸化作用は持続する。

【2】解答「4」

 4．加熱、衝撃、摩擦等によって、臭化カリウムKBrに分解する。

  2KBrO$_3$ ⟶ 2KBr ＋ 3O$_2$

【3】解答「1」

 1．強力な酸化剤で、還元剤とは激しく反応し、発火や爆発することがある。

 2．放出される有毒なヒュームは、臭化水素HBrなど。ヒュームとは、蒸気（気体）が空気中で凝固して固体の微細な粒子となったもの。

【4】解答「2」

 2．加熱等により熱分解すると、臭化ナトリウムNaBrと酸素に分解する。また、水溶性である。

【5】解答「2」

 2．臭素酸ナトリウムはエタノールに不溶である。

9 硝酸塩類

硝酸塩類とは、硝酸 HNO_3 の水素原子 H が金属または他の陽イオンと置換してできる塩の総称。水によく溶け、エタノールや液体アンモニアにも可溶。有機物とともに熱すると発火、爆発するものが多い。

1. 硝酸カリウム　KNO3

形状	・無色の結晶。
性質	 比重　2.1 融点　333〜339℃ ・水によく溶ける。エタノールにはわずかに溶ける。 ・加熱すると 400℃で分解して酸素を発生する。 ・黒色火薬（硝酸カリウム、硫黄および木炭の混合物）の原料。
危険性	・加熱により酸素を発生する。 ・可燃物、有機物と混合したものは摩擦、衝撃で爆発することがある。 ・火災等により刺激性、毒性、または腐食性のガスを発生するおそれがある。
貯蔵・取扱い	・異物の混入を防ぎ、加熱、衝撃、摩擦を避ける。 ・可燃物、有機物と隔離する。 ・容器は密栓する。その他、防水性の多層紙袋（最大収容重量 50kg）に貯蔵することができる。
消火方法	・注水消火。なお、泡消火剤、強化液消火剤、粉末消火剤（リン酸塩類）も有効である。
その他	・マッチや花火（赤紫色）等に用いられる。硝石は別名。

2. 硝酸ナトリウム　NaNO3

形状	・無色の結晶。
性質	 比重　2.3 融点　308℃ ・水によく溶け、エタノール、メタノールにも溶ける。 ・潮解性がある。 ・加熱すると 380℃で分解して酸素を発生する。 ・反応性は硝酸カリウムより弱い。
危険性	※硝酸カリウムに準ずるがやや弱い。
貯蔵・取扱い	※硝酸カリウムと同じ。
消火方法	※硝酸カリウムと同じ。
その他	・ガラス、医薬品等に用いられる。

3．硝酸アンモニウム　NH4NO3

形状	・無色または白色の結晶、または無色の結晶性粉末。
性質	比　重　1.7 融　点　165〜170℃ ・硝酸をアンモニアで中和させることで得られる。 ・吸湿性があり、水によく溶ける（水への溶解は吸熱反応）。エタノール、メタノールにも溶ける。 ・潮解性がある。 ・約210℃で水と一酸化二窒素（酸化二窒素、亜酸化窒素ともいう。有毒。）に分解する。更に熱すると、窒素、酸素、水に爆発的に分解する。 ・アルカリ性の物質と反応して、アンモニアガス NH_3 を放出する。
危険性	・単独でも急激な加熱、衝撃で分解爆発することがある。 ・有機物、可燃物、金属粉の混合は爆発するおそれがある。 ・皮膚に触れると、薬傷を起こす。 ・水溶液や吸湿したものは腐食性を示す。また、火災等により刺激性、毒性、または腐食性のガスを発生するおそれがある。
貯蔵・取扱い	※硝酸カリウムと同じ。
消火方法	※硝酸カリウムと同じ。
その他	・肥料、火薬の原料等に用いられる。硝安は別名。

【1】 次の文の（　）内に当てはまる物質はどれか。［★］

「黒色火薬は、（　）、硫黄および木炭の粉末を混合したものである。」

☑ 1．塩素酸カリウム

2．過酸化カリウム

3．硝酸カリウム

4．過マンガン酸カリウム

5．過塩素酸カリウム

［硝酸アンモニウム］

【2】 硝酸アンモニウムの性状について、次のうち妥当でないものはどれか。［★］

☑ 1．白色の結晶で、水には微量しか溶けない。

2．アルカリ性の物質と反応して、アンモニアを放出する。

3．金属粉と混合したものは、加熱により発火、爆発の危険がある。

4．急激な加熱、衝撃により、爆発の危険がある。

5．加熱すると、一酸化二窒素（亜酸化窒素）と水に分解する。

【3】 硝酸アンモニウムの貯蔵、取扱いについて、次のA～Dの正誤の組合せとして
妥当なものはどれか。［★］

A．アルカリ性の乾燥剤を入れ、貯蔵した。

B．湿ってきたので急激に加熱し、乾燥させた。

C．水分との接触を断つため、灯油中に貯蔵した。

D．防水性のある多層紙袋に貯蔵した。

	A	B	C	D
1.	×	×	○	×
2.	○	○	×	×
3.	○	×	×	×
4.	×	×	○	○
5.	×	×	×	○

注：表中の○は正、×は誤を表す
ものとする。

【4】 硝酸アンモニウムの性状について、次のうち妥当でないものはどれか。

☑ 1．白色または無色の結晶で、潮解性を有しない。

2．単独でも急激に高温に熱せられると分解し、爆発する。

3．アルカリと混合すると、アンモニアガスを発生する。

4．エタノールに溶ける。

5．皮膚に触れると、薬傷を起こす。

【5】 硝酸アンモニウムの性状について、次のうち妥当でないものはどれか。

☑ 1．強い酸化性を示す。

2．常温（20℃）では安定であるが、加熱すると分解する。

3．木片、紙くずなどが混入すると、加熱により発火し、激しく燃える。

4．水によく溶け、溶けるとき熱を発生する。

5．通常は、乾燥状態では腐食性はないが、吸湿しやすく、吸湿により腐食性を示す。

第
1
類
危
険
物

▶▶解答＆解説…………………………………………………………………………

【1】解答「3」

3．黒色火薬は、硝酸カリウム KNO_3、硫黄 S、木炭 C の混合物。

この場合、KNO_3 が酸化剤で、S と C が燃焼物となる。

【2】解答「1」

1．硝酸アンモニウムは、白色または無色の結晶で、水によく溶ける。

【3】解答「5」（Dは○、A・B・Cは×）

A．吸湿性があるため、乾燥した状態で貯蔵する。ただし、アルカリと反応するため、アルカリ性乾燥剤を使用してはならない。

B．硝酸アンモニウム NH_4NO_3 は急激に加熱してはならない。爆発の危険がある。

C．灯油などの可燃物と混合してはならない。

D．硝酸アンモニウムは、防水性の多層紙袋（25kg）に入れて流通することが多い。

【4】解答「1」

1．硝酸アンモニウム NH_4NO_3 は吸湿性があり、潮解性を有する。

【5】解答「4」

4．水によく溶け、溶けるときに熱を吸収する。冷却パックは、硝酸アンモニウムや尿素が使われており、水に溶解する際の吸熱反応を利用している。

10 ヨウ素酸塩類

ヨウ素酸塩類とは、ヨウ素酸 HIO_3 の水素原子 H が金属または他の陽イオンと置換してできる塩の総称。塩素酸塩類や臭素酸塩類よりは水に溶けにくいが、アルカリ金属塩等の多くは水に可溶。強酸化剤であるが、塩素酸塩類や臭素酸塩類よりは酸化力が弱く、化学的に安定している。可燃物と混合して点火すると爆発する危険性がある。

1. ヨウ素酸カリウム KIO_3

形状	▪ 無色または白色の結晶。
性質	比重 3.9 融点 560℃（分解） ▪ 水に溶け、温水によく溶ける。冷水にはわずかしか溶けない。エタノールには溶けない。ヨウ化カリウム KI 水溶液に溶ける。 ▪ 水溶液は、バリウムや水銀と反応して難溶性の沈殿物をつくる。 ▪ 加熱すると、融点で分解をともなって溶解し、酸素を発生する。
危険性	▪ 可燃物、有機物と混合して加熱すると、爆発する危険性がある。
貯蔵・取扱い	▪ 加熱および可燃物の混入を避ける。 ▪ 容器は密栓する。
消火方法	▪ 注水消火。なお、泡消火剤、強化液消火剤、粉末消火剤（リン酸塩類）も有効である。
その他	▪ 医療用、酸化剤、分析試薬等に用いられる。

2. ヨウ素酸ナトリウム $NaIO_3$

形状	▪ 無色または白色の結晶、または無色の結晶性粉末。
性質	比重 4.3 ▪ 水によく溶けるが、エタノールには溶けない。 ▪ 加熱すると分解して酸素を発生する。
危険性	※ヨウ素酸カリウムと同じ。
貯蔵・取扱い	※ヨウ素酸カリウムと同じ。
消火方法	※ヨウ素酸カリウムと同じ。
その他	▪ 医療用、酸化剤、防腐剤等に用いられる。

[ヨウ素酸カリウム]

【1】 ヨウ素酸カリウムの性状について、次のうち妥当でないものはどれか。[★]

☑ 1．赤褐色の結晶である。

2．ヨウ化カリウム水溶液に溶ける。

3．水溶液はバリウムイオンと反応し、難溶性の沈殿物をつくる。

4．融点（約560℃）で分解をともなって溶ける。

5．可燃物と混合し加熱すると、爆発することがある。

【2】 ヨウ素酸カリウムについて、次のうち妥当でないものはどれか。

☑ 1．無色（白色）の結晶である。

2．冷水にはわずかしか溶けないが、温水にはよく溶ける。

3．エタノールには溶けない。

4．加熱により分解して水素を発生する。

5．有機物と混合して加熱すると、爆発するおそれがある。

[ヨウ素酸ナトリウム]

【3】 ヨウ素酸ナトリウムの性状について、次のA～Dのうち、正誤の組合せとして妥当なものはどれか。[★]

A．無色（白色）の結晶または粉末である。

B．エタノールによく溶ける。

C．加熱により分解して、水素を発生する。

D．水溶液は強酸化剤として作用する。

	A	B	C	D
☑ 1.	○	○	○	×
2.	○	×	×	○
3.	×	○	×	○
4.	×	○	○	○
5.	×	×	○	×

注：表中の○は正、×は誤を表す
　　ものとする。

【4】次の文の（　）内のA～Cに当てはまる語句の組合せとして、妥当なものはどれか。

[★]

「ヨウ素酸ナトリウムの結晶は（A）であり、水に（B）である。また、加熱により分解して（C）が発生する。」

	A	B	C
☑ 1.	無色	可溶	酸素
2.	無色	不溶	水素
3.	暗紫色	可溶	酸素
4.	暗紫色	可溶	水素
5.	暗紫色	不溶	酸素

注：表中の○は正、×は誤を表すものとする。

第 1 類 危険物

▶▶解答＆解説……………………………………………………………………………

【1】解答「1」

　1．ヨウ素酸カリウムKIO₃は、無色または白色の結晶である。

【2】解答「4」

　4．加熱により発生するのは、水素ではなく酸素である。

【3】解答「2」（A・Dは○、B・Cは×）

　B．ヨウ素酸ナトリウムNaIO₃は、水によく溶けるが、エタノールには溶けない。

　C．加熱により分解して、酸素O₂を発生する。

【4】解答「1」

　ヨウ素酸ナトリウムの結晶は（無色）であり、水に（可溶）である。また、加熱により分解して（酸素）が発生する。

11 過マンガン酸塩類

過マンガン酸塩類とは、過マンガン酸 $HMnO_4$ の水素原子 H が金属または他の陽イオンと置換してできる塩の総称。酸化力が強い。空気中で徐々に分解し、日光で分解が促進される。

1. 過マンガン酸カリウム　$KMnO_4$

形状	▪ 黒紫色または赤紫色の結晶。
性質	▪ **比　重**　2.7 ▪ **融　点**　240℃ ▪ 水に溶けると濃紫色を呈する。また、赤紫色の過マンガン酸イオン MnO_4^- を生じる。 ▪ メタノール、氷酢酸、アセトンにも溶ける。 ▪ 加熱すると約 200℃で分解し、マンガン酸カリウム、酸化マンガン（Ⅳ）および酸素を発生する。 ▪ 過マンガン酸カリウム水溶液（赤紫色）と過酸化水素水 H_2O_2（無色透明）を混合すると、過マンガン酸カリウムの酸化力が強いため、過酸化水素は還元剤としてはたらき、赤紫色は無色となる。また、酸素を発生する。
危険性	▪ 硫酸 H_2SO_4 を加えると、爆発性の酸化マンガン Mn_2O_7 を生成し、爆発するおそれがある。 ▪ 塩酸 HCl を加えると、激しく塩素 Cl_2 を発生する。 ▪ 可燃物、有機物と混合したものは、衝撃、摩擦等により爆発するおそれがある。 ▪ 可燃性物質、還元剤と接触すると、火災および爆発の危険性がある。 ▪ 空気中ではかなり安定であるが、太陽光で分解が促進される。 ▪ 熱分解すると刺激性あるいは有毒なヒューム＊やガスを放出する。
貯蔵・取扱い	▪ 加熱、摩擦、衝撃を避ける。 ▪ 酸、可燃物、有機物と隔離する。 ▪ 容器は密栓する。また、日光で分解されるため、容器がガラスの場合は着色ビンを使用する。
消火方法	▪ 注水消火。なお、泡消火剤、強化液消火剤、粉末消火剤（リン酸塩類）も有効である。
その他	▪ 殺菌剤、消臭剤、染料等に用いられる。

＊ヒューム：物質（主に金属）の加熱や昇華で生じる蒸気・揮発性粒子・粉じん等をいう。

2. 過マンガン酸ナトリウム 三水和物* NaMnO₄・3H₂O

形状	・赤紫色の粉末。
性質	比重 2.5 ・水に溶けやすく、水溶液は赤紫色になる。 ・潮解性がある。 ・加熱すると約170℃で分解して酸素を発生する。
危険性	※過マンガン酸カリウムと同じ。
貯蔵・取扱い	※過マンガン酸カリウムと同じ。
消火方法	※過マンガン酸カリウムと同じ。

*水和物（すいわぶつ）とは、水分子を含む物質のことを表し、含まれる水のことを水和水と呼ぶ。水和水の分子の数によって、一水和物、二水和物、三水和物…となる。

▶過去問題◀

【1】 過マンガン酸カリウムの性状について、次のうち妥当でないものはどれか。[★]
   1．強い酸化剤で、塩酸と反応すると、塩素ガスを発生する。
   2．有機物と接触させたり、濃硫酸を加えたりすると、発火・爆発のおそれがある。
   3．空気中の湿気により加水分解し、マンガン酸カリウム、酸化マンガン（Ⅳ）、酸素を発生する。
   4．黒紫色または赤紫色の結晶である。
   5．火災時に刺激性もしくは有毒なヒュームを放出する。

【2】 過マンガン酸カリウムの性状について、次のうち妥当でないものはどれか。[★]
   1．水に溶ける。
   2．硫酸を加えると爆発することがある。
   3．塩酸を加えると激しく酸素を発生する。
   4．有機物と混合すると加熱、衝撃により発火または爆発することがある。
   5．約200℃に加熱すると酸素を発生する。

【3】 過マンガン酸カリウムの性状について、次のうち妥当でないものはどれか。[★]
   1．濃硫酸と接触すると爆発する危険性がある。
   2．赤紫色または暗紫色の結晶である。
   3．水に溶けて濃紫色を呈する。
   4．日光の照射によって分解するので、遮光のため、ガラス容器の場合は着色ビンを使用する。
   5．約100℃で分解して酸素を放出する。

【4】 次の文の（　）内の（A）～（C）に当てはまる語句の組合せとして、妥当な
ものはどれか。[★]

「硫酸酸性の過マンガン酸カリウムは（A）色を呈する。この溶液に過酸化水素
を加えていくと、溶液の色は（B）なる。これは（C）の酸化力がより強いた
めに起こる。」

	A	B	C
☑ 1.	赤紫	薄く	過マンガン酸カリウム
2.	黄緑	薄く	過マンガン酸カリウム
3.	赤紫	濃く	過酸化水素
4.	黄緑	濃く	過酸化水素
5.	赤紫	薄く	過酸化水素

▶▶解答＆解説‥‥‥‥‥‥‥‥‥‥‥‥‥‥‥‥‥‥‥‥‥‥‥‥‥‥‥‥‥‥‥‥‥‥‥‥‥

【1】 解答「3」

1．強い酸化剤で、塩酸を加えると、激しく塩素を発生する。

$$2KMnO_4 + 16HCl \longrightarrow 2MnCl_2 + 2KCl + 8H_2O + 5Cl_2$$

3．空気中ではかなり安定である。加熱すると約 200℃で分解し、マンガン酸カリウム
、酸化マンガン（Ⅳ）および酸素を発生する。

$$2KMnO_4 \longrightarrow K_2MnO_4 + MnO_2 + O_2$$

5．ヒュームは、溶接作業などで発生した金属蒸気が凝集して微細な粒子となったもの
である。過マンガン酸カリウムは、熱分解すると刺激性もしくは有毒なヒュームを放
出する。

【2】 解答「3」

3．強い酸化剤で、塩酸を加えると、激しく塩素を発生する。

$$2KMnO_4 + 16HCl \longrightarrow 2MnCl_2 + 2KCl + 8H_2O + 5Cl_2$$

【3】 解答「5」

5．熱すると約 200℃で分解し、酸素を放出する。

【4】 解答「1」

1．過酸化水素 H_2O_2 は過マンガン酸カリウム $KMnO_4$ のような強い酸化剤に対しては、
還元剤としてはたらく。硫酸酸性の過マンガン酸カリウム水溶液と過酸化水素水を混
合すると、水溶液の赤紫色は消えて無色となる。

12 重クロム酸塩類

重クロム酸塩類とは、重クロム酸 $H_2Cr_2O_7$ の水素原子 H が金属または他の陽イオンと置換してできる塩の総称。一般に橙赤色。なお、現在は二クロム酸塩類と呼ばれている。

1. 重クロム酸カリウム　$K_2Cr_2O_7$（正式名称：二クロム酸カリウム）

形状	▪ 橙赤色の結晶。
性質	比重 2.7 融点 398℃ ▪ 水に溶けるが、エタノールには溶けない。 ▪ 加熱すると融解せずに 500℃以上で分解し、酸素を発生する。
危険性	▪ 強い酸化剤なので、有機物、還元剤との混合物は加熱または衝撃で爆発する危険性がある。 ▪ 苦味と金属味があり、有毒である。また腐食性がある。
貯蔵・取扱い	▪ 加熱、摩擦、衝撃を避ける。 ▪ 有機物と隔離する。 ▪ 容器は密栓する。
消火方法	▪ 注水消火。なお、泡消火剤、強化液消火剤、粉末消火剤（リン酸塩類）も有効である。
その他	▪ マッチ等の着火剤、爆薬の原料等に用いられる。

2. 重クロム酸アンモニウム　$(NH_4)_2Cr_2O_7$

形状	▪ 橙黄～赤色の針状結晶。
性質	比重 2.2 融点 185℃（分解） ▪ 水、エタノールによく溶ける。 ▪ 加熱すると約 185℃で分解し、酸化クロム Cr_2O_3、窒素 N_2、水 H_2O を生成する。
危険性	▪ 酸化剤なので、可燃物、有機物、還元剤との混合物は加熱または衝撃で爆発する危険性がある。
貯蔵・取扱い	※重クロム酸カリウムと同じ。
消火方法	※重クロム酸カリウムと同じ。
その他	▪ 触媒、染色等に用いられる。

[重クロム酸カリウム]

【1】 重クロム酸カリウム（二クロム酸カリウム）の性状について、次のうち妥当でないものはどれか。[★]

☑ 1．橙赤色の結晶である。
　　2．水やエタノールに溶ける。
　　3．苦味があり有毒である。
　　4．腐食性がある。
　　5．強熱すると酸素を発生する。

【2】 重クロム酸カリウムの性状について、次のうち妥当なものはどれか。

☑ 1．暗緑色の結晶である。
　　2．水やエタノールに溶けない。
　　3．甘味があり、有毒性は低い。
　　4．加熱すると水素を発生する。
　　5．有機物と混合すると、加熱、衝撃により爆発する。

[重クロム酸アンモニウム]

【3】 重クロム酸アンモニウムの性状について、次のうち妥当でないものはどれか。

[★]

☑ 1．エタノールには溶けるが、水には溶けない
　　2．約185℃に加熱すると分解する。
　　3．橙黄色の針状結晶である。
　　4．加熱により窒素ガスを発生する。
　　5．ヒドラジンと混触すると爆発することがある。

▶▶解答＆解説‥‥‥‥‥‥‥‥‥‥‥‥‥‥‥‥‥‥‥‥‥‥‥‥‥‥‥‥‥‥‥‥‥‥‥‥‥

【1】解答「2」
　　2．水には溶けるが、エタノールには溶けない。

【2】解答「5」
　　1．一般に橙赤色の結晶である。
　　2．エタノールには溶けないが、水には溶ける。
　　3．苦味や金属味があり、有毒性がある。
　　4．加熱すると分解され、酸素を発生する。

【3】解答「1」
　　1．重クロム酸アンモニウム（NH4）2Cr2O7は、水およびエタノールによく溶ける。
　　5．ヒドラジンN2H4は強還元剤で、強酸化剤と接触すると急激な反応が起こり、爆発することがある。なお、ヒドラジンの誘導体である硫酸ヒドラジンN2H4・H2SO4は第5類危険物である。ヒドラジンは、ロケットの燃料に使われる。

13 その他のもので政令で定めるもの

　法令では、第1類の危険物として「その他のもので政令で定めるもの」を指定している。ここでは次の5種類をとり挙げる。

1. 過ヨウ素酸ナトリウム　$NaIO_4$

形状	・白色の結晶。
性質	**比重**　3.9 **融点**　300℃（分解） ・水によく溶ける。 ・加熱すると、300℃でヨウ素酸ナトリウム $NaIO_3$ と酸素 O_2 に分解する。
危険性	・可燃物と混合した状態では、加熱や衝撃により発火・爆発することがある。 ・吸入したり、飲み下すと有害である。
貯蔵・取扱い	・加熱、衝撃を避ける。
消火方法	・注水消火。

2. 三酸化クロム　CrO_3

形状	・暗赤色の針状結晶。
性質	**比重**　2.7 **融点**　196℃ ・水には加水分解をともなって溶け、また、硫酸や塩酸にも溶ける。 ・潮解性がある。 ・加熱すると約250℃で分解し、酸素を発生する。
危険性	・毒性が強く、皮膚をおかす。 ・水溶液は腐食性の強い酸（クロム酸）となる。 ・アルコール、ジエチルエーテル、アセトン、アニリン等と接触すると爆発的に発火することがある。 ・可燃物や酸化されやすい物質、有機物と混合した状態では、加熱や衝撃により発火・爆発することがある。
貯蔵・取扱い	・加熱を避ける。 ・可燃物、アルコール等と隔離する。 ・容器は鉛等を内張りした金属製容器などを用いる。
消火方法	・注水消火。なお、泡消火剤、強化液消火剤、粉末消火剤（リン酸塩類）も有効である。
その他	・クロムメッキ、漂白剤等に用いられる。

3．二酸化鉛　PbO2

形状	・黒褐色（暗褐色）の粉末。
性質	比 重　9.4 融 点　290℃ ・水やアルコールには溶けないが、多くの酸やアルカリに溶ける。 ・高い電気伝導率をもつ。
危険性	・日光や加熱により分解し、酸素を発生する。 ・塩酸 HCl と熱すると塩素 Cl2 を発生する。 ・毒性が強い。 ・可燃物や酸化されやすい物質と混合した状態では、加熱や衝撃により発火・爆発することがある。 ・不燃性であるが、他の物質の燃焼を助長する。火災時に、刺激性あるいは有毒なヒュームやガスを放出する。
貯蔵・取扱い	・日光および加熱を避ける。
消火方法	※三酸化クロムと同じ。
その他	・鉛蓄電池（鉛バッテリ）の正極等に用いられる。

4．次亜塩素酸カルシウム　Ca(ClO)2
別名：高度さらし粉

形状	・白色の粉末。
性質	比 重　2.4 融 点　100℃（分解） ・常温でも不安定で、空気中に次亜塩素酸HClOを遊離する。このため、強い塩素臭がする。 ・水と反応して、塩化水素ガス HCl と酸素 O2 を発生する。 ・水溶液は熱・光により分解し、酸素を発生する。 ・150℃以上に加熱すると急激に分解が進み、多量の酸素を放出する。
危険性	・アンモニアや窒素化合物、その他多くの物質と激しく反応し、爆発するおそれがある。 ・塩酸 HCl と反応して塩素 Cl2 を発生する。 ・光によっても分解し、不安定である。
貯蔵・取扱い	・異物の混入を防ぐ。容器は密栓する。
消火方法	・注水により消火する。
その他	・固形化したものはプールの消毒によく用いられる。

5. 炭酸ナトリウム過酸化水素付加物　2Na$_2$CO$_3$・3H$_2$O$_2$

別名：過炭酸ナトリウム

炭酸ナトリウムと過酸化水素の付加化合物である。水溶液中では炭酸ナトリウム Na$_2$CO$_3$ と過酸化水素 H$_2$O$_2$ に解離する。炭酸ナトリウムにより弱アルカリ性を示し、過酸化水素により強い酸化力をもつ。

形状	▪ 白色の粒状。
性質	<u>比　重</u>　2.1 <u>融　点</u>　50℃（分解） ▪ 水によく溶ける。 ▪ 50℃以上に加熱すると、自己分解が起こり、発熱しながら酸素と水蒸気が放出される。 ▪ 金属や有機物、酸、還元剤と反応する。
危険性	▪ 不燃性であるが、熱分解によって生じた酸素が他の物質の燃焼を助長する。 ▪ 漂白作用および酸化作用があるので、可燃物や金属粉との接触・混合は避ける。
貯蔵・取扱い	▪ 容器は密栓し、乾燥した冷暗所に保管する。 ▪ アルミ製や亜鉛製の貯蔵容器を使用しない。
消火方法	▪ 注水により消火する。
その他	▪ 家庭向けの酸素系漂白剤等の成分に用いられている。

▶過去問題◀

[その他のもので政令で定めるもの：過ヨウ素酸ナトリウム]

【1】過ヨウ素酸ナトリウムの性状について、次のうち妥当でないものはどれか。

　1．赤褐色の結晶である。

　2．水に溶ける。

　3．高温（300℃）で分解して、酸素を発生する。

　4．吸入または飲み下すと有害である。

　5．可燃物と混合した状態では、加熱、衝撃により発火、爆発することがある。

[その他のもので政令で定めるもの：三酸化クロム]

【2】三酸化クロム（無水クロム酸）の性状について、次のうち妥当でないものはどれか。

1. 暗赤色の針状結晶である。
2. 潮解性があり、水によく溶ける。
3. 加熱すると分解し、酸素を発生する。
4. 強酸に溶けない。
5. 酸化されやすい物質と混合すると、発火することがある。

【3】三酸化クロムの性状について、次のA～Eのうち妥当なものはいくつあるか。

[★]

A. 暗赤色の結晶である。
B. 有機物と混合すると、発火することがある。
C. 水に溶けない。
D. 毒性が強い。
E. 高温に加熱すると、分解して酸素を発生する。

1. 1つ　　　2. 2つ　　　3. 3つ　　　4. 4つ　　　5. 5つ

【4】三酸化クロム（無水クロム酸）の性状について、次のA～Eのうち妥当なものはいくつあるか。[★]

A. 白色の結晶である。
B. 潮解性がある。
C. 加熱すると分解し、酸素を発生する。
D. 酸化されやすい物質と混合しても、発火することはない。
E. 水を加えると、腐食性の強い酸となる。

1. 1つ　　　2. 2つ　　　3. 3つ　　　4. 4つ　　　5. 5つ

【5】三酸化クロムの性状について、次のうち妥当でないものはどれか。

1. 外観は暗赤色である。
2. 潮解性を有しない針状の結晶である。
3. アセトン、アニリンなどと混合すると、発火することがある。
4. 加熱すると分解して酸素を発生する。
5. 極めて毒性が強く、皮膚に触れると薬傷を起こす。

[その他のもので政令で定めるもの：二酸化鉛]

【6】 二酸化鉛の性状について、次のうち妥当でないものはどれか。

☑ 1．暗褐色の粉末である。

2．酸化されやすい物質と混合すると発火することがある。

3．加熱により分解し、酸素を発生する。

4．熱分解により酸素を発生する。

5．電気の絶縁性に優れている。

【7】 二酸化鉛の性状について、次のうち妥当なものはどれか。[★]

☑ 1．淡黄色の結晶である。

2．水、アルコールによく溶ける。

3．燃焼速度は極めて大きい。

4．電気の絶縁性に優れている。

5．光によって分解される。

【8】 二酸化鉛の性状について、次のうち妥当でないものはどれか。

☑ 1．無色の粉末である。

2．加熱により分解し、酸素を発生する。

3．水に溶けない。

4．酸化されやすい物質と混合すると発火することがある。

5．アルコールに溶けない。

【9】 二酸化鉛の性状について次のうち妥当でないものはどれか。[★]

☑ 1．暗褐色の粉末である。

2．水を加えると、激しく反応する。

3．日光にあたると、常温（20℃）でも分解して、酸素を発生する。

4．酸化されやすい物質と混合すると発火することがある。

5．アルコールに溶けない。

【10】 二酸化鉛の性状について、次のうち妥当でないものはどれか。

☑ 1．暗褐色の粉末である。

2．不燃性である。

3．水によく溶ける。

4．熱分解により酸素を発生する。

5．電気の良導体である。

[その他のもので政令で定めるもの：次亜塩素酸カルシウム]

【11】次亜塩素酸カルシウムの性状について、次のうち妥当でないものはどれか。[★]

☐ 1．常温（20℃）では安定しているが、加熱すると分解して発熱し塩素を放出する。
　　2．水溶液は、熱、光などにより分解して酸素を発生する。
　　3．水と反応して塩化水素を発生する。
　　4．アンモニアと混合すると、発火・爆発のおそれがある。
　　5．空気中では次亜塩素酸を遊離するため、塩素臭がする。

[その他のもので政令で定めるもの：炭酸ナトリウム過酸化水素付加物]

【12】炭酸ナトリウム過酸化水素付加物（過炭酸ナトリウム）の貯蔵、取扱いについて、次のうち妥当でないものはどれか。[★]

☐ 1．火災が発生した場合は、大量の水による消火が有効である。
　　2．貯蔵容器として、アルミニウム製や亜鉛製のものは用いない。
　　3．漂白作用および酸化作用があるので、可燃性物質や金属粉末との接触を避ける。
　　4．不燃性であり、熱分解を起こすことはないので、高温でも取扱いができる。
　　5．水に溶けやすく、その水溶液は放置するだけで炭酸ナトリウムと過酸化水素に分解するので、高湿度の環境下における貯蔵は避ける。

【13】炭酸ナトリウム過酸化水素付加物（過炭酸ナトリウム）の貯蔵、取扱いについて、次のうち妥当でないものはどれか。

☐ 1．水に不溶のため、高湿度の環境下において貯蔵しても、その性質は変化しない。
　　2．漂白作用及び酸化作用があるので、可燃性物質や金属粉末との接触を避ける。
　　3．不燃性であるが、加熱により熱分解をおこし、酸素などを発生するおそれがあるため、火気に近づけない。
　　4．貯蔵容器として、アルミニウム製や亜鉛製のものは用いない。
　　5．火災が発生した場合、大量の水による消火が有効である。

▶▶解答＆解説……………………………………………………………………………

【1】解答「1」
　1．過ヨウ素酸ナトリウム$NaIO_4$は、白色の結晶である。

【2】解答「4」
　4．三酸化クロムCrO_3は、硫酸H_2SO_4や塩酸HClなどの強酸に溶ける。

【3】解答「4」（A・B・D・Eが妥当）
　C．水には加水分解をともなって溶ける。
　E．加熱すると約250℃で分解して酸素を発生する。

【4】解答「3」（B・C・Eが妥当）
　A．暗赤色の針状結晶である。
　D．酸化されやすい物質との混合は、加熱・摩擦等により発火・爆発のおそれがある。

【5】解答「2」
　2．三酸化クロムは潮解性を有している。

【6】解答「5」
　5．二酸化鉛は高い電気伝導率をもつ。

【7】解答「5」
　1．二酸化鉛PbO_2は、黒褐色の粉末である。
　2．水、アルコールに不溶で、多くの酸やアルカリに溶ける。
　3．二酸化鉛自体は不燃性である。
　4．電気の伝導性がよく、鉛蓄電池の正極に使われている。
　5．光によって分解され、酸素O_2を放出する。

【8】解答「1」
　1．二酸化鉛PbO_2は、黒褐色の粉末である。
　3＆5．水、アルコールに不溶で、多くの酸やアルカリに溶ける。

【9】解答「2」
　2．二酸化鉛PbO_2は水を加えても反応しない。また、水やアルコールに溶けない。
　3．日光に当たると分解して酸素を発生する。光分解性がある。

【10】解答「3」
　3．二酸化鉛PbO_2は水やアルコールに溶けない。また、水を加えても反応しない。

【11】解答「1」
　1．次亜塩素酸カルシウム$Ca(ClO)_2$は、常温でも不安定で、次亜塩素酸$HClO$を遊離
　　する。また、加熱すると分解して酸素O_2を放出する。

【12】解答「4」
　4．炭酸ナトリウム過酸化水素付加物は、不燃性であるが、熱分解を起こして酸素を発
　　生するため、高温での取扱いは注意する。

【13】解答「1」
　1．炭酸ナトリウム過酸化水素付加物は、水に溶けて炭酸ナトリウムNa_2CO_3と過酸化
　　水素H_2O_2に解離する。このため、高湿度の環境下での貯蔵は避ける。

◆第１類危険物の特徴◆

試験前にチェック!

★酸化性の固体 　　　★他の物質を酸化する（酸化剤）　　　★不燃性物質

★比重は１より大きい（**水より重い**）　　　★多くは無色 or 白色

★多くは水に溶ける　　　★潮解性を有するものがある（**湿気に注意する**）

★可燃物や有機物との混合・接触は爆発をおこす危険性がある

★アルカリ金属・アルカリ土類金属等の無機過酸化物の火災には、**水や水系消火剤 は使用しない**

◆物品別重要ポイント◆

※水…泡・強化液含む水系消火剤 ／ 二…二酸化炭素消火剤 ／ ハ…ハロゲン化物消火剤 ／ 粉Ａ…**炭酸水素塩類**を用いた粉末消火剤 ／ 粉Ｂ…**リン酸塩類**を用いた粉末消火剤 なお、"**乾燥砂・膨張ひる石又は膨張真珠岩**"による窒息消火は全ての物品に対応する。

物品名	消火		貯蔵	性質（一部抜粋）
塩素酸カリウム	水	○	★密栓容器 ★換気良好 冷暗所 ★加熱・衝撃・摩擦は避ける	★マッチや花火に用いられる、**無色の結晶または白色の粉末** ★吸水性や潮解性はなく、水には溶けにくい（**熱水に可溶**） ★約400℃で加熱分解し始め、**塩化カリウムと酸素になる** ★酸性溶液中では**強い酸化剤**としてはたらく ★**強酸の添加**により**爆発する**おそれがある ★長期保存や日光にさらすと、**亜塩素酸カリウムを含む**
	二	×		
	ハ	×		
	粉Ａ	×		
	粉Ｂ	○		
塩素酸ナトリウム	塩素酸カリウムと同様			★**潮解性のある、無色の結晶** ★水、エタノールに溶ける ★加熱すると約300℃で分解し、**酸素を放出**
塩素酸バリウム				★無色の粉末または白色の結晶 ★**水によく溶けるが、アルコールに溶けにくい** ★加熱すると約250℃で分解しはじめて、**酸素を放出**
塩素酸カルシウム				★**潮解性のある、無色または白色の結晶** ★**水によく溶ける** ★酸との接触で、有毒ガスが発生
塩素酸アンモニウム			同上 ※爆発性があるため長期保存は不可	★不安定で、常温でも爆発のおそれがある**無色の針状結晶** ★**水によく溶けるが、アルコールに溶けにくい** ★加熱すると約100℃以上で分解し、爆発のおそれがある
過塩素酸カリウム			★密栓容器 ★換気良好 冷暗所 ★加熱・衝撃・摩擦は避ける	★**無色の結晶または白色の粉末** ★水に溶けにくい ★約400℃で加熱分解し始め、**塩化カリウムと酸素になる**

第１類危険物

過塩素酸ナトリウム	塩素酸カリウムと同様	塩素酸カリウムと同様	★潮解性がある、**無色**または白色の結晶 ★水によく溶け、エタノール、アセトンにも溶ける
過塩素酸アンモニウム			★**無色**または白色の結晶 ★**水、エタノール、アセトン**に可溶が、エーテルに溶けない ★**200℃**で融解する前に**分解**
過酸化カリウム	水 × 二 × ハ × 粉A ○ 粉B ×	加熱、衝撃、摩擦、直射日光を避けて冷暗所に貯蔵 密栓容器 **水、可燃物、有機物等と離す**	★アルカリ金属の無機過酸化物 ★漂白剤などに用いられる、潮解性のある橙色の粉末 ★**水と反応して**熱と**酸素を発生**し、水酸化カリウムを発生 ★加熱すると融点約490℃で**分解**し、酸素を発生 ★有機物や可燃物、酸化されやすいものとの接触で発火、爆発のおそれがある
過酸化ナトリウム	過酸化カリウムと同様	加熱や酸との接触を避ける 密栓容器	★アルカリ金属の無機過酸化物で、**白色**または**淡黄色**の粉末・**結晶** ★約660℃で**分解**し、酸素を発生 ★吸湿性が強く、**空気中の二酸化炭素を吸収** ★**加熱により、白金容器をおかす**ため、るつぼなどを用いる
過酸化カルシウム			★アルカリ土類金属の無機過酸化物で、無色の粉末 ★酸に溶けるが、水には溶けにくく、アルコールやジエチルエーテルには溶けない
過酸化マグネシウム			★アルカリ土類金属の無機過酸化物の無色または白色粉末 ★有機物との混合で爆発しやすくなる ★希酸に溶けて過酸化水素を生じる
過酸化バリウム			★**最も安定した**、アルカリ土類金属の無機過酸化物 ★水に**わずかに溶ける**、有毒な**白色**または灰白色の粉末 ★加熱により、約840℃で酸化バリウムとなる
亜塩素酸ナトリウム	塩素酸カリウムと同様	加熱、衝撃、摩擦、直射日光を避けて冷暗所に貯蔵 密栓容器 **酸、有機物と離す**	★わずかに潮解性を有し、**水に溶ける**白色の結晶性粉末 ★加熱により**酸素を発生**し、塩素酸ナトリウムと塩化ナトリウムに分解 ★常温でも分解し、**刺激臭と爆発性がある**二酸化塩素を発生 ★**酸化力や腐食性が高く**、還元剤とは激しく反応して金属はほとんどが腐食される
臭素酸カリウム		酸、有機物、**硫黄**と離す	★無臭で無色の結晶性粉末 ★冷水にわずかにしか溶けないが、**温水にはよく溶ける** ★加熱により**酸素と臭化カリウムに分解**
臭素酸ナトリウム		有機物、可燃性物質と離す	★強力な**酸化剤**で、無色の結晶性粉末 ★火災時には刺激性、または**有毒なヒュームを放出** ★加熱により**酸素と臭化ナトリウムに分解**
硝酸カリウム		密栓容器 **防水性の多層紙袋**に貯蔵可	★**黒色火薬の原料**で、水によく溶ける無色の結晶 ★加熱により400℃で分解、**酸素を発生**
硝酸ナトリウム			★**潮解性**を有し、水やアルコールに溶ける無色の結晶 ★反応性は硝酸カリウムより弱い
硝酸アンモニウム			★**潮解性**を有し、水やアルコールに溶ける無色の結晶 ★加熱により**水と有毒な一酸化二窒素**に分解 ★アルカリと反応して、アンモニアを放出 ★吸湿したものや水溶液は**腐食性を示す**

第1類 危険物

第1類危険物	ヨウ素酸カリウム	加熱や可燃物を避ける密栓容器	★エタノールに溶けないが温水によく溶ける、無色の結晶 ★加熱分解で酸素を発生 ★水溶液はバリウムや水銀と反応し、難溶性の沈殿物を生成
	ヨウ素酸ナトリウム		★エタノールに溶けないが水によく溶ける、無色の結晶 ★加熱分解で酸素を発生
	過マンガン酸カリウム	加熱、衝撃、摩擦を避けて冷暗所で密栓容器で貯蔵 酸、可燃物、有機物等と離す ガラス容器の場合は着色ビンを使用して遮光する（直射日光を避ける）	★酸化力が強く、水に溶ける黒紫色または赤紫色の結晶 ★硫酸を加えると爆発し、塩酸を加えると塩素ガスが発生 ★水溶液は赤紫色だが無色透明の過酸化水素水を混合すると過マンガン酸カリウムの酸化力が上回り、溶液は無色になる ★加熱すると約200℃でマンガン酸カリウム、酸化マンガン、酸素に分解
	過マンガン酸ナトリウム		★潮解性があり、水に溶けやすい赤紫色の結晶 ★加熱分解で、酸素を発生
	重クロム酸カリウム	加熱、衝撃、摩擦を避けて密栓容器 有機物と離す	★強力な酸化剤で、苦味のある有毒な腐食性の橙赤色結晶 ★加熱すると500℃以上で分解し、酸素を発生 ★水に溶けるが、エタノールには溶けない
	重クロム酸アンモニウム		★強力な酸化剤で、橙黄色〜赤色の針状結晶 ★水、エタノールともによく溶ける ★加熱して約185℃で酸化クロム、窒素、水に分解
	過ヨウ素酸ナトリウム	加熱、衝撃を避ける	★水によく溶けて、有毒な白色の結晶である ★加熱すると300℃でヨウ素酸ナトリウムと酸素に分解
	三酸化クロム	アルコールと離す 金属製容器を使用	★潮解性があり、毒性の強い暗赤色の針状結晶 ★加熱すると約250℃で分解し、酸素を発生 ★加水分解をともなって水に溶ける ★可燃物、酸化されやすい物質、有機物との混合、またはアルコールやアセトン、アニリンなどとの接触で発火、爆発
	二酸化鉛	日光、加熱を避ける 可燃物、酸化されやすい物質と離す	★毒性が強く、高い電気伝導率をもつ暗褐色の粉末 ★水やアルコールに溶けないが、酸やアルカリには溶ける ★日光（光）や加熱によって酸素を発生
	次亜塩素酸カルシウム	異物の混入を防ぐ密栓容器	★常温でも不安定で、高度さらし粉とも呼ばれる白色の粉末 ★水と反応して塩化水素、酸素を発生 ★アンモニアや窒素化合物と激しく反応し、爆発のおそれがある ★溶液は熱や光などで分解し、酸素を発生
	炭酸ナトリウム過酸化水素付加物	火気と離し、乾燥した冷暗所に貯蔵密栓容器 アルミや亜鉛製のものは使用不可	★白色の粒状固体 ★水によく溶けて、炭酸ナトリウムと過酸化水素に解離する ★熱分解により、水蒸気をともなって酸素を発生 ★可燃物質や金属粉末との接触は、漂白作用や酸化作用を引き起こす

塩素酸カリウムと同様

		98 P
1 共通する性状（9問）		98 P
2 共通する貯蔵・取扱い方法（火災予防）（7問）		103 P
3 共通する消火方法（14問）		108 P
4 硫化リン（9問）		114 P
	1. 三硫化リン（三硫化四リン）P_4S_3	114 P
	2. 五硫化リン（五硫化二リン）P_2S_5	115 P
	3. 七硫化リン（七硫化四リン）P_4S_7	115 P
5 赤リン P（9問）		119 P
6 硫黄 S（13問）		123 P
7 鉄粉 Fe（5問）		129 P
8 金属粉（11問）		132 P
	1. アルミニウム粉 Al	132 P
	2. 亜鉛粉 Zn	133 P
9 マグネシウム Mg（10問）		138 P
10 引火性固体（5問）		143 P
	1. 固形アルコール	143 P
	2. ゴムのり	143 P
	3. ラッカーパテ	143 P
11 第2類危険物まとめ		146 P

第2類危険物

1 共通する性状

　第2類の危険物は、消防法別表第1の第2類に類別されている物品（硫化リンなど）で、いずれも**可燃性固体及び引火性固体**の性状を有するものである。

　可燃性固体とは、固体であって、火炎による着火の危険性を判断するための政令で定める試験（小ガス炎着火試験）において政令で定める性状を示すもの、また、引火性固体とは引火の危険性を判断するための政令で定める試験（引火点測定試験）において引火性を示すものである。具体的には、固形アルコールなど1気圧において引火点が40度未満のものをいう。

1．形状と性質

　いずれも可燃性の固体（結晶、粉末、ゲル状（引火性固体））である。引火性固体など一部のものを除き、ほとんどが**無機物**である。

　比重は、一部の引火性固体を除き、**一般に1より大きい**。また、一般に水に溶けない。

★可燃性の固体の種類★

第2類の危険物は可燃性の固体で、結晶・粉末・ゲル状(引火性固体)のものがある。

結晶

粉末

ゲル状
(引火性固体)

　第2類危険物の中には、両性元素と呼ばれている金属（粉末）が含まれている。

　両性元素とは、酸の水溶液と強塩基の水溶液（アルカリ性）の両方に反応する元素をいう。**アルミニウム Al、亜鉛 Zn、スズ Sn、鉛 Pb** が該当（※ゴロ合せによる覚え方の例："ああすんなり"）し、いずれも**水素**が発生する。

> アルミニウムと酸(塩酸)または塩基(水酸化ナトリウム)の反応
> - $2Al + 6HCl \longrightarrow 2AlCl_3 + 3H_2$
> - $2Al + 2NaOH + 6H_2O \longrightarrow 2Na[Al(OH)_4] + 3H_2$

2．危険性

　比較的低温で着火しやすい可燃性物質で、燃焼速度が速く、有毒のもの、あるいは燃焼のとき有毒ガスを発生するもの（硫化リン、赤リン、硫黄）がある。

　酸化されやすく、燃えやすい。**酸化剤**と接触または混合すると、発火もしくは爆発をする危険性がある。

　微粉状のものは、空気中で**粉じん爆発**を起こしやすい。また、微粉状のアルミニウム、亜鉛、マグネシウムは、**水と接触すると水素と熱を発し、爆発する**危険性がある。

【1】 次の第2類の危険物の組合せのうち、両性元素のみのものはどれか。[★]

1．Al（アルミニウム）と Zn（亜鉛粉）
2．Zn（亜鉛粉）と P（赤リン）
3．P（赤リン）と S（硫黄）
4．S（硫黄）と Fe（鉄粉）
5．Al（アルミニウム）と Fe（鉄粉）

【2】 次の第2類の危険物の組合せのうち、両性元素のものはどれか。[★]

1．Al（アルミニウム粉）と Mg（マグネシウム）
2．Mg（マグネシウム）と P（赤リン）
3．P（赤リン）と S（硫黄）
4．S（硫黄）と Zn（亜鉛粉）
5．Al（アルミニウム粉）と Zn（亜鉛粉）

【3】 第2類の危険物の性状について、次のうち妥当でないものはどれか。[★]

1．水に溶けないものが多い。
2．ゲル状のものがある。
3．比較的低温で着火しやすいものがある。
4．燃焼によって有毒ガスを発生するものがある。
5．水と反応してアセチレンガスを発生するものがある。

【4】 第2類の危険物の性状について、次のうち妥当なものはどれか。[★]

1．水と反応するものは、すべて水素を発生し、これが爆発することがある。
2．燃焼したときに有毒な硫化水素を発生するものがある。
3．粉じん爆発を起こすものはない。
4．固形アルコールを除き、引火性はない。
5．酸化剤と接触または混合すると発火しやすくなる。

【5】 第2類の危険物の性状について、次のうち妥当でないものはどれか。[★]

1．すべて可燃性である。
2．引火性を有するものがある。
3．熱水と反応して、リン化水素を発生するものがある。
4．燃えると有毒ガスを発生するものがある。
5．酸にもアルカリにも溶けて、水素を発生するものがある。

【6】第2類の危険物の性状について、次のうち妥当でないものはどれか。

1．すべて可燃性である。

2．常温（20℃）では、すべて固体である。

3．酸化剤と混合すると爆発することがある。

4．すべて電気の良導体である。

5．比重は1より大きいものが多い。

【7】第2類の危険物の性状について、次のうち妥当でないものはどれか。

1．すべて可燃性である。

2．すべて無機物質である。

3．一般に水に溶けない。

4．酸化剤と混合すると爆発することがある。

5．燃焼するときに有害なガスを発生するものがある。

【8】第2類の危険物の性状について、次のA～Dのうち妥当でないものすべてを掲げているものはどれか。[★]

A．引火性を有するものはない。

B．水と接触すると、水素を発生し爆発するものがある。

C．燃焼するときに有毒ガスを発生するものがある。

D．酸化剤と接触または混合したものは、衝撃等により爆発することがある。

1．A　　2．AとB　　3．BとC　　4．CとD　　5．D

【9】第2類の危険物の一般的な性状について、次のA～Eのうち妥当でないもののみの組合せはどれか。[★]

A．比重は1より大きいものが多い。

B．酸化性物質と混合したものは、加熱、衝撃、摩擦等により、発火・爆発することがある。

C．水と反応して、リン化水素を発生するものがある。

D．比較的低温で発火しやすいが、自然発火するものはない。

E．燃焼するとき、有毒ガスが発生するものはない。

1．A、B、C

2．A、B、E

3．A、D、E

4．B、C、D

5．C、D、E

▶▶解答＆解説···

【1】解答「1」
　　両性元素は、アルミニウム Al、亜鉛 Zn、スズ Sn、鉛 Pb など。

【2】解答「5」
　　両性元素は、アルミニウム Al、亜鉛 Zn、スズ Sn、鉛 Pb など。

【3】解答「5」
　　2．固形アルコールは、ゲル状である。ゲルは、コロイド溶液が流動性を失い、多少の弾性と固さをもってゼリー状に固化したものをいう。
　　3．第2類危険物は、比較的低温で着火しやすいという特性がある。
　　4．硫化リン、赤リン P、硫黄 S は、燃焼すると有毒ガスを発生する。
　　5．水と反応してアセチレンガス C_2H_2 を発生するのは、第3類の危険物に分類されている炭化カルシウム CaC_2 である。

【4】解答「5」
　　1．アルミニウム粉や亜鉛粉、マグネシウム粉は、水と反応して水素を発生する。しかし、硫化リンは水（熱水）と反応して、硫化水素 H_2S を発生する。
　　2．燃焼により、硫化水素 H_2S を発生するものはない。硫化水素 H_2S は、硫化リンが水（熱水）と反応することで発生。燃焼により硫化リン・赤リン P・硫黄 S は、リン酸化物（P_4O_{10} など）、硫黄酸化物（SO_2 など）となる。これらは、いずれも人体に有害である。
　　3．赤リン・硫黄の粉末およびアルミニウム粉・マグネシウム粉は、粉じん爆発を起こしやすい。
　　4．引火性固体のうち、ゴムのり、ラッカーパテも引火性がある。また、硫黄も蒸発燃焼であるため、引火性がある。

【5】解答「3」
　　2．第2類の危険物のうち、引火性固体は引火性を有する。
　　3．硫化リンは、水もしくは熱水と反応して硫化水素 H_2S とリン酸 H_3PO_4 を生じる。水と反応して猛毒のリン化水素 PH_3 を発生するのは、第3類危険物のリン化カルシウム Ca_3P_2 である。
　　4．赤リンは、燃焼すると有毒な十酸化四リン P_4O_{10} を発生する。また、硫黄 S は燃焼すると、腐食性がある二酸化硫黄 SO_2 を発生する。硫化リンは、燃焼すると二酸化硫黄や十酸化四リンなどを発生する。
　　5．金属粉のうち、アルミニウム粉と亜鉛粉は、酸にもアルカリにも溶けて、水素を発生する。アルミニウム Al と亜鉛 Zn は両性元素である。

【6】解答「4」
　　4．第2類危険物の硫黄 S は電気の不良導体であり、静電気が蓄積しやすい。

【7】解答「2」
　　2．固形アルコール、ゴムのり、ラッカーパテなどの引火性固体は、それぞれメタノール、生ゴム、トルエンなどを原料に使用している有機物である。

第2類 危険物

【8】解答「1」（Aが妥当でない）

A．引火性固体は引火性を有する。

B．アルミニウム粉や亜鉛粉、マグネシウム（粉）は、水と接触すると水素と熱を発生し、爆発することがある。

C．硫化リン、赤リンP、硫黄Sは、燃焼すると有毒ガスを発生する。

【9】解答「5」（C・D・Eが妥当でない）

A．引火性固体の一部を除き、一般に比重は1より大きい。

C．水と反応して猛毒のリン化水素PH_3を発生するのは、第3類危険物のリン化カルシウムCa_3P_2である。

D．比較的低温で着火しやすく、鉄粉や金属粉などは、湿気などにより酸化して熱が蓄積し、自然発火することがある。

E．硫化リン、赤リンP、硫黄Sは、燃焼すると有毒ガスを発生する。

第2類　危険物

2 共通する貯蔵・取扱い方法（火災予防）

1. 貯蔵と取扱い

①冷暗所に貯蔵する。また、一般に**防湿**に注意し、容器は密封する。**防水性の**ある多層紙袋を使用して、貯蔵することができる。

②**酸化剤**との接触・混合は避け、炎、火花、高温体との接触・加熱を避ける。

③鉄粉、アルミニウム粉、亜鉛粉、マグネシウム粉にあっては、**水または酸との接触**を避ける。

④引火性固体は密封し、みだりに可燃性蒸気を発生させない。

⑤作業の際は、**保護具を着用**し、吸引や皮膚への飛沫の付着を避ける。

⑥こぼしたときは、掃除機等は使用せず、ほうきで静かに集めて容器を密栓する。

2. 粉じん爆発

粉じん爆発のおそれのある場合、次の対策を講じる。

〔粉じん爆発防止策〕

火気	火気を避ける。
換気	換気を十分に行い、燃焼範囲（爆発範囲）の下限値未満にする。
設備装置	電気設備を防爆構造にする。 粉じんを扱う装置類には不活性ガスを封入する。
静電気	静電気の蓄積を防止する。
たい積防止	無用な粉じんのたい積を防止する。

火気　　粉じんのたい積　　静電気　　換気

【1】 金属粉をこぼした場合の処置として、次のうち妥当なものはどれか。[★]

☐ 1．作業の際は、保護具を着用し、吸入や皮膚への飛まつの付着を避ける。

2．湿った布でふき取る。

3．掃除機で吸い取る。

4．ブロアー（送風機）で吹き飛ばす。

5．床にこぼれたものは、水で洗い流す。

【2】 第2類の危険物の貯蔵、取扱いについて、次のうち妥当でないものはどれか。[★]

☐ 1．可燃性蒸気を発生するものは、通気性のある容器に保存する。

2．酸化剤との接触を避ける。

3．粉じん状のものは、静電気による発火の防止対策を行う。

4．湿気や水との接触を避けなければならないものがある。

5．紙等（多層、かつ、防水性のもの）へ収納できるものがある。

【3】 第2類の危険物で粉じん爆発のおそれがある場合の火災予防対策として、次のうち妥当でないものはどれか。[★]

☐ 1．火気を避ける。

2．静電気帯電防止作業服および静電気帯電防止靴の着用を励行する。

3．電気設備を防爆構造にする。

4．定期的に清掃を行う。

5．粉じんをたい積させないために、常時空気を対流させておく。

【4】 第2類の危険物には、粉末の状態で取り扱うと粉じん爆発の危険性を有するものがあるが、粉じん爆発を防止する対策として、次のうち妥当でないものはどれか。

[★]

☐ 1．粉じんから静電気を取り除く装置を設置するなどして、静電気が蓄積しないようにする。

2．粉じんが発生する場所の電気設備は防爆構造のものを使用する。

3．粉じんを取り扱う装置等には窒素等の不活性気体を封入する。

4．粉じんが床や装置等に堆積しないよう、常に取り扱う場所の空気を循環させておく。

5．粉じんが発生する場所では火気を使用しないよう徹底する。

【5】第2類の危険物の貯蔵、取扱いの方法について、次のうち妥当でないものはどれか。[★]

☑ 1．酸化剤との接触や混合を避ける。
  2．換気の良い冷暗所に保存する。
  3．紙袋（多層、かつ、防水性のもの）へ収納できるものがある。
  4．空気との接触を避けなければならないものがある。
  5．粉じん状の金属は、飛散を防ぐため加湿する。

【6】第2類の危険物の貯蔵または取扱いについて、次の文中のA〜Eの下線部分のうち、妥当でない箇所はどれか。

「第2類の危険物は、（A）酸化剤との接触もしくは混合や、火、火花もしくは高温体との接触または加熱を避けるとともに、（B）硫黄、金属粉およびマグネシウムにあっては、（C）水または（D）酸との接触を避け、（E）引火性固体にあっては、みだりに可燃性蒸気を発生させないこと。」

☑ 1．A
  2．B
  3．C
  4．D
  5．E

【7】危険物を貯蔵し、取り扱う際の注意事項として妥当でないものは、次のA〜Eのうちいくつあるか。

  A．アルミニウム粉は、ハロゲンと接触すると発火するおそれがあるので、同一場所に貯蔵しない。
  B．固形アルコールは、可燃性蒸気が漏えいしないよう、容器に入れ、密栓して貯蔵する。
  C．硫黄は、粉じん爆発のおそれがあるので、静電気の蓄積を避ける。
  D．赤リンは、空気中で発火するおそれがあるので、水中に貯蔵する。
  E．五硫化リンは、加水分解により可燃性のリン化水素ガスが発生するので、水分との接触を避ける。

☑ 1．1つ   2．2つ   3．3つ   4．4つ   5．5つ

【8】 次の各火災事例におけるアルミニウム粉の火災予防対策について、次のA～D
の組み合わせのうち、妥当なもののみをすべて掲げているものはどれか。

「原料貯蔵庫で火災が発生」

「アルミニウム粉砕工場で粉じん爆発が発生したあと、他の薬品も爆発して工場が
3棟全焼した」

A．空気中の水分を吸湿して自然発火するため、貯蔵容器を密封した。
B．金属粉による粉じん爆発のおそれがあるため、粉じんの飛散防止対策をした。
C．酸化剤と同時に貯蔵したが、他の危険物とは同時に貯蔵しなかった。
D．発火すると激しく燃焼するため、大量放水する消火設備を設置した。

1．A、B
2．A、B、C
3．A、D
4．B、C
5．B、C、D

▶▶解答＆解説‥‥

【1】 解答「1」

2＆5．アルミニウム粉などは、水と反応して水素 H_2 を発生するため、水と接触させ
てはならない。

3．掃除機で吸い取ると、パイプ内およびホース内を空気とともに高速で移動するため、
静電気が発生しやすくなる。電気火花が点火源となって、粉じん爆発の危険性が増す。

4．ブロアーで吹き飛ばすと、粉じん爆発の危険性が増す。

【2】 解答「1」

1．引火性固体など、可燃性蒸気を発生するものは、容器は密封して保存する。

4．アルミニウム粉やマグネシウム粉は、湿気や水との接触を避けなければならない。
水と反応して水素を生じる。この他、鉄粉は湿気や水分があると、酸化熱で自然発火
する危険が生じる。

5．粉末状の硫黄 S は、紙等（多層、かつ、防水性のもの）へ収納できる。

【3】 解答「5」

5．屋内や室内の空気を常時対流させると、粉じんを空気中に舞い上げた状態となるた
め、粉じん爆発の危険性が増すようになる。空気は換気（屋内・室内の汚れた空気を
新鮮な空気と入れ替えること）させる。

【4】 解答「4」

4．粉じんが発生する場所の空気を循環（対流）させると、粉じんが舞い上がって粉じ
ん爆発の危険性が増す。屋内や室内の空気を換気（屋内・室内の汚れた空気を新鮮な

空気と入れ替えること）したり、清掃を行う。

【5】解答「5」

1. 一般に、酸化剤との接触または混合は、打撃などにより爆発する危険がある。

3. 粉末状の硫黄 S は、紙等（多層、かつ、防水性のもの）へ収納できる。

4. アルミニウム粉やマグネシウム粉等は、空気中で酸化されやすく、空気中の水分等
で自然発火するおそれがある。

5. アルミニウム粉やマグネシウム粉等は、湿気や水との接触を避けなければならない。
水と反応して水素を生じる。この他、鉄粉は湿気や水分があると、酸化熱で自然発火
する危険が生じる。

【6】解答「5」

B. 硫黄は水と反応しないため、接触を避ける必要はない。

【7】解答「2」（D・E が妥当でない）

D. 選択肢の記述は、第3類の黄リンの性質および貯蔵方法を述べたものである。

E. 加水分解により硫化水素が発生するため不妥当である。

【8】解答「1」（A・B が妥当）

C. 酸化剤との接触は、爆発の危険性があるので避ける。また例外的に第2類危険物は
黄リンなど一部の自然発火性物品や第4類危険物との同時貯蔵は可能な場合がある。

D. 注水による消火は、水素を発生し爆発の危険があるため不妥当である。適応する消
火剤は、乾燥砂、膨張ひる石、膨張真珠岩、炭酸水素塩類を使用する粉末消火剤である。

第2類　危険物

　水により消火ができるものと、水と接触して有毒ガスや可燃性ガスを発生するため注水厳禁のものがある。

　また、引火性固体は泡や粉末消火剤などで窒息消火するのが効果的である。

1．硫化リン

　硫化リンは、乾燥砂または不燃性ガスにより窒息消火する。水系（水・泡・強化液）の消火剤は、反応して硫化水素が発生するため、使用を避ける。

▶適応する消火剤

乾燥砂、膨張ひる石、膨張真珠岩 二酸化炭素消火剤、粉末消火剤、 ソーダ灰（炭酸ナトリウム）

▶適応しない消火剤

水系（水・泡・強化液）の消火剤

2．赤リン&硫黄

　赤リンおよび硫黄は、水系（水・泡・強化液）の消火剤で冷却消火する。

▶適応する消火剤

水系（水・泡・強化液）の消火剤 乾燥砂、膨張ひる石、膨張真珠岩 リン酸塩類を使用する粉末消火剤

▶適応しない消火剤

二酸化炭素消火剤 ハロゲン化物消火剤 炭酸水素塩類を使用する粉末消火剤

3．鉄粉・金属の粉（アルミニウム粉、亜鉛粉）・マグネシウム

　金属の粉は、乾燥砂等で窒息消火する。多くは水と反応して水素を発生するため、水系（水・泡・強化液）の消火剤は、使用してはならない。

▶適応する消火剤

乾燥砂、膨張ひる石、膨張真珠岩 炭酸水素塩類を使用する粉末消火剤

▶適応しない消火剤

水系（水・泡・強化液）の消火剤 二酸化炭素消火剤 ハロゲン化物消火剤

4．引火性固体

　引火性固体は、泡消火剤、粉末消火剤、二酸化炭素消火剤、ハロゲン化物消火剤などで窒息消火する。

▶適応する消火剤

粉末消火剤、二酸化炭素消火剤、 ハロゲン化物消火剤 水系（水・泡・強化液）の消火剤

▶適応しない消火剤

なし

第2類　危険物

[総合Ⅰ]

【1】 第2類の危険物の消火について、次のうち妥当でないものはどれか。[★]

☐ 1．水と反応して、きわめて有毒なガスを発生するものがある。
2．水と反応して、可燃性のガスを発生し爆発するものがある。
3．窒息消火の効果がないものがある。
4．二酸化炭素消火剤と反応するものがある。
5．泡、粉末等の消火剤が有効なものがある。

【2】 第2類の危険物の消火について、次のうち妥当でないものはどれか。

☐ 1．水分を含む土砂が、有効なものがある。
2．泡消火剤、ハロゲン化物消火剤はすべてに有効である。
3．水と反応して、可燃性のガスを発生して爆発するものがある。
4．炭酸水素塩類等の消火剤を用いてはならないものがある。
5．水と反応して、有毒なガスを発生するものがある。

【3】 第2類の危険物の消火方法について、次のうち共通して妥当なものはどれか。

☐ 1．水（棒状）の放射
2．ハロゲン化物消火剤の放射
3．膨張ひる石で覆う
4．二酸化炭素消火剤の放射
5．粉末消火剤の放射

第２類　危険物

▶▶解答＆解説‥‥‥‥‥‥‥‥‥‥‥‥‥‥‥‥‥‥‥‥‥‥‥‥‥‥‥‥‥‥‥‥‥‥‥‥‥‥

【1】 解答「3」

1．硫化リンは、水と反応すると有毒で可燃性の硫化水素 H_2S を発生する。
2．アルミニウム粉や亜鉛粉、マグネシウム（粉）は、水と反応すると水素を発生し、爆発することがある。
3．第2類のすべての危険物に対し、窒息消火は効果がある。酸素の供給を遮断すれば、消火する。
4．マグネシウム（粉）は、二酸化炭素 CO_2 から酸素を奪って燃焼する。
5．引火性固体は、泡、粉末等の消火剤が有効である。

【2】 解答「2」

1．硫黄 S は融点が低い（113〜120℃）ため、流動しやすい。火災で流動した場合は、水分を含む土砂による消火が有効である。
2．例えば、金属の粉は泡消火剤およびハロゲン化物消火剤が適応しない。

3．アルミニウム粉や亜鉛粉、マグネシウム（粉）は、水と反応すると可燃性の水素を発生し、爆発することがある。

4．赤リンＰおよび硫黄Ｓは、炭酸水素塩類等の消火剤が適応しない。

5．硫化リンは、水と反応すると有毒で可燃性の硫化水素 H_2S を発生する。

【3】解答「3」

3．膨張ひる石による窒息消火はすべての第2類危険物の火災時に有効である。

▶ 過去問題 [2] ◀

[総合Ⅱ]

【1】次のＡ～Ｅに示す危険物のうち、その火災に際して、水による消火が妥当でないものはいくつあるか。[★]

    Ａ．亜鉛粉　　　Ｂ．赤リン　　　Ｃ．鉄粉

    Ｄ．アルミニウム粉　　　　Ｅ．マグネシウム粉

☐　1．1つ　　　2．2つ　　　3．3つ　　　4．4つ　　　5．5つ

【2】次のＡ～Ｅの危険物が火災となった場合、泡消火剤による消火が妥当なものの組合せはどれか。[★]

    Ａ．亜鉛粉　　　Ｂ．アルミニウム粉　　　Ｃ．固形アルコール

    Ｄ．赤リン　　　Ｅ．マグネシウム粉

☐　1．ＡとＢ　　　2．ＡとＥ　　　3．ＢとＣ　　　4．ＣとＤ　　　5．ＤとＥ

【3】危険物とその火災に適応する消火剤との組合せとして、次のＡ～Ｅのうち妥当なものはいくつあるか。[★]

    Ａ．アルミニウム粉……ハロゲン化物

    Ｂ．三硫化リン…………乾燥砂

    Ｃ．赤リン………………水

    Ｄ．硫黄…………………消火粉末（リン酸塩類を使用するもの）

    Ｅ．マグネシウム………二酸化炭素

☐　1．1つ　　　2．2つ　　　3．3つ　　　4．4つ　　　5．5つ

【4】危険物とその火災に適応する消火剤との組合せとして、次のうち妥当でないものはどれか。

☐　1．マグネシウム……………ハロゲン化物

    2．固形アルコール…………二酸化炭素

    3．硫黄…………………………水

    4．三硫化リン………………二酸化炭素

    5．鉄粉…………………………乾燥砂

【5】 危険物とその火災に適応する消火剤との組合せとして、次のうち妥当でないものはどれか。

- ☑ 1. 三硫化リン……………………粉末消火剤
-   2. アルミニウム粉……………ハロゲン化物消火剤
-   3. 固形アルコール……………二酸化炭素消火剤
-   4. 赤リン……………………………水
-   5. 亜鉛粉……………………………乾燥砂

【6】 次のA～Dの危険物のうち、水による消火を避けるべきもののみをすべて掲げているものはどれか。

　　A. 亜鉛粉　　B. 硫黄　　C. 五硫化リン　　D. マグネシウム

- ☑ 1. A、D　　　　　　2. B、C　　　　　　3. A、C、D
-   4. B、C、D　　　　5. A、B、C、D

【7】 次のA～Eの危険物のうち、水と反応して有毒または可燃性のガスが発生するため、注水による消火が危険であるもののみをすべて掲げているものはどれか。

　　A. 硫化リン　　B. マグネシウム　　C. 硫黄　　D. 赤リン　　E. 亜鉛粉

- ☑ 1. A、C　　　　　　2. A、D　　　　　　3. B、E
-   4. A、B、E　　　　5. B、C、D

【8】 次のA～Eの危険物のうち、水と反応して有毒または可燃性のガスが発生するため、注水による消火が危険であるもののみをすべて掲げているものはどれか。

　　A. 赤リン　　　　　B. 硫黄　　　　　C. 硫化リン
　　D. アルミニウム粉　　E. 亜鉛粉

- ☑ 1. A、B　　　　　　2. A、C　　　　　　3. B、D
-   4. A、D、E　　　　5. C、D、E

【9】 次のA～Eの危険物の火災に対する消火方法として、妥当なものはいくつあるか。

[★]

　　A. 鉄粉の火災には、乾燥砂の使用は効果がない。
　　B. マグネシウムの火災には、霧状の水の使用が有効である。
　　C. 赤リンの火災には、二酸化炭素消火剤の使用が最も有効である。
　　D. 五硫化リンの火災には、強化液消火剤の使用が最も有効である。
　　E. 亜鉛粉の火災には、乾燥砂の使用が有効である。

- ☑ 1. 1つ　　　2. 2つ　　　3. 3つ　　　4. 4つ　　　5. 5つ

【10】危険物とその火災に適応する消火剤との組合せとして、次のA～Dのうち妥当なものの組み合わせはどれか。

    A．アルミニウム粉……………ハロゲン化物

    B．赤リン………………………水

    C．硫黄…………………………消火粉末（リン酸塩類を使用するもの）

    D．マグネシウム………………二酸化炭素

☑　1．A、B　　　2．B、C　　　3．C、D　　　4．A、D　　　5．B、D

【11】次のA～Dに示す危険物の火災とその消火方法について、妥当でないものの組み合わせはどれか。

    A．三硫化リン…………………乾燥砂

    B．亜鉛…………………………ハロゲン化物消火器を使用する

    C．アルミニウム粉……………二酸化炭素消火器を使用する

    D．赤リン………………………水を霧状にしてかける

☑　1．AとB　　　2．AとC　　　3．AとD　　　4．BとC　　　5．CとD

▶▶解答&解説……………………………………………………………………………

【1】解答「4」（A・C・D・Eが妥当でない）

    アルミニウム粉およびマグネシウム粉は、水と反応して水素 H_2 を発生する。亜鉛粉は水と徐々に反応する。鉄粉は水分と反応して酸化熱を発生する。いずれも水系の消火剤の使用は避ける。赤リンは、水系（水・泡・強化液）の消火剤で冷却消火する。

【2】解答「4」（C・Dが妥当）

    A&B&E．金属の粉は、乾燥砂等を使用して窒息消火する。

    C&D．固形アルコールなどの引火性固体と赤リンは水系（水・泡・強化液）の消火剤で冷却消火する。

【3】解答「3」（B・C・Dが妥当）

    A．アルミニウム粉はハロゲンと反応して激しく燃焼するため、ハロゲン化物消火剤は適さない。

    D．硫黄Sは、リン酸塩類を使用する粉末消火剤が適応する。

    E．マグネシウム（粉）は二酸化炭素中でも酸素を奪って燃焼するため、二酸化炭素消火剤は適さない。

【4】解答「1」

    1．ハロゲン化物消火剤は、鉄粉、金属粉、マグネシウムの消火には適さない。

【5】解答「2」

1. ハロゲン化物消火剤は、鉄粉、金属粉（アルミニウム粉や亜鉛粉）、マグネシウムの消火には適さない。

【6】解答「3」（A・C・Dが該当）

A＆C＆D. 金属粉は、水と反応して水素を発生し爆発することがある。また、五硫化リン P_2S_5 は水と反応することで有毒な硫化水素が発生する。

B. 硫黄Sは、水による冷却消火が適応する。

【7】解答「4」（A・B・Eが危険）

A＆B＆E. 金属粉は、水と反応して水素を発生し爆発することがある。また、硫化リンは水と反応することで有毒な硫化水素などが発生する。

C＆D. 硫黄Sと赤リンPは、水と反応しない。

【8】解答「5」（C・D・Eが危険）

C＆D＆E. 金属粉は、水と反応して水素を発生し爆発することがある。また、硫化リンは水と反応することで有毒な硫化水素などが発生する。

A＆B. 赤リンPと硫黄Sは、水と反応しない。

【9】解答「1」（Eが妥当）

A＆B＆E. 鉄粉、マグネシウムおよび亜鉛粉の火災には、乾燥砂の使用が有効である。また、水系（水・泡・強化液）の消火剤は使用してはならない。

C. 赤リンPの火災には、二酸化炭素消火剤が適応しない。

D. 硫化リンの火災には、水系（水・泡・強化液）の消火剤の使用を避ける。

【10】解答「2」（B・Cが妥当）

A. アルミニウム粉はハロゲンと反応して激しく燃焼するため、ハロゲン化物消火剤は適さない。

D. マグネシウム（粉）は二酸化炭素中でも酸素を奪って燃焼するため、二酸化炭素消火剤は適さない。

【11】解答「4」（B・Cが妥当でない）

B＆C. ハロゲン化物消火剤や二酸化炭素消火剤を用いた消火器は、鉄粉や金属粉の消火には適さない。

4　硫化リン

　リンの酸化物で、リンPと硫黄Sの組成比により三硫化リン（三硫化四リン）P_4S_3、五硫化リン（五硫化二リン）P_2S_5、七硫化リン（七硫化四リン）P_4S_7などに区分される。これらは燃焼すると、いずれも有毒な**二酸化硫黄**（亜硫酸ガス SO_2）と**リン酸化物**（P_4O_{10}など）を発生する。

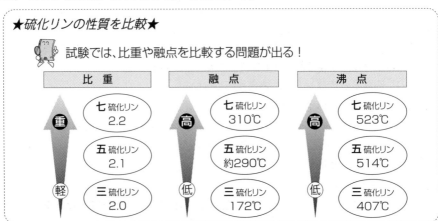

★硫化リンの性質を比較★

試験では、比重や融点を比較する問題が出る！

比　重	融　点	沸　点
七 硫化リン 2.2	七 硫化リン 310℃	七 硫化リン 523℃
五 硫化リン 2.1	五 硫化リン 約290℃	五 硫化リン 514℃
三 硫化リン 2.0	三 硫化リン 172℃	三 硫化リン 407℃

（比重：重↑軽）　（融点：高↑低）　（沸点：高↑低）

1．三硫化リン（三硫化四リン）　P_4S_3

形状	・黄色または淡黄色の斜方晶系結晶（結晶の粉末）。
性質	比　重　2.0 融　点　172℃ 沸　点　407℃ 発火点　100℃ ・二硫化炭素 CS_2、ベンゼン C_6H_6、トルエン $C_6H_5CH_3$ に溶ける。 ・他の硫化リンに比べ、化学的に最も安定している。
危険性	・約100℃で発火の危険性がある。 ・火気・摩擦・衝撃によって発火の危険性がある。 ・冷水とは反応しない。ただし、熱水には徐々に分解し、硫化水素 H_2S とリン酸 H_3PO_4 を生じる。硫化水素は有毒な可燃性ガス。
貯蔵・取扱い	・通風、換気のよい冷暗所に、密栓して貯蔵する。 ・火気、摩擦、衝撃を避ける。 ・金属製容器やガラス製容器に収納する。
消火方法	・乾燥砂または不燃性ガスにより窒息消火する。 ・水系（水・強化液・泡）の消火剤は硫化水素が発生するため、使用は避ける。
その他	・マッチ等の原料に用いられる。

第2類　危険物

2．五硫化リン（五硫化ニリン）　P₂S₅

形状	▪ 淡黄色の結晶。
性質	**比 重** 2.1 **融 点** 286 ～ 290℃ **沸 点** 514℃ **発火点** 142℃ ▪ 二硫化炭素 CS₂ に溶ける。 ▪ 特異臭がある。
危険性	▪ 水で徐々に分解し、有毒で可燃性の硫化水素 H₂S を生じる。 ※他は三硫化リン（三硫化四リン）と同じ。
貯蔵・取扱い	※三硫化リン（三硫化四リン）と同じ。
消火方法	※三硫化リン（三硫化四リン）と同じ。

3．七硫化リン（七硫化四リン）　P₄S₇

形状	▪ 淡黄色の結晶。
性質	**比 重** 2.2 **融 点** 310℃ **沸 点** 523℃ ▪ 二硫化炭素 CS₂ にわずかに溶ける。
危険性	▪ 水には徐々に、熱水には速やかに加水分解し、有毒で可燃性の 　硫化水素 H₂S を生じる。 ▪ 他の硫化リンに比べ、最も加水分解されやすい。 ※他は三硫化リン（三硫化四リン）と同じ。
貯蔵・取扱い	※三硫化リン（三硫化四リン）と同じ。
消火方法	※三硫化リン（三硫化四リン）と同じ。

▶硫化水素

　硫化リンは加水分解により**硫化水素H₂S**を発生する。硫化水素は**無色の可燃性ガス**で、**空気より重く**（比重約1.2）、水によく溶け弱い酸性を示す。また、卵が腐ったような独特の悪臭を有する。濃度によっては嗅覚の麻痺、眼の損傷、呼吸器の障害、神経毒性などを引き起こし、人体に致命的な影響を及ぼす毒性の強いガスである。

[硫化リン]

【1】 硫化リンの性状について、次のうち妥当でないものはどれか。

- ☑ 1. 黄色の固体である。
  2. 加水分解すると可燃性ガスを発生する。
  3. 加熱すると約400℃で昇華する。
  4. 水よりも重い。
  5. 燃焼すると有毒なガスを発生する。

【2】 三硫化リンの性状について、次のうち妥当でないものはどれか。[★]

- ☑ 1. 冷水とは反応しないが、熱水とは反応する。
  2. 発火点が融点より低い。
  3. 加水分解すると、有毒なリン化水素を発生する。
  4. 常温（20℃）の乾燥した空気中で安定である。
  5. 五硫化リン、七硫化リンと比較して融点が低い。

【3】 三硫化リンの性状について、次のうち妥当でないものはどれか。[★]

- ☑ 1. 五硫化リン、七硫化リンに比較して、融点が低い。
  2. 100℃以上で発火の危険性がある。
  3. 冷水とは反応しないが、熱水（熱湯）と徐々に反応して分解する。
  4. 加水分解すると、二酸化硫黄を発生する。
  5. ベンゼンや二硫化炭素に溶ける。

【4】 三硫化リンの性状について、次のA～Eのうち妥当なものはいくつあるか。

- A. 冷水と接触しても分解しないが、熱水では分解する。
- B. 加水分解すると、二酸化硫黄を発生する。
- C. 100℃以上で発火の危険性がある。
- D. 摩擦や衝撃に対して比較的安定である。
- E. 五硫化リン、七硫化リンに比較して、融点が高い。
- ☑ 1. 1つ　　　2. 2つ　　　3. 3つ　　　4. 4つ　　　5. 5つ

【5】 三硫化リンの性状等について、次のうち妥当でないものはどれか。

- ☑ 1. 黄色の斜方晶系結晶である。
  2. 100℃では融解しない。
  3. 不燃性ガスによる窒息消火は有効である。
  4. トルエン、ベンゼンに溶解しない。
  5. 貯蔵、取扱いについては、加熱、衝撃を避け、炎、水分と接触させない。

第2類 危険物

【6】三硫化リンと五硫化リンの性状について、次のA〜Eのうち妥当でないものはいくつあるか。

 A．いずれも黄色または淡黄色の結晶である。

 B．いずれも水に容易に溶ける。

 C．いずれも二硫化炭素に溶ける。

 D．いずれも加水分解すると可燃性ガスを発生する。

 E．五硫化リンは、三硫化リンに比較して融点が低い。

☐ 1．1つ 2．2つ 3．3つ 4．4つ 5．5つ

【7】三硫化リン、五硫化リンおよび七硫化リンの性状について、次のうち妥当なものはどれか。［★］

☐ 1．比重は三硫化リンが最も大きく、七硫化リンが最も小さい。

 2．融点は三硫化リンが最も高く、七硫化リンが最も低い。

 3．摩擦、衝撃に対しては、いずれも安定である。

 4．いずれも硫黄より融点が高い。

 5．五硫化リンは加水分解しない。

【8】硫化リンが加水分解して発生するガスの性状について、次のA〜Eのうち妥当でないものはいくつあるか。

 A．空気より重い。

 B．硫黄が燃えたときに発生するガスと同じものである。

 C．有毒である。

 D．腐った卵のような臭気を有する。

 E．可燃性である。

☐ 1．1つ 2．2つ 3．3つ 4．4つ 5．5つ

【9】五硫化二リンの消火方法として、次のうち妥当でないものはどれか。

☐ 1．乾燥砂で覆う。

 2．二酸化炭素消火剤を放射する。

 3．強化液消火剤を放射する。

 4．ソーダ灰で覆う。

 5．粉末消火剤を放射する。

【1】解答「3」

2．硫化リンに水（三硫化リンは熱水）を加えると、加水分解して可燃性ガスの硫化水素を発生する。

3．硫化リンを加熱すると昇華せず、発生した硫化水素が発火し爆発するおそれがある。

【2】解答「3」

3．三硫化リン P_4S_3 は熱水で加水分解し、硫化水素 H_2S とリン酸 H_3PO_4 を生じる。水と反応して猛毒のリン化水素 PH_3 を発生するのは、第3類危険物のリン化カルシウム Ca_3P_2 である。

5．融点は、三硫化リン P_4S_3 ＜ 五硫化リン P_2S_5 ＜ 七硫化リン P_4S_7。

【3】解答「4」

1．融点は、三硫化リン P_4S_3 ＜ 五硫化リン P_2S_5 ＜ 七硫化リン。

4．三硫化リン P_4S_3 は熱水で加水分解し、硫化水素 H_2S とリン酸 H_3PO_4 を生じる。二酸化硫黄（亜硫酸ガス）SO_2 は、燃焼により生じる。

【4】解答「2」（A・C が妥当）

B．燃焼すると二酸化硫黄（亜硫酸ガス）SO_2 を発生し、熱水で分解すると有毒な硫化水素 H_2S とリン酸 H_3PO_4 を生じる。

D．摩擦、衝撃に対して不安定で、発火の危険性がある。

E．融点は、三硫化リン P_4S_3 ＜ 五硫化リン P_2S_5 ＜ 七硫化リン P_4S_7。

【5】解答「4」

4．トルエンやベンゼンに溶解する。

【6】解答「2」（B・E が妥当でない）

B．三硫化リン P_4S_3 は熱水に対して徐々に分解し、五硫化リン P_2S_5 は水に対して徐々に分解するため、「容易に溶ける」は誤り。

E．五硫化リン P_2S_5 は、三硫化リン P_4S_3 に比較して融点が高い。

【7】解答「4」

1．比重は、三硫化リン P_4S_3 ＜ 五硫化リン P_2S_5 ＜ 七硫化リン P_4S_7。

2．融点は、三硫化リン P_4S_3 ＜ 五硫化リン P_2S_5 ＜ 七硫化リン P_4S_7。

3．摩擦、衝撃に対していずれも不安定で、発火の危険性がある。

5．五硫化リン P_2S_5 は、水と反応して徐々に分解する。

【8】解答「1」（B のみが妥当でない）

硫化リンが加水分解して発生するガスは、硫化水素 H_2S である。

B．硫黄 S が燃焼すると、二酸化硫黄 SO_2 が発生する。　　$S + O_2 \longrightarrow SO_2$

E．硫化水素は燃焼すると、二酸化硫黄 SO_2 と水になる可燃性ガスである。

$$2H_2S + 3O_2 \longrightarrow 2SO_2 + 2H_2O$$

【9】解答「3」

3．硫化リンは、水系（水・泡・強化液）の消火剤の使用を避ける。

5 赤リンP

第3類の危険物である黄リンを**窒素中で 250℃付近で長時間加熱**すると、赤リンになる。赤リンと黄リンは**同素体**である。赤リンは**毒性**がほとんどなく、マッチ箱の側薬、医薬品などの原料として使用されている。

> **★同素体とは★**
>
> 同素体とは、同じ元素からなる単体で性質が異なるもの同士をいう。
> リンP以外にも、炭素C、酸素O、硫黄Sに同素体がある。
>
> | 元素 | 同素体の例 | 特徴 |
> |---|---|---|
> | 炭素 C | ダイヤモンド | 無色透明で、きわめて硬い。電気を通さない。 |
> | | 黒鉛 (グラファイト) | やわらかく、薄くはがれやすい。電気を通す。鉛筆の芯に使われている。 |
> | 酸素 O | 酸素 | 無色・無臭の気体。 |
> | | オゾン | 淡青色で独特なにおいがあり、有毒な気体。 |
> | 硫黄 S | 斜方硫黄 | 常温で最も安定。ゆっくり加熱すると、単斜硫黄になる。 |
> | | 単斜硫黄 | 常温で放置すると、やがて斜方硫黄になる。 |
> | | ゴム状硫黄 | 黒褐色になることが多いが、純度が高ければ黄色になる。ゴムに似た弾性がある。 |

第2類 危険物

形状	• 赤褐色（暗赤色）または紫色の粉末。
性質	**比 重** 2.1 ～ 2.2 **融 点** 約590℃（43気圧下） **発火点** 260℃ • 水、二硫化炭素、ベンゼン等の有機溶媒、エーテルに溶けない。 • 無臭であり、毒性はほとんどない（黄リンは強い毒性をもつ）。 • 約400℃に加熱すると昇華する。 • 黄リンを窒素中で約250℃に加熱すると赤リンが生成する。
危険性	• 黄リンに比べて安定（不活性）である。 • 赤リンは黄リンからつくられるため、微量の黄リンを含んだものがある。純粋な赤リンは、空気中に放置しても自然発火しない。 • 燃焼すると、有毒なリン酸化物（十酸化四リン P_4O_{10} など）を生じる。P_4O_{10} は常温常圧で白い固体である。 • 粉じん爆発することがある。
貯蔵・取扱い	• 塩素酸カリウム $KClO_3$ などの酸化剤とは隔離する。
消火方法	• 大量の注水により冷却消火する。
その他	• マッチ箱の側薬、肥料等の原料に用いられる。

【1】 赤リンの性状について、次の下線部分（A）〜（E）のうち、妥当でない箇所はどれか。[★]

「(A) 赤褐色、無臭の固体である。比重は2.1〜2.2で、常圧では約400℃で昇華する。(B) 二硫化炭素にはよく溶け、(C) 毒性はない。(D) 黄リンとは同素体であり、(E) 黄リンと比べればはるかに不活性である。」

☑ 1．（A）　　　2．（B）　　　3．（C）　　　4．（D）　　　5．（E）

【2】 赤リンの性状について、次のうち妥当でないものはどれか。[★]

☑ 1．赤褐色の粉末である。
　2．無臭である。
　3．黄リンと同素体の関係にある。
　4．約260℃で発火する。
　5．二硫化炭素によく溶ける。

【3】 赤リンの性状について、次のうち妥当でないものはどれか。[★]

☑ 1．赤褐色の粉末である。
　2．二硫化炭素に溶けない。
　3．黄リンを不活性気体中で熱すると得られる。
　4．黄リンと同位体の関係にある。
　5．約260℃で発火する。

【4】 赤リンの性状について、次のうち妥当でないものはどれか。[★]

☑ 1．無臭の赤褐色粉末である。
　2．弱アルカリ溶液と反応して、リン化水素を生成する。
　3．常温で加熱すると、約400℃で固体から直接気化する。
　4．約260℃で発火する。
　5．燃焼生成物は強い毒性を示す。

【5】 赤リンの性状について、次のうち妥当でないものはどれか。[★]

☑ 1．黄リンの同素体である。
　2．赤褐色の粉末で、水より重い。
　3．純粋なものは、空気中に放置しても自然発火しない。
　4．反応性は、黄リンよりも不活性である。
　5．水に溶けにくいが、二硫化炭素によく溶ける。

【6】赤リンの性状について、次のうち妥当でないものはどれか。[★]

☐ 1．空気中に放置しても自然発火しない。
　 2．塩素酸カリウムとの混合物はわずかな衝撃で発火する。
　 3．赤茶色、暗赤色または紫色の粉末である。
　 4．毒性は低い。
　 5．粉じん爆発のおそれはない。

【7】赤リンの性状について、次のうち妥当でないものはどれか。[★]

☐ 1．空気中に放置すると自然発火することがある。
　 2．塩素酸カリウムとの混合物はわずかな衝撃で発火する。
　 3．毒性はほとんどない。
　 4．水やエーテルに溶けない。
　 5．粉じん爆発のおそれがある。

【8】赤リンの性状について、次のうち妥当なものはどれか。

☐ 1．比重は約1.0で、黄リンより軽い。
　 2．塩素酸カリウムとの混合物は、わずかな衝撃で爆発する。
　 3．融点は約44℃である。
　 4．二硫化炭素によく溶ける。
　 5．常圧で加熱すると約100℃で昇華する。

【9】赤リンの性状について、次のうち妥当でないものはどれか。

☐ 1．赤色系の粉末で、比重は1より大きい。
　 2．燃焼により、有毒な十酸化四リン（五酸化二リン）を生じる。
　 3．水に溶けないが、有機溶媒には溶ける。
　 4．塩素酸カリウム等の酸化性物質と混合すると、発火するおそれがある。
　 5．空気中で、約260℃で発火する。

▶▶解答＆解説……………………………………………………………………………

【1】解答「2」（Bが妥当でない箇所）
　B．赤リンは、水および二硫化炭素 CS_2 に溶けない。

【2】解答「5」
　5．赤リンは、水および二硫化炭素 CS_2 に溶けない。

【3】解答「4」
　2．赤リンは、水および二硫化炭素 CS_2 に溶けない。ただし、同素体である第3類の黄リンは、二硫化炭素によく溶ける。
　4．赤リンと黄リンは同素体の関係にある。リンの他に、ダイヤモンドと黒鉛、斜方硫黄・単斜硫黄・ゴム状硫黄が同素体の関係にある。同位体は、原子番号が同じであっても質量数の異なる原子をいう。質量数が2や3の水素を重水素、三重水素という。
　　同素体：陽子数・中性子数が全く同じ元素で、結合の形や数により性質に違いがある。
　　同位体：陽子数（原子番号）は同じで、中性子の数が違う元素同士のことをいう。性質はほぼ同じ。

【4】解答「2」
　2．赤リンはアルカリ溶液と反応しない。ただし、同素体である第3類の黄リンは、強アルカリ溶液と反応して、毒性が強いリン化水素 PH_3（ホスフィン）を生成する。
　5．赤リンの燃焼生成物はリン酸化物（十酸化四リン P_4O_{10} など）で、有毒。

【5】解答「5」
　3．不純物として黄リンが含まれているものは状況により自然発火することがあるが、純粋な赤リンは自然発火しない。
　5．赤リンは水および二硫化炭素 CS_2 に溶けない。ただし、同素体の黄リンは水に溶けないが、二硫化炭素やベンゼンによく溶ける。

【6】解答「5」
　1．純粋な赤リンは、空気中に放置しても自然発火しない。
　5．赤リンと硫黄（粉末状）は、粉じん爆発のおそれがある。

【7】解答「1」
　1．純粋な赤リンは、空気中に放置しても自然発火しない。
　2．塩素酸カリウム $KClO_3$ などの酸化剤と混合すると、わずかな衝撃で発火する。
　4．赤リンは水、エーテル、有機溶媒、二硫化炭素 CS_2 に溶けない。

【8】解答「2」
　1．赤リンの比重は 2.1～2.2（※黄リンの比重は 1.8～2.3）である。
　3．赤リンの融点はおよそ 590℃（43 気圧下）である。
　4．赤リンは水、エーテル、有機溶媒、二硫化炭素 CS_2 に溶けない。
　5．約 400℃まで加熱すると昇華する。

【9】解答「3」
　3．赤リンは、水および二硫化炭素などの有機溶媒にも溶けない。

6 硫黄 S

　硫黄 S は、硫化水素 H2S を原料として製造される。工業的には、原油中の不純物である硫黄を石油精製の過程で取り除くこと（脱硫）によって得られる。多くの元素と化合物（硫化物）をつくり、地殻中に鉱物として多量に存在する。斜方硫黄、単斜硫黄、ゴム状硫黄の**同素体**が存在する。

形状	• 黄色の結晶性の粉末または塊状固体。
性質	 **比　重**　2.0 〜 2.1 **融　点**　113 〜 120℃ **発火点**　232℃ **引火点**　207℃ • 水に溶けないが、二硫化炭素 CS2 には溶けやすい。また、エタノール、ジエチルエーテルにはわずかに溶ける。 • 多くの金属元素および非金属元素と高温で反応する。 • 単体では無味無臭であるが、化合物の多くは悪臭を放つ。
危険性	• 燃焼させると有毒な二酸化硫黄（亜硫酸ガス SO2）を発生する。燃焼の際は、青色の炎をあげる。 • 粉末は空気中に飛散すると、粉じん爆発するおそれがある。 • 電気の不良導体で、摩擦すると静電気が発生しやすい。 • 酸化物との混合は、加熱、衝撃等により爆発することがある。
貯蔵・取扱い	• 塊状硫黄は麻袋や紙袋で貯蔵可能。また、粉状の硫黄は二層以上のクラフト紙袋、麻袋（内側袋付のもの）に詰めて貯蔵できる。 • 硫黄は一定の基準に従うと、屋外に貯蔵することができる。
消火方法	• 水噴霧、泡消火剤、粉末消火剤（炭酸水素塩類を除く）、乾燥砂。 • 融点が低いため、燃焼の際は流動することがある。この場合は土砂等を用いて流動を防ぐ。 • 棒状放水や炭酸水素塩類の粉末消火剤での冷却消火は不可。
その他	• 黒色火薬、硫酸、肥料等の原料になる。

▶斜方硫黄、単斜硫黄、ゴム状硫黄

　室温では**黄色塊状の斜方硫黄**が安定である。斜方硫黄を 120℃に熱して溶かした後、冷やすと**淡黄色針状の単斜硫黄**が得られる。また、250℃に熱した液体硫黄を冷水で急冷すると、弾性のある**ゴム状硫黄（黄色〜褐色）**が得られる。

　斜方硫黄と単斜硫黄は王冠状の環状分子 S8 からなり、水に溶けないが、二硫化炭素 CS2 によく溶ける。ゴム状硫黄は多数の硫黄原子が次々に結合した鎖状分子からなり、溶媒に溶けにくい。

　単斜硫黄とゴム状硫黄は、室温で長時間放置しておくと、斜方硫黄になる。

【1】 硫黄の性状について、次のうち妥当でないものはどれか。[★]

　1．黄色の固体または粉末である。
　2．無味無臭である。
　3．引火点を有している。
　4．電気の良導体である。
　5．水に不溶である。

【2】 硫黄の性状について、次のうち妥当でないものはどれか。[★]

　1．空気中で燃やすと、青色の炎をあげて燃える。
　2．多くの金属元素および非金属元素と高温で反応する。
　3．酸化物との混合物は、加熱、衝撃により爆発することがある。
　4．エタノール、ジエチルエーテルによく溶ける。
　5．電気の不導体である。

【3】 硫黄の性状について、次のうち妥当なものはどれか。

　1．空気中で燃えると、淡黄色の炎をあげる。
　2．金と白金を含むほとんどの金属と反応する。
　3．空気中で、自然発火する。
　4．燃焼により、有毒ガスが発生することはない。
　5．20℃で水と反応し、水素が発生する。

【4】 硫黄の性状について、次のうち妥当なものはどれか。

　1．空気中で燃えると、二硫化炭素が発生する。
　2．金と白金以外の、ほとんどの金属に反応する。
　3．加熱すると、100℃で発火する。
　4．腐卵臭がする。
　5．20℃で水と反応し、水素が発生する。

【5】 硫黄の性状について、次のうち妥当でないものはどれか。

　1．発火点は約100℃である。
　2．酸化剤と混合すると、発火しやすくなる。
　3．着火しやすいので、炎、火花および高温体などとの接近を避ける。
　4．電気の不導体であり、摩擦により静電気が発生しやすい。
　5．微粉が浮遊していると、粉じん爆発の危険性がある。

【6】硫黄の性状について、次のうち妥当でないものはどれか。[★]

☑ 1．酸化剤との混合物は、加熱、衝撃等により爆発する危険がある。

2．水に溶けない。

3．電気の不導体である。

4．エタノールにわずかに溶ける。

5．融点まで加熱すると発火する。

【7】斜方硫黄の性状について、次のうち妥当でないものはどれか。[★]

☑ 1．電気の不導体で、摩擦などによって、静電気を発生しやすい。

2．水および二硫化炭素に溶けない。

3．燃焼すると、有毒ガスを発生する。

4．黄色の固体で、いくつかの同素体がある。

5．融点が110～120℃程度と比較的低いため、加熱し、溶融した状態で貯蔵する場合がある。

【8】硫黄の性状について、次のうち妥当でないものはどれか。

☑ 1．電気の不導体で、摩擦等によって静電気を生じやすい。

2．融点は110～120℃程度である。

3．熱水と反応して、水素を発生する。

4．一般的に黄色の塊または粉末で、比重は2程度である。

5．燃焼すると、刺激性のガスを発生する。

【9】硫黄の性状について、次のうち妥当でないものはどれか。

☑ 1．水と接触すると発熱する。

2．酸化剤と混合すると、加熱、衝撃、摩擦により発火・爆発のおそれがある。

3．燃焼すると有毒ガスを発生する。

4．二硫化炭素に溶ける。

5．微粉となって空気中に飛散すると、粉じん爆発を起こすおそれがある。

【10】硫黄の性状について、次のA～Dの正誤の組合せとして妥当なものはどれか。
[★]

A．水によく溶ける。
B．腐卵臭を有している。
C．空気中で粉じん爆発のおそれがある。
D．空気中で燃やすと、二酸化硫黄を生じる。

	A	B	C	D
1.	○	○	×	×
2.	○	×	×	○
3.	×	○	○	○
4.	×	○	○	×
5.	×	×	○	○

注：表中の○は正、×は誤を表す
ものとする。

【11】硫黄の性状について、次のA～Dのうち、妥当なもののみをすべて掲げている
ものはどれか。

A．微粉となって空気中に飛散すると、粉じん爆発を起こすおそれがある。
B．水によく溶ける。
C．燃焼すると有毒ガスを発生する。
D．酸化剤と接触すると分解する。

1．A、C   2．B、C   3．A、D
4．A、B、C   5．B、C、D

【12】次のA～Dのすべての性状を示す危険物はどれか。[★]

A．融点は200℃以下である。
B．無味、無臭である。
C．常温（20℃）の水に対し安定で、溶けない。
D．空気中で燃やすと、刺激臭のあるガスを発生する。

1．赤リン
2．五硫化リン
3．硫黄
4．亜鉛粉
5．アルミニウム粉

【13】 硫黄の貯蔵、取扱いについて、次のA〜Eのうち妥当なものはいくつあるか。
[★]

    A．空気中に微粉を浮遊させないように取り扱う。

    B．屋外に貯蔵することはできない。

    C．酸化剤と隔離して貯蔵する。

    D．摩擦等による静電気の蓄積を防止する。

    E．塊状のものは麻袋や紙袋に入れて貯蔵することができる。

☑ 1．1つ   2．2つ   3．3つ   4．4つ   5．5つ

【14】 硫黄の火災に最も妥当な消火方法は、次のうちどれか。[★]

☑ 1．二酸化炭素消火剤の放射

    2．水（棒状）の放射

    3．粉末消火剤の放射

    4．高膨張泡消火剤の放射

    5．ハロゲン化物消火剤の放射

▶▶解答＆解説……………………………………………………………………………………

【1】解答「4」

  2．硫黄の単体は無味無臭である。ただし、硫黄の化合物の多くは悪臭を放つ。

  4．電気の不良導体で、摩擦すると静電気が発生しやすい。

【2】解答「4」

  4．エタノール C_2H_5OH、ジエチルエーテル $C_2H_5OC_2H_5$ にはわずかしか溶けない。

【3】解答「1」

  1．空気中で燃焼すると、青色の炎をあげる。

  3．粉末は空気中で粉じん爆発の危険性があるが、自然発火はしない。

  4．燃焼させると有毒な二酸化硫黄を発生する。

  5．硫黄Sは水と反応しない。また、水に溶けない。

【4】解答「2」

  1．空気中で燃やすと、二酸化硫黄 SO_2 が発生する。

  3．加熱すると、232℃で発火する。

  4．硫黄の単体は無臭である。ただし、硫黄の化合物の多くは悪臭を放つ。

  5．硫黄Sは、水と反応しない。また、水に溶けない。

【5】解答「1」

  1．発火点は232℃である。

【6】解答「5」

  5．硫黄の融点は113〜120℃であり、発火点は232℃である。従って、融点まで加熱しても発火することはない。

【7】解答「2」

2．斜方硫黄は水には溶けないが、二硫化炭素 CS_2 にはよく溶ける。

3．空気中で燃焼すると、有毒な二酸化硫黄 SO_2 が発生する。

4．硫黄には、斜方硫黄、単斜硫黄、ゴム状硫黄の同素体が存在する。

5．斜方硫黄は、蒸気で加熱し 130 〜 150℃の溶融状態にして貯蔵する場合がある。

【8】解答「3」

3．硫黄は水に反応しないので誤り。

【9】解答「1」

1．硫黄は水に不溶で、接触しても発熱することはない。

【10】解答「5」（C・Dは○、A・Bは×）

A．水に不溶である。

B．純粋なものは無臭である。

C．粉末は粉じん爆発のおそれがある。

【11】解答「1」（A・C が妥当）

B．水に不溶である。

D．分解とは、化合物が2種類以上の物質に変化することを指す。硫黄は1種類の元素
からできた単体であり分解しないため誤りである。

【12】解答「3」

1．融点は約590℃（43 気圧下）。無臭。水に不溶。燃焼するとリン酸化物を生じる。

2．融点は286 〜 290℃。特異臭がある。水に徐々に分解して硫化水素を発生する。
燃焼すると二酸化硫黄やリン酸化物を発生する。

3．融点は113 〜 120℃。純粋なものは無味無臭。水に不溶。燃焼すると二酸化硫黄
を発生する。

4．融点は 420℃。水に不溶だが、反応して水素を発生する。

5．融点は 660℃。水に不溶だが、反応して水素を発生する。燃焼すると酸化アルミニ
ウムを生成する。

【13】解答「4」（A・C・D・E が妥当）

A．硫黄粉は空気中に飛散すると粉じん爆発するおそれがあるため、浮遊させない。

B．硫黄と引火性固体（引火点が0℃以上）は、屋外貯蔵所の基準に従うと、屋外に貯
蔵することができる（政令第2条7号）。

C．酸化剤と混ぜると、加熱・衝撃等で発火するおそれがあるため、隔離する。

D．電気の不良導体であるため、摩擦等により発生した静電気が蓄積されやすい。

【14】解答「4」

1 & 3 & 5．二酸化炭素、ハロゲン化物、炭酸水素塩類を使用した粉末消火剤は使用で
きない。

2．棒状放水を行うと拡散するおそれがあるため、水は噴霧する必要がある。なお、硫
黄Sは融点が低いため、液状のものは土砂等を用いて流動を防いで放水すること。

4．高膨脹泡消火剤は、窒息効果や冷却効果が得られるため有効である。

第2類 危険物

7 鉄粉Fe

　鉄粉（鉄の粉）のうち「目開きが53μm
の網ふるいを通過するものが50％未満の
鉄の粉」は危険物から除外される。

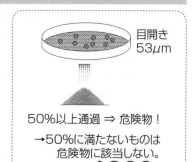

目開き
53μm

50％以上通過 ⇒ 危険物！

→50％に満たないものは
　危険物に該当しない。

形状	▪ 灰白色の金属結晶。
性質	（比 重） 7.9 ▪ 酸と反応して水素を発生する。アルカリとは反応しない。 　$Fe + 2HCl \longrightarrow FeCl_2 + H_2$ ▪ 水酸化ナトリウム NaOH には溶けない。 ▪ 酸素と化合して酸化鉄になり、還元剤として働く。 ▪ 酸化鉄は黒色や赤褐色を呈する。
危険性	▪ 油の染みついた切削屑は、自然発火する危険性がある。 ▪ 乾燥したものは、小炎で容易に引火する。 ▪ たい積物は、水分や湿気により酸化し、熱が蓄積して自然発火 　することがある。 ▪ 加熱したものに注水すると、水素を発生して爆発するおそれが 　ある。 ▪ 酸素との化合力が強く、微粉状のものは発火や粉じん爆発する 　ことがある。
貯蔵・取扱い	▪ 湿気を避けて容器に密封する。 ▪ 酸との接触、火気、加熱を避ける。
消火方法	▪ 乾燥砂等で窒息消火する。 ▪ 水系（水・強化液・泡）の消火剤は使用を避ける。

第2類　危険物

【1】 鉄粉の貯蔵、取扱いの注意事項として、次のうち妥当でないものはどれか。[★]

☐ 1．酸素との親和性が強く、微粉状の鉄は発火することがあるので、容器等に密封して貯蔵する。

2．燃えると多量の熱を発生するので、火気および加熱を避ける。

3．自然発火するおそれがあるため、紙袋等の可燃性容器に小分けしてプラスチック箱に収納してはならない。

4．湿気により発熱することがあるので、湿気を避ける。

5．塩酸と激しく反応して、可燃性ガスを発生するので、取扱いに注意する。

【2】 鉄粉の火災の消火方法について、次のうち最も妥当なものはどれか。[★]

☐ 1．泡消火剤を放射する。

2．膨張真珠岩（パーライト）で覆う。

3．強化液消火剤を放射する。

4．注水する。

5．ハロゲン化物消火剤を放射する。

【3】 鉄粉の性状について、次のA〜Eのうち妥当なものはいくつあるか。[★]

A．水酸化ナトリウムの水溶液にはほとんど溶けない。

B．酸化剤として利用される。

C．燃焼すると白っぽい灰が残る。

D．白いせん光を伴って燃焼し、気体の二酸化鉄となって空中に拡散する。

E．微粉状のものは発火の可能性がある。

☐ 1．1つ　　　　2．2つ　　　　3．3つ　　　　4．4つ　　　　5．5つ

【4】 たい積状態の鉄粉について、次のうち妥当なものはどれか。[★]

☐ 1．鉄粉の粒度が小さくなるほど空気の流通が悪くなるので、燃焼は緩慢になる。

2．鉄粉が水分を含むと酸化は促進されるが、熱の伝導がよくなるので乾燥した鉄粉より蓄熱しない。

3．酸化マグネシウムと混合した鉄粉のたい積物は加熱または衝撃によって爆発的な燃焼をする。

4．微粉状の鉄粉は空気との接触面積が大きく、かつ熱伝導率が悪いので発火しやすい。

5．鉄粉は分解燃焼をするとともに、火炎からの放射熱で未燃部分を加熱し燃焼を拡大する。

【5】 鉄粉の性状について、次のうち妥当でないものはどれか。[★]

☑ 1．粉じん状態では小さな火源でも爆発することがある。

2．塩化ナトリウムと混合したものは、加熱・衝撃で爆発することがある。

3．湿気により酸化し、発熱することがある。

4．加熱したものに注水すると、爆発することがある。

5．油が混触したものを長時間放置すると、自然発火することがある。

▶▶解答＆解説……………………………………………………………

【1】 解答「3」

3．鉄粉は、多層のクラフト紙袋に入れて（例：25kg入り）、流通することが多い。鉄粉を「紙袋等の容器に小分けして、プラスチック箱に収納する」こと自体、問題はない。

【2】 解答「2」

金属の粉は、水系（水・泡・強化液）の消火剤を使用してはならない。ハロゲン化物消火剤も適応しない。乾燥砂、膨張ひる石および膨張真珠岩を用いて窒息消火する。

【3】 解答「2」（A・Eが妥当）

A．鉄粉は水酸化ナトリウム$NaOH$にはほとんど溶けないが、酸には溶けて水素を発生する。

B．鉄は酸素を受けて酸化鉄になることから、還元剤として働く。

C．鉄は燃焼すると酸化鉄になる。酸化鉄は3種類ある。酸化鉄（Ⅱ）FeO…黒色、酸化鉄（Ⅲ）Fe_2O_3…赤褐色（赤さび）、四酸化三鉄Fe_3O_4…黒色（黒さび）。白っぽい色にはならない。

D．白いせん光を伴って燃焼するのは、マグネシウム（粉）である。

【4】 解答「4」

1．鉄粉の粒度が小さくなるほど、燃焼は速くなる。

2．鉄粉が水分を含むと酸化は促進され、熱が蓄積される。

3．酸化マグネシウムMgOは化学的に安定しているため、鉄粉との混合危険性はない。

5．分解燃焼とは、木材、石炭、プラスチックなどが加熱されて分解し、発生する可燃性ガスが燃焼する形態のものをいう。鉄粉などの金属の粉は、蒸発や分解をせずに、物質の表面で燃焼する表面燃焼である。

【5】 解答「2」

2．塩化ナトリウムや塩化カリウムなどは金属火災用消火剤として使用されるため、鉄粉と混合しても、加熱や衝撃で爆発することはない。

4．加熱した鉄粉に注水すると、水と反応して水素を発生し、爆発することがある。

8 金属粉

　金属粉とは、アルカリ金属、アルカリ土類金属、鉄およびマグネシウム以外の金属の粉をいう。したがって、アルミニウム粉および亜鉛粉が該当することになる。ただし、「目開きが150μmの網ふるいを通過するものが50％未満」のアルミニウム粉および亜鉛粉は、危険物から除外される。

1. アルミニウム粉　Al

形状	▪ 銀白色の軽金属粉。
性質	**比 重**　2.7 **融 点**　660℃ ▪ 水と徐々に反応し、水素を発生する。 ▪ 両性元素であるため、酸およびアルカリと反応して水素を発生する。 ▪ 金属酸化物と混合して燃焼させると、金属酸化物を還元させることができる（テルミット反応）。 ▪ 空気中で燃焼させると、白色炎を発して酸化アルミニウム（白色粉末）を生じる。
危険性	▪ 空気中で浮遊すると、粉じん爆発する危険性がある。 ▪ 空気中の水分および酸化力の強いハロゲン元素と接触すると、自然発火する危険性がある。 ▪ 酸化剤と混合したものは、加熱・摩擦・衝撃により発火しやすくなる。 ▪ 加熱状態にして二酸化炭素雰囲気中に浮遊させると、CO_2 の酸素原子と反応して発火するおそれがある。
貯蔵・取扱い	▪ 湿気を避け、容器に密栓する。 ▪ 還元力が強い（テルミット反応を示す）ため、ハロゲン元素等の酸化剤とは隔離する。
消火方法	▪ 乾燥砂等で窒息消火する。 ▪ ソーダ灰（炭酸ナトリウム Na_2CO_3）や金属火災用消火剤も使用できる。 ▪ 水系（水・強化液・泡）の消火剤、ハロゲン化物消火剤および二酸化炭素消火剤は反応するため、使用してはならない。

▶テルミット反応

　アルミニウムは酸化されやすく、他の物質を還元させる力（還元力）が強い。また、燃焼熱も大きい。この性質を利用して、金属酸化物から金属単体を取り出す方法をテルミット反応という。鉄やクロム、コバルトなどの酸化物にアルミニウム粉末を混合して点火すると、激しく反応して金属酸化物が還元され、融解した金属の単体が得られる。酸化鉄（Ⅲ）とアルミニウムでは次の反応が起こる。これは鉄道レールの溶接方法の一つとして利用されている。

> アルミニウムと酸化鉄（Ⅲ）の反応
> $$Fe_2O_3 + 2Al \longrightarrow Al_2O_3 + 2Fe$$

2. 亜鉛粉　Zn

形状	▪灰色～青色の粉末。
性質	比重　7.1 融点　420℃ ▪高温にすると、硫黄やハロゲンと直接反応する。 ▪硫黄と混合して加熱すると、硫化亜鉛を生成する。 ▪乾いたハロゲンとは室温で反応しないが、水分があると容易に反応する。 ▪わずかな水や空気中の水分により自然発火のおそれがある。 ▪常温でもわずかな水に反応して水素を発生する。 ▪両性元素であり、酸およびアルカリと反応して水素を発生する。 ▪空気中で高温に熱すると、光を出して酸化物になる。 ▪空気中では、表面に灰白色の酸化被膜を形成する。
危険性	※アルミニウム粉に準ずるが、危険性は少ない。
貯蔵・取扱い	※アルミニウム粉と同じ。
消火方法	※アルミニウム粉と同じ。

▶金属単体の反応性

イオン化列	Li	K	Ca	Na	Mg	Al	Zn	Fe	Ni	Sn	Pb	H2	Cu	Hg	Ag	Pt	Au
常温の空気中での反応	速やかに酸化される。				酸化される。表面に酸化物の被膜を生じる。								酸化されない。				
水との反応	常温で反応する。				熱水と反応。	高温の水蒸気と反応する。		反応しない。									
酸との反応	塩酸や希硫酸に反応して水素を発生する。												硝酸や熱濃硫酸に溶ける。			王水に溶ける。	

※水素H2は非金属であるが、陽イオンになるため表に含めてある。
※アルミニウムAl、鉄Fe、ニッケルNiは、濃硝酸に浸すと表面にち密な酸化物の被膜ができて、内部を保護する状態（不動態）になるため、溶けない。

[総合]

【1】 金属粉（アルミニウム、亜鉛）の消火方法として、次のうち最も妥当なものはどれか。[★]

- ☑ 1．屋外の空地から掘り出した土砂で覆う。
  2．膨張ひる石（バーミキュライト）で覆う。
  3．霧状の水を放射する。
  4．強化液消火剤を放射する。
  5．ハロゲン化物消火剤を噴射する。

【2】 次に掲げる危険物のうち、常温（20℃）で水と反応して可燃性の気体を発生するものはいくつあるか。[★]

赤リン	七硫化リン	アルミニウム粉
硫黄	亜鉛粉	固形アルコール

☑ 1．1つ　　　2．2つ　　　3．3つ　　　4．4つ　　　5．5つ

【3】 次に掲げる危険物のうち、常温（20℃）で水と反応して可燃性の気体を発生するものはいくつあるか。

硫黄	マグネシウム	亜鉛粉
赤リン	ゴムのり	三硫化リン

☑ 1．1つ　　　2．2つ　　　3．3つ　　　4．4つ　　　5．5つ

[アルミニウム粉]

【4】 アルミニウム粉の性状について、次のうち妥当でないものはどれか。[★]

- ☑ 1．二酸化炭素中で加熱すると燃焼する。
  2．湿気を帯びると空気中で発火するおそれがある。
  3．Fe_2O_3 と混合して点火すると、Fe_2O_3 が還元され、融解した鉄の単体が得られる。
  4．塩素中で発火するおそれがある。
  5．水中でアルミニウム粉のスラリーに鉄のヤスリくずを加えると酸素が発生する。

【5】 アルミニウム粉の性状について、次のうち妥当でないものはどれか。

☐ 1．酸及び強塩基の水溶液と反応して酸素を発生する。

2．塩素中で発火するおそれがある。

3．加熱したアルミニウム粉を二酸化炭素雰囲気中に浮遊させると発火・爆発のおそれがある。

4．Fe_2O_3 と混合して点火すると、Fe_2O_3 が還元され、融解した鉄の単体が得られる。

5．湿気を帯びると空気中で発火するおそれがある。

【6】 アルミニウム粉の性状について、次のうち妥当でないものはどれか。

☐ 1．銀白色の軽金属粉である。

2．比重は1よりも小さい。

3．水に接触すると可燃性ガスを発生し、爆発する危険性がある。

4．空気中に浮遊すると、粉じん爆発を起こす危険性がある。

5．金属の酸化物と混合し点火すると、クロムやマンガンのような還元されにくい金属の酸化物であっても還元することができる。

【7】 次の文の（　）内のA〜Cに該当する語句の組合せとして、妥当なものはどれか。

「アルミニウム粉は（A）の金属粉であり、酸、アルカリに溶けて（B）を発生する。また、湿気や水分により（C）することがあるので、貯蔵、取扱いには注意が必要である。」

		A	B	C
☐	1．	灰青色	酸素	発火
	2．	銀白色	水素	発火
	3．	灰青色	酸素	熱分解
	4．	銀白色	水素	熱分解
	5．	灰青色	水素	発火

［亜鉛粉　他］

【8】 亜鉛粉の性状について、次のうち妥当でないものはどれか。［★］

☐ 1．青味を帯びた銀白色の金属であるが、空気中では表面に酸化膜ができる。

2．酸やアルカリ水溶液に溶けて、非常に燃焼しやすいガスが発生する。

3．空気中に浮遊すると、粉じん爆発を起こすことがある。

4．湿気を帯びると、自然発火することがある。

5．高温でも、ハロゲンや硫黄と反応しない。

【9】亜鉛粉の性状について、次のうち妥当でないものはどれか。[★]

　☑　1．高温では水蒸気と反応して水素を発生する。
　　　2．水分があれば、ハロゲンと容易に反応する。
　　　3．硫酸の水溶液と反応して水素を発生する。
　　　4．水酸化ナトリウムの水溶液と反応して酸素を発生する。
　　　5．2個の価電子をもち、2価の陽イオンになりやすい。

【10】亜鉛粉の性状について、次のうち妥当でないものはどれか。[★]
　☑　1．水を含むと酸化熱を蓄積し、自然発火することがある。
　　　2．濃硝酸と混合したものは、加熱、衝撃等によって発火する。
　　　3．軽金属に属し、高温に熱すると赤色光を放って燃える。
　　　4．粒度が小さいほど、燃えやすくなる。
　　　5．水分を含んだ塩素と接触すると、自然発火することがある。

【11】亜鉛粉の性状について、次のうち妥当でないものはどれか。
　☑　1．青みを帯びた銀白色の金属であるが、空気中では表面に酸化膜ができる。
　　　2．酸性溶液中では表面が不動態となり反応しにくい。
　　　3．空気中に浮遊すると、粉じん爆発を起こすことがある。
　　　4．空気中の湿気により、自然発火することがある。
　　　5．高温ではハロゲンや硫黄と反応することがある。

▶▶解答＆解説‥‥‥‥‥‥‥‥‥‥‥‥‥‥‥‥‥‥‥‥‥‥‥‥‥‥‥‥‥‥‥‥

【1】解答「2」
　　1．屋外の土砂は水分を含んでいるため、使用しない。
　　3 & 4 & 5．
　　　金属粉には、水系（水・泡・強化液）の消火剤を使用してはならない。また、ハロゲン化物消火剤も適応しない。

【2】解答「3」（七硫化リン、アルミニウム粉、亜鉛粉、の3つが該当）
　　　七硫化リン P_4S_7 は、水と反応して硫化水素 H_2S を発生する。H_2S は腐卵臭があり、空気中で燃えて二酸化硫黄 SO_2 になる。
　　　アルミニウム粉は、水と徐々に反応して水素を発生する。
　　　亜鉛粉については、水との反応性はアルミニウム粉より弱い。しかし、徐々に反応して水素を発生する。
　　　従って、「常温（20℃）で水と反応」して可燃性の気体を発生するのは、七硫化リン、アルミニウム粉および亜鉛粉となる。

【3】解答「2」（マグネシウム、亜鉛粉、の2つが該当）

　　マグネシウム Mg、亜鉛粉 Zn は、どちらも水と反応して水素を発生するので正しい。その他の危険物は、水と反応しない（三硫化リンが反応するのは熱水である）ので該当しない。

【4】解答「5」

　　5．この場合、水素が発生する。アルミニウム粉と水との反応では、水素と熱が発生する。

　　　　$2Al + 6H_2O \longrightarrow 2Al(OH)_3 + 3H_2$

　　　　スラリー（slurry）は、泥状またはかゆ状の混合物。固体粒子が液体の中に懸濁してどろどろになったもの。

【5】解答「1」

　　1．両性元素であり、酸および強塩基の水溶液と反応して水素を発生する。

【6】解答「2」

　　2．アルミニウムは軽金属であるが、比重は 2.7 である。

【7】解答「2」（A：銀白色、B：水素、C：発火）

　　アルミニウムは両性元素であるため、酸ともアルカリとも反応して、水素を発生する。

【8】解答「5」

　　1．亜鉛は空気中（特に湿った空気中）で表面に酸化膜ができるため、内部を保護する。トタンは薄い波状の鉄板に亜鉛メッキを施したもので、表面のメッキ層に傷が付いても、鉄より先に亜鉛が溶解してイオン化するため、下地の鉄が腐食することはない。

　　2．亜鉛は両性元素であるため、酸および強塩基のいずれの水溶液にも溶けて、水素を発生する。

　　　　$Zn + 2HCl \longrightarrow ZnCl_2 + H_2$

　　　　$Zn + 2NaOH + 2H_2O \longrightarrow Na_2[Zn(OH)_4] + H_2$

　　5．高温にすると、亜鉛粉はハロゲンや硫黄と直接反応する。

【9】解答「4」

　　4．亜鉛は両性元素であるため、強塩基である水酸化ナトリウム水溶液とも反応し、水素を発生する。

【10】解答「3」

　　2．硝酸は酸化剤として働く。

　　3．軽金属とは、比重が4～5以下の金属をいう。アルミニウム 2.7、マグネシウム 1.7、チタン 4.5 などの他、アルカリ金属、アルカリ土類金属が該当する。亜鉛は比重 7.1 であるため、軽金属に属さない。

　　5．水分を含んだ塩素（ハロゲン）と接触すると、反応して自然発火することがある。

【11】解答「2」

　　2．亜鉛 Zn は両性元素であり、酸および強塩基のいずれの水溶液にも溶けて、水素を発生する。表面が不動態となり反応しにくくなるのは、アルミニウム Al、鉄 Fe、ニッケル Ni が濃硝酸に浸ったときである。

9 マグネシウム Mg

法令では、「目開きが2mmの網ふるいを通過しない塊状のもの」および「直径が2mm以上の棒状のもの」は、危険物から除外される。

形状	▪ 銀白色の展性のあるやわらかい金属結晶。非常に軽い金属。
性質	**比重** 1.7 **融点** 650 ～ 651℃ ▪ 常温（20℃）の水、冷水とは徐々に反応し、熱水および希酸とは直ちに反応して水素を発生する。また、熱水の場合は、水素を発して、水酸化マグネシウム $Mg(OH)_2$ が生成される。 ▪ 常温の乾燥空気中では表面に薄い酸化被膜が生じるため、酸化は進行しない。しかし、湿った空気中では酸化され光沢を失う。 ▪ 水酸化ナトリウム水溶液などのアルカリとは反応しない。 ▪ 高温では、ヨウ素、臭素、硫黄、炭素などと直接化合する。 ▪ 加熱して赤熱状態にすると、二酸化炭素、二酸化硫黄および多くの金属酸化物を還元する。 ▪ アルカリ土類金属には属さない。 ▪ メタノールと約200℃で反応し、ジメトキシマグネシウム $Mg(OCH_3)_2$ を生成する。
危険性	▪ 強熱（点火）すると、白光を放って激しく燃焼する。更に、二酸化炭素中でも燃焼し、酸化マグネシウム MgO となる。 ▪ 高温にすると、窒素とも反応して黄色の窒化マグネシウム Mg_3N_2 となる。 ▪ 空気中で吸湿すると発熱し、水素ガスを発生し、自然発火することがある。 ▪ 酸化剤との混合物は、打撃などにより発火する危険性がある。
貯蔵・取扱い	▪ 湿気を避け、容器は密栓する。 ▪ 還元力が強いため、ハロゲンなどの酸化剤とは隔離する。
消火方法	▪ 乾燥砂等で窒息消火する。または、金属火災用の消火剤を使用する。 ▪ 水系の消火剤、ハロゲン化物消火剤および二酸化炭素消火剤は反応するため、使用してはならない。
その他	▪ アルミニウム等との混合によりマグネシウム合金として自動車、航空機、カメラ等に用いられる。

第2類　危険物

【1】 マグネシウム粉の性状について、次のうち妥当でないものはどれか。[★]

☐ 1．冷水で徐々に、熱水では激しく反応する。
  2．ハロゲンと反応する。
  3．窒素とは高温でも反応しない。
  4．アルカリ水溶液には溶けない。
  5．酸化剤との混合物は打撃等により発火する。

【2】 マグネシウム粉の性状について、次のうち妥当でないものはどれか。[★]

☐ 1．製造直後のマグネシウム粉は発火しやすい。
  2．マグネシウムの酸化被膜は、更に酸化を促進する。
  3．吸湿したマグネシウム粉は、発熱し発火することがある。
  4．マグネシウムと酸化剤の混合物は、発火しやすい。
  5．棒状のマグネシウムは、直径が小さい方が燃えやすい。

【3】 マグネシウムの性状について、次のうち妥当なものはどれか。

☐ 1．比重は1より小さい。
  2．常温（20℃）の水と激しく反応する。
  3．燃やすと、黄色の炎が出る。
  4．窒素とは高温でも反応しない。
  5．酸に溶け水素を発生するが、アルカリ水溶液には溶けない。

【4】 マグネシウムの性状について、次のA～Eのうち妥当でないものはいくつあるか。
[★]

| A．銀白色の軽い金属である。 |
| B．白光を放ち激しく燃焼し、酸化マグネシウムとなる。 |
| C．酸化剤との混合物は、打撃などで発火することがある。 |
| D．アルカリ水溶液に溶けて水素を発生する。 |
| E．消火に際しては、乾燥砂などで窒息消火する。 |

☐ 1．1つ   2．2つ   3．3つ   4．4つ   5．5つ

【5】マグネシウムの性状について、次のA〜Eのうち妥当でないものはいくつあるか。

    A．銀白色の重い金属である。

    B．白光を放ち激しく燃焼し、酸化マグネシウムとなる。

    C．酸化剤との混合物は、打撃などで発火することはない。

    D．熱水と作用して、水素を発生する。

    E．常温（20℃）では、酸化被膜を形成し安定である。

☑　1．1つ　　　2．2つ　　　3．3つ　　　4．4つ　　　5．5つ

【6】マグネシウムの性状について、次のA〜Dのうち妥当なものの組合せはどれか。

［★］

    A．銀白色の金属である。

    B．白光を発しながら燃焼する。

    C．常温（20℃）の水と激しく反応する。

    D．アルカリ水溶液に溶け水素を発生する。

☑　1．AとB　　　2．AとC　　　3．AとD　　　4．BとC　　　5．CとD

【7】マグネシウムの性状について、次のA〜Dのうち妥当なものの組合せはどれか。

［★］

    A．窒素とは高温で直接反応し、窒化マグネシウムを生成する。

    B．比重はアルミニウムより小さく、1より小さい。

    C．常温（20℃）では、アルカリ水溶液に溶け、水素を発生する。

    D．粉末は、熱水中で水素を発生し、水酸化マグネシウムを生成する。

☑　1．AとB　　　2．AとC　　　3．AとD　　　4．BとC　　　5．CとD

【8】マグネシウムの粉末を貯蔵し、取り扱う場合の火災予防としての注意事項に該当しないものは、次のうちどれか。［★］

☑　1．帯電を防ぐこと。

    2．酸と接触させないこと。

    3．湿気を避けること。

    4．乾燥炭酸ナトリウムと接触させないこと。

    5．ハロゲンと接触させないこと。

【9】 マグネシウムの粉末を貯蔵し、取り扱う場合の火災予防としての注意事項に該当しないものは、次のうちどれか。[★]

☑ 1. 水と接触させないこと。
2. 乾燥塩化ナトリウムと接触させないこと。
3. ハロゲンと接触させないこと。
4. 容器を密封して乾燥した冷暗所に貯蔵すること。
5. 二酸化窒素と接触させないこと。

【10】 第2類の危険物には危険物以外の物質と反応して気体を発生するものがあるが、次の組合せのうち妥当でないものはどれか。

	危険物	危険物以外の物質	発生する気体
☑ 1.	亜鉛粉	水	水素
2.	マグネシウム	希塩酸	水素
3.	アルミニウム粉	水酸化ナトリウム水溶液	水素
4.	鉄粉	希硫酸	硫化水素
5.	三硫化リン	熱水	硫化水素

▶▶解答&解説・・・

【1】 解答「3」
2&5. ハロゲンは強い酸化剤。酸化剤との混合で、打撃などにより発火する。
3. 高温になると窒素とも反応し、黄色の窒化マグネシウム Mg_3N_2 となる。

【2】 解答「2」
1. 製造直後のマグネシウム粉は、酸化被膜がまだ表面に形成されていない。このため、空気中の湿気と反応し、発火しやすくなる。
2. マグネシウムの表面に酸化被膜が形成されると、酸化はそれ以上進まない。

【3】 解答「5」
1. マグネシウムの比重は1.7で、1より大きい。
2. 常温の水とは徐々に反応する。熱水とは激しく反応する。
3. 燃やすと白光を放って激しく燃焼する。
4. 高温になると窒素とも反応して黄色の窒化マグネシウム Mg_3N_2 となる。

【4】 解答「1」(Dのみ妥当でない)
D. マグネシウムはアルカリ水溶液に溶けない(反応しない)。

【5】 解答「2」(A・Cが妥当でない)
A. 銀白色の非常に軽い金属である。
C. 酸化剤との混合物は、打撃などで発火することがある。

【6】解答「1」(A・Bが妥当)

　　C．マグネシウムは常温の水と徐々に反応する。

　　D．マグネシウムはアルカリ水溶液と反応しない。

【7】解答「3」(A・Dが妥当)

　　A．マグネシウムを窒素下で高温にすると、直接反応して黄色の窒化マグネシウム Mg_3N_2 を生成する。

　　B．比重はアルミニウムより小さく、1より大きい。

　　C．マグネシウムはアルカリ水溶液に溶けない(反応しない)。

　　D．粉末を熱水に入れると反応して、水素と水酸化マグネシウムを生成する。

　　　　$Mg + 2H_2O \longrightarrow Mg(OH)_2 + H_2$

【8】解答「4」

　　1．金属の粉末でも、過去に多くの粉じん爆発災害が発生している。帯電を防ぎ、電気火花が発生しないようにする。

　　4．炭酸ナトリウム Na_2CO_3 の水溶液はアルカリ性であり、乾燥したものをマグネシウムの粉末と接触させても危険性は生じない。

【9】解答「2」

　　2．塩化ナトリウム NaCl はマグネシウムと接触させても危険性は生じない。また、食塩には塩化ナトリウムやマグネシウムが含まれている。

【10】解答「4」

　　4．鉄粉＋希硫酸→水素が発生する。

10 引火性固体

法令では、「固形アルコールその他1気圧において**引火点40℃未満のもの**」をいう。多くが、常温（20℃）で可燃性蒸気を発生し、引火の危険を有する。

いったん着火すると、その燃焼熱で気化して燃焼が継続する。

1．固形アルコール

形状	・乳白色の寒天（ゼリー）状の固体。
性質	比重　約0.8 ・メタノールまたはエタノールを凝固剤で固めたもので、アルコールと同様の臭気がする。 ・密閉しないとアルコールが蒸発する。
危険性	・40℃未満で可燃性蒸気を発生するため、引火しやすい。
貯蔵・取扱い	・換気のよい冷暗所で容器に密閉する。
消火方法	・泡消火剤、二酸化炭素消火剤および粉末消火剤が有効。

2．ゴムのり

形状	・のり状の固体。
性質	・生ゴムをベンジン、ベンゼンなどの石油系溶剤に溶かして、のり状にしたもの。ゴム材料の粘着剤である。
危険性	・揮発性があり、蒸気は引火する。 ・蒸気を吸入すると、頭痛、めまい、貧血を起こす。
貯蔵・取扱い	※固形アルコールと同じ
消火方法	※固形アルコールと同じ
その他	・自転車のパンク修理などに用いられる。

3．ラッカーパテ

形状	・ペースト状の固体。
性質	比重　1.4 ・樹脂、ニトロセルロース（硝化綿）、溶剤（トルエンなど）などからなるパテで、溶剤が揮発することで固まる。
危険性	・蒸気は有機溶剤であり、滞留していると爆発することがある。 ・蒸気を吸入すると有機溶剤中毒を起こすおそれがある。
貯蔵・取扱い	※固形アルコールと同じ
消火方法	※固形アルコールと同じ
その他	・ラッカー系の下地補修塗料として用いられる。

[総合]

【1】引火性固体の性状について、次のうち妥当でないものはどれか。

☑ 1．固形アルコール、ラッカーパテ、ゴムのりなどが該当する。
　　2．いったん着火すると、その燃焼熱で気化して燃焼が継続する。
　　3．引火点が40℃未満の固体である。
　　4．常温（20℃）の空気中で徐々に酸化し発熱する。
　　5．低引火点の引火性液体を含有しているものが多い。

【2】引火性固体に共通する性状として、A～Dの組み合わせで妥当でないものはどれか。

> A．空気に触れただけでは発火しない。
> B．引火点が40℃以上の固体である。
> C．無臭である。
> D．低引火点の引火性液体を含有しているものがある。

☑ 1．AとB
　　2．AとC
　　3．AとD
　　4．BとC
　　5．CとD

【3】次のA～Eのうち、危険物の性状にあった消火方法として、妥当なものはいくつあるか。

　　A．赤リンの火災に、泡消火剤を放射する。
　　B．五硫化リンの火災に、霧状の水を放射する。
　　C．マグネシウム粉の火災に、霧状の水を放射する。
　　D．アルミニウム粉の火災に、乾燥砂を使用する。
　　E．固形アルコール（引火性固体）の火災に、二酸化炭素消火剤を使用する。

☑ 1．1つ　　2．2つ　　3．3つ　　4．4つ　　5．5つ

[固形アルコール]

【4】 固形アルコールについて、次のうち妥当なものはどれか。[★]

☐　1．合成樹脂とメタノールまたはエタノールとの化合物である。

　　2．主として熱分解によって発生する可燃性ガスが燃焼する。

　　3．消火には粉末消火剤が有効である。

　　4．メタノールまたはエタノールを高圧低温下で圧縮固化したものである。

　　5．常温（20℃）では可燃性ガスを発生しない。

【5】 固形アルコールについて、次のA～Dのうち妥当なものを組み合わせたものはどれか。

> A．合成樹脂とメタノールまたはエタノールとの化合物である。
> B．固形アルコールは水と反応して、可燃性蒸気を発生させる。
> C．常温（20℃）でも可燃性蒸気を生じるため、引火しやすい。
> D．二酸化炭素、泡消火剤が消火方法として効果的である。

☐　1．AとB　　2．AとC　　3．BとC　　4．BとD　　5．CとD

▶▶解答＆解説‥‥‥‥‥‥‥‥‥‥‥‥‥‥‥‥‥‥‥‥‥‥‥‥‥‥‥‥‥‥‥‥

【1】解答「4」

　4．引火性固体は、空気中で徐々に酸化することはない。発熱もしない。

【2】解答「4」（B・Cが妥当でない）

　B．引火性固体は「固形アルコールその他1気圧において引火点40℃未満のもの」をいう。

　C．固形アルコールはアルコール同様の臭気がある。

【3】解答「3」（A・D・Eが妥当）

　B．硫化リンの火災に、水系（水・泡・強化液）の消火剤を使用してはならない。

　C．マグネシウム粉の火災に、水系（水・泡・強化液）の消火剤を使用してはならない。

　E．固形アルコールの火災には、二酸化炭素消火剤などを用いて窒息消火する。

【4】解答「3」

　1＆4．固形アルコールは、メタノールまたはエタノールを凝固剤で固めたものである。

　2．主として蒸発によって発生する可燃性蒸気が燃焼する。

　5．常温（20℃）でも可燃性蒸気を発生し、引火する。

【5】解答「5」（C・Dが妥当）

　A．固形アルコールは、メタノールまたはエタノールを凝固剤で固めたものである。

　B．水との反応性はない。

◆第２類危険物の特徴◆

試験前にチェック！

★可燃性の固体　　　　★一般に水に溶けない　　　★ほとんどが無機物

★**アルミニウム、亜鉛、スズ、鉛は両性元素の金属（粉末）であるため、酸と強塩基（アルカリ）の両方の水溶液に反応して水素を発生**する。

★酸化剤との接触・混合により爆発のおそれがある

★微粉状のものは、空気中で**粉じん爆発**を起こしやすい

★**硫化リン、鉄粉、金属粉（アルミニウム粉、亜鉛粉）、マグネシウム**は有毒ガスや可燃性ガスを発生するため、**注水厳禁**である

★硫化リンは、比重、融点、沸点ともに**三硫化リン＜五硫化リン＜七硫化リン**

◆物品別重要ポイント◆

※水…泡・強化液含む水系消火剤　／　二…二酸化炭素消火剤　／　ハ…ハロゲン化物消火剤　／　粉Ａ…**炭酸水素塩類**を用いた粉末消火剤　／　粉Ｂ…**リン酸塩類**を用いた粉末消火剤
なお、"**乾燥砂・膨張ひる石又は膨張真珠岩**"による窒息消火は全ての物品に対応する。

物品名	消火		貯蔵	性質（一部抜粋）
三硫化リン （三硫化四リン）	水	×	密栓容器（**金属製**または**ガラス製**）	★黄色、または淡黄色の結晶 ★二硫化炭素、ベンゼン、トルエンに溶ける ★約 100℃で発火のおそれがある ★加水分解（**熱水**）で、**リン酸**と有毒な**硫化水素を発生**する ★燃焼すると二酸化硫黄、リン酸化物を生じる
	二	○		
	ハ	△		
	粉Ａ	○		
	粉Ｂ	○		
五硫化リン （五硫化二リン）	三硫化リンと同様			★淡黄色の結晶 ★二硫化炭素に溶ける
七硫化リン （七硫化四リン）				★淡黄色の結晶 ★他の硫化リンに比べて最も加水分解されやすい
赤リン	水	○	**酸化剤と離す** 密栓容器	★比重 1 以上の無臭かつ**無毒**の、**赤褐色**または紫色の粉末 ★水、二硫化炭素、有機溶媒、エーテルに**不溶** ★約 260℃で発火し、400℃で昇華 ★同素体である黄リンに比べて**不活性** ★**塩素酸カリウムとの混合物**は発火・爆発のおそれがある ★燃焼すると**有毒なリン酸化物を生成**
	二	×		
	ハ	×		
	粉Ａ	×		
	粉Ｂ	○		

硫黄	赤リンと同様	酸化剤と離す 塊状のものは 麻、紙袋に入れる 粉状のものは クラフト紙袋、 麻袋に入れる 屋外貯蔵も可	★無味無臭で、黄色の結晶性粉末または塊状固体 ★二硫化炭素に可溶、水に不溶、エタノールやジエチルエーテルにはわずかにしか溶けない ★燃焼で青色の炎をあげ、有毒な二酸化硫黄を発生 ★電気の不導体 ★高温で多くの金属元素、非金属元素と反応する
鉄粉	水 ✕	乾燥場所で貯蔵 密栓容器 酸と離す	★灰白色の金属結晶 ★湿気により酸化し、熱が蓄積して発熱する ★アルカリには反応しないが、酸と反応し水素を発生する ★還元剤として働く ★油の混触したものを放置すると自然発火することがある
	二 ✕		
	ハ ✕		
	粉A ◯		
	粉B ✕		
アルミニウム粉	鉄粉と同様		★両性元素の銀白色の軽金属粉 ★金属酸化物との混合燃焼により、金属酸化物を還元させる ★空気中で燃焼させると、酸化アルミニウムを発生
亜鉛粉			★両性元素の青みを帯びた銀白色の金属粉 ★高温で硫黄やハロゲンと反応 ★空気中で酸化被膜を形成し、湿気によって自然発火する
マグネシウム			★やわらかい銀白色の軽金属結晶 ★常温~冷水に徐々に、熱水に激しく反応して水素を発生 ★高温で窒素と反応して窒化マグネシウムとなる ★アルカリ水溶液には溶けず、反応もしない ★乾燥した空気中で酸化被膜を形成する
固形アルコール	水 ◯	換気のよい冷暗所 で容器を密栓	★メタノール、エタノールを凝固剤で固めた乳白色の固体 ★常温でも蒸発して、可燃性蒸気を発生し引火する
	二 ◯		
	ハ ◯		
	粉A ◯		
	粉B ◯		
ゴムのり	固形アルコールと同様		★生ゴムを石油系溶剤に溶かして、のり状にした固体 ★揮発性があり、有毒な引火性蒸気を発生
ラッカーパテ			★樹脂、ニトロセルロースなどからなる、ペースト状の固体 ★蒸気は有毒な有機溶剤

第3類 危険物	自然発火性物質 および 禁水性物質	固体 液体

1 共通する性状（11問）		149 P
2 共通する貯蔵・取扱い方法（火災予防）（9問）		155 P
3 共通する消火方法（6問）		160 P
4 カリウムK（3問）		163 P
5 ナトリウムNa（8問）		165 P
6 アルキルアルミニウム（5問）	1. トリエチルアルミニウム（C2H5）3Alなど	169 P
7 アルキルリチウム（7問）	1. ノルマルブチルリチウム（C4H9）Li	172 P
8 黄リンP4（9問）		175 P
9 アルカリ金属および アルカリ土類金属（8問）		179 P
	1. リチウム Li	179 P
	2. カルシウム Ca	180 P
	3. バリウム Ba	180 P
10 有機金属化合物（5問）	1. ジエチル亜鉛（C2H5）2Zn	184 P
11 金属の水素化物（6問）		187 P
	1. 水素化ナトリウム NaH	187 P
	2. 水素化リチウム LiH	188 P
12 金属のリン化物（5問）	1. リン化カルシウム Ca3P2	191 P
13 カルシウムまたは アルミニウムの炭化物（10問）		194 P
	1. 炭化カルシウム CaC2	194 P
	2. 炭化アルミニウム Al4C3	194 P
14 その他のもので 政令で定めるもの（2問）	1. トリクロロシラン SiHCl3	200 P
15 第3類危険物まとめ		202 P

第3類 危険物

1 共通する性状

　第３類の危険物は、消防法別表第１の第３類に類別されている物品（カリウムなど）で、**自然発火性物質または禁水性物質の性状を有する固体または液体**である。

　自然発火性物質とは、空気中での発火の危険性を判断するための政令で定める試験（自然発火性試験）において、一定の性状を示すものをいう。

　また、禁水性物質とは、水と接触して発火し、もしくは可燃性ガスを発生する危険性を判断するための試験（水との反応性試験）において、一定の性状を示すものをいう。

1. 形状と性質

　常温（20℃）で**固体のものと液体のものがある**。

　自然発火性もしくは禁水性のみを有している物質がある。しかし、ほとんどのものは、**自然発火性および禁水性の両方の危険性**を有している。

〔性質の違い〕

自然発火性のみ	自然発火性＋禁水性	禁水性のみ
黄リン	第３類の大部分の物質	**リチウム**

　物質そのものは、可燃性のものと不燃性のものがある。

2. 危険性

　自然発火性もしくは禁水性、またはその両方の危険性を有するため、**空気や水**と接触すると、危険性が生じる。

　禁水性の物品のうち、水と接触して発生する可燃性ガスの種類は物品により異なる。

〔水との反応により発生するガス〕

物　品　＋　水H_2O	発生するガス
カリウムK、ナトリウムNa、リチウムLi、カルシウムCa、バリウムBa、水素化ナトリウムNaH、水素化リチウムLiH	**水素** H_2
トリクロロシラン$SiHCl_3$	**塩化水素** HCl
ジエチル亜鉛（C_2H_5）$_2Zn$、アルキルアルミニウム	**エタン** C_2H_6 等
リン化カルシウムCa_3P_2	**リン化水素** PH_3
炭化カルシウムCaC_2	**アセチレン**C_2H_2
炭化アルミニウムAl_4C_3	**メタン** CH_4

★自然発火性とは？　禁水性とは？★

「自然発火性」とは、空気中で酸化等により発熱し、その熱が蓄積されて発火点に達し、物質自身が燃焼することをいう。

空気　蓄熱　酸化熱・分解熱・吸着熱など　➡　発火！

 「禁水性」とは、水と接触すると発火、可燃性ガスを発生する危険性をいう。

水　発火！　可燃性ガスを発生！

▶ 過去問題 [1] ◀

【1】 第3類の危険物の性状について、次のうち妥当でないものはどれか。

☑ 1．常温（20℃）では、固体又は液体である。
2．自然発火性と禁水性の両方の性質を有しているものがある。
3．水と接触すると熱と可燃性ガスを発生し、発火するものがある。
4．保護液として水を使用するものがある。
5．自然発火性のものは、常温（20℃）の乾燥した窒素ガスの中でも、発火することがある。

【2】 第3類の危険物の性状について、次のうち妥当でないものはどれか。

☑ 1．保護液中または不活性ガスを封入して保存するものがある。
2．自然発火性試験または引火点を測定する試験によって、第3類の危険物に該当するか否かが判断される。
3．濃度が高いと極めて危険性が大きいので、希釈して用いるものがある。
4．常温（20℃）で水と反応し、水素が発生して発火するものがある。
5．常温（20℃）で空気中の二酸化炭素、酸素と激しく反応し、発火するものがある。

【3】 黄リン、ナトリウムおよびトリエチルアルミニウムに共通する性状について、
次のうち妥当なものはどれか。

1. 固体である。
2. 潮解性がある。
3. 禁水性物質である。
4. 可燃性物質である。
5. 有機金属化合物である。

【4】 ナトリウムとカリウムに共通する性状について、次のA～Eのうち、妥当なも
のはいくつあるか。

A. 空気に触れないように、水中に保存する。
B. 炎にさらすと、炎色反応を示す。
C. 銀白色の非金属である。
D. 強い酸化剤である。
E. 比重は1より小さい。

1. 1つ　　　　2. 2つ　　　　3. 3つ　　　　4. 4つ　　　　5. 5つ

【5】 次のA～Eの第3類の危険物のうち、禁水性物質に該当しないものはいくつあ
るか。

A. アルキルアルミニウム　　　B. ナトリウム　　　C. 黄リン
D. ジエチル亜鉛　　　　　　E. 炭化カルシウム

1. 1つ　　2. 2つ　　3. 3つ　　4. 4つ　　5. 5つ

【6】 次のA～Eの第3類の危険物のうち、禁水性物質に該当するものはいくつあるか。

[★]

A. ジエチル亜鉛　　　　　　B. 水素化ナトリウム
C. ノルマル（n－）ブチルリチウム　　D. リン化カルシウム　　E. 黄リン

1. 1つ　　2. 2つ　　3. 3つ　　4. 4つ　　5. 5つ

【7】 自然発火性物質および禁水性物質の反応を最も強く示すものは次のうちどれか。

1. 黄リン
2. リチウム
3. ナトリウム
4. 水素化ナトリウム
5. 炭化カルシウム

▶▶解答＆解説··

【1】解答「5」

3．水と接触すると、水素 H_2 やエタン C_2H_6 などの可燃性ガスを発生するものがある。

4．黄リン P_4 は自然発火性のみを有する危険物であり、保護液として水を使用して貯蔵する。

5．自然発火性のものは、窒素 N_2 などの不活性ガス中で発火することはない。

【2】解答「2」

1．黄リン P_4 は保護液（水）中で保存する。また、アルキルアルミニウムは、窒素 N_2 などの不活性ガスを封入して保存する。

2．第3類の危険物は、「自然発火性試験」または「水との反応性試験」によって、第3類の危険物に該当するか否かが判断される。

3．アルキルアルミニウムは、ベンゼン C_6H_6 やヘキサン C_6H_{14} 等で希釈して用いる。

5．ナトリウム Na は、二酸化炭素 CO_2 と反応し、発火することがある。

【3】解答「4」

1．トリエチルアルミニウムは液体である。

2．ナトリウム Na のみ潮解性を有する。

3．黄リン P_4 は自然発火性のみを有する。

5．黄リン P_4 は金属に該当しない。非金属で白色、及び淡黄色のロウ状の固体である。第3類の有機金属化合物には、アルキルアルミニウム、ジエチル亜鉛などがある。

【4】解答「2」（B・E が妥当）

A．小分けして、灯油や流動パラフィンなどの中に貯蔵する。

B．ナトリウム Na は黄色の炎色反応、カリウム K は紫色の炎色反応を示す。

C．どちらも銀白色の金属である。

D．どちらも還元剤である。

E．比重はナトリウム Na が 0.97、カリウム K が 0.86 である。

【5】解答「1」（C が該当しない）

C．黄リン P_4 は、禁水性物質に該当しない。水中で貯蔵する。

【6】解答「4」（A・B・C・D が該当）

黄リン P_4 以外は、全て禁水性物質に該当する。

【7】解答「3」

1．黄リン P_4 は、自然発火性のみを有する。

2．リチウム Li は禁水性のみを有する。

4．水素化リチウム LiH 及び水素化ナトリウム NaH は、乾燥空気中では安定しており、禁水性物質としての性質を強く示す。

5．炭化アルミニウム Al_4C_3 及び炭化カルシウム CaC_2 は、乾燥空気中では安定しており、禁水性物質としての性質を強く示す。

【1】危険物と水とが反応して生成されるガスについて、次のうち妥当でない組合せはどれか。〔★〕

☑ 1．バリウム　　　　　……水素　　　　2．ジエチル亜鉛　　……エチレン
　　3．リン化カルシウム……リン化水素　　4．炭化カルシウム　……アセチレン
　　5．リチウム　　　　　……水素

【2】危険物と水とが反応して生成されるガスについて、次のうち妥当でない組合せはどれか。〔★〕

☑ 1．炭化アルミニウム……アセチレン　　2．リン化カルシウム……リン化水素
　　3．ナトリウム　　　　……水素　　　　4．ジエチル亜鉛　　　……エタン
　　5．バリウム　　　　　……水素

【3】危険物が水と反応して生成されるガスについて、次のA～Eの組合せのうち、妥当でないものすべてを掲げているものはどれか。〔★〕

　　A．ジエチル亜鉛　　　……エタン　　　B．カリウム　　　　　……水素
　　C．炭化アルミニウム……エチレン　　　D．トリクロロシラン……水素
　　E．炭化カルシウム　……アセチレン

☑ 1．AとB　　2．AとE　　3．BとC　　4．CとD　　5．DとE

【4】危険物と水とが反応して生成されるガスについて、次のA～Eのうち妥当でないものの組合せはどれか。〔★〕

　　A．リン化カルシウム……水素　　　　B．トリクロロシラン……塩化水素
　　C．リチウム　　　　……水素　　　　D．ジエチル亜鉛　　　……エタン
　　E．炭化アルミニウム……水素、メタン

☑ 1．AとB　　2．BとC　　3．CとD　　4．DとE　　5．AとE

【5】危険物が水と反応して生成されるガスについて、次のA～Eの組合せのうち、妥当でないものすべてを掲げているものはどれか。

| A．炭化アルミニウム……エチレン |
| B．トリクロロシラン……水素 |
| C．バリウム　　　　……水素 |
| D．リン化カルシウム……リン化水素 |
| E．カリウム　　　　……水素 |

☑ 1．AとB　　2．AとE　　3．BとC　　4．CとD　　5．DとE

▶▶解答＆解説··

【1】解答「2」

  2．ジエチル亜鉛（C_2H_5)$_2$Zn は、水と反応してエタン C_2H_6 などの炭化水素ガスを生成する。エチレン $CH_2 = CH_2$ は、エチルアルコールの脱水や、石油ナフサの高温分解によってつくられる。

【2】解答「1」

  1．炭化アルミニウム Al_4C_3 は、水と反応してメタン CH_4 を生成する。

【3】解答「4」(C・D が妥当でない)

  C．炭化アルミニウム Al_4C_3 は、水と反応してメタン CH_4 を生成する。エチレンは $CH_2 = CH_2$。

  D．トリクロロシラン $SiHCl_3$ は、水と反応して塩化水素 HCl を生成する。

【4】解答「5」(A・E が妥当でない)

  A．リン化カルシウム Ca_3P_2 は、水と反応してリン化水素 PH_3（ホスフィン）を生成する。

  E．炭化アルミニウム Al_4C_3 は、水と反応してメタン CH_4 を生成する。水素 H_2 は生成しない。

【5】解答「1」(A・B が妥当でない)

  A．炭化アルミニウム Al_4C_3 は、水と反応してメタン CH_4 を生成する。

  B．トリクロロシラン $SiHCl_3$ は、水と反応して塩化水素 HCl を生成する。

第3類 危険物

1．貯蔵方法

屋内の冷暗所に、容器に密閉（密封）して貯蔵する。

保護液に保存している物品は、保護液の減少に注意し、危険物が**保護液から露出**しないようにする。

▶物品別の貯蔵方法

貯蔵の方法	物品名
• 水分との接触を避け、乾燥した場所に貯蔵	**リチウム** **カルシウム** バリウム リン化カルシウム 炭化カルシウム 炭化アルミニウム トリクロロシラン
• 小分けして、**灯油**や**流動パラフィン**＊などの中に貯蔵	**カリウム** **ナトリウム**
• 窒素やアルゴンなどの**不活性ガス**の中に貯蔵	**アルキルアルミニウム** ジエチル亜鉛 ノルマルブチルリチウム
• **窒素**を封入したビン等に入れて貯蔵、または流動パラフィンや鉱油中に貯蔵	水素化ナトリウム 水素化リチウム
• **水の中**に貯蔵	**黄リン**

2．取扱方法

自然発火性の物品は、**空気との接触**を避ける。また、禁水性の物品は、**水や湿気との接触**を避ける。

自然発火性を有するものは、空気の他、炎・火花・高温体との接触を避ける。

＊**流動パラフィン**

パラフィンは、炭素原子の数が 20 以上のアルカン（一般式が $CnH2n+2$ の鎖式飽和炭化水素）の総称である。このうち、液体のものを流動パラフィンという。流動パラフィンは、ホワイト油、白色鉱油などの呼び名があり、身近なものにベビーオイルがある。

第3類 危険物

【1】第3類の危険物に関わる火災予防の方法として、次のうち妥当なものはどれか。

[★]

☑ 1．保護液を用いて保存するもの以外は、すべて湿気を避け、乾燥空気下で貯蔵する。

2．直射日光が当たらない冷暗所に保存する。

3．容器は、通気性を持たせる。

4．容器内で保護液から危険物が露出しても、密栓すればよい。

5．屋外貯蔵所に貯蔵する場合は、シートで防水措置を施す。

【2】第3類の危険物の火災予防の方法として、次のA〜Eのうち妥当なものはいくつあるか。

A．常に窒素などの不活性ガスの中で貯蔵し、または取り扱う必要がある。

B．自然発火性の物品は、炎、火花および高温体との接触を避ける。

C．蓄熱しないように、通風のよい屋外に貯蔵する。

D．容器は、すべて密封し貯蔵する。

E．保護液に保存されている物品は、保護液の減少に注意し、危険物が保護液から露出しないようにする。

☑ 1．1つ　　　　2．2つ　　　　3．3つ　　　　4．4つ　　　　5．5つ

【3】第3類の危険物の貯蔵方法について、次のA〜Dのうち、妥当なものの組合せはどれか。

A．リン化カルシウムを、密閉し乾燥した場所に貯蔵する。

B．黄リンを、乾燥した空気中に貯蔵する。

C．ナトリウムを、アルコール中に貯蔵した。

D．水素化ナトリウムを、窒素を封入した容器に貯蔵する。

☑ 1．AとB

2．AとC

3．AとD

4．BとC

5．CとD

【4】第3類の危険物の貯蔵、取扱いについて、次のうち妥当でないものはどれか。

1. 水素化ナトリウムを、窒素を封入した容器に密封して冷暗所に貯蔵した。
2. アルキルアルミニウムを、ヘキサンで希釈し、かつアルゴンを封入した容器に密封して貯蔵した。
3. カリウムを、流動パラフィンに沈めて貯蔵した。
4. ノルマルブチルリチウムを、窒素などの不活性ガス雰囲気下で取り扱った。
5. 黄リンを灯油に沈めて貯蔵した。

【5】第3類の危険物の貯蔵方法として、次のうち妥当でないものはどれか。[★]

1. ナトリウムは、保護液中に貯蔵する。
2. リン化カルシウムは、希塩酸中に貯蔵する。
3. 炭化カルシウムは、金属製ドラムに入れて貯蔵してもよい。
4. ジエチル亜鉛は、容器に不活性ガスを封入して密栓する。
5. カリウムは、なるべく小分けして貯蔵する。

【6】第3類の危険物の貯蔵方法として、次のA～Eのうち妥当でないものはいくつあるか。[★]

A. ジエチル亜鉛を、メタノールで希釈して貯蔵した。
B. アルキルアルミニウムを、ベンゼンで希釈し、かつアルゴンを封入した容器に密封して貯蔵した。
C. ナトリウムを、流動パラフィンに沈めて貯蔵した。
D. ノルマルブチルリチウムを、ヘキサンで希釈し、窒素雰囲気下で貯蔵した。
E. 黄リンを灯油に沈めて貯蔵した。

1. 1つ　　　2. 2つ　　　3. 3つ　　　4. 4つ　　　5. 5つ

【7】第3類危険物の貯蔵方法について、次のA～Dのうち、妥当なものをすべて掲げているものはどれか。

> A. カリウムは空気中で自然発火することから、灯油中で貯蔵する。
> B. 炭化カルシウムは水と反応することから、不活性ガスを封入した容器を密封して貯蔵する。
> C. ジエチル亜鉛は空気中で自然発火することから、水の中で貯蔵する。
> D. 水素化リチウムは水と反応することから、不活性ガスを封入した容器を密封して貯蔵する。

1. A、B　　　　　　2. C、D　　　　　　3. A、B、C
4. A、B、D　　　　5. B、C、D

【8】第3類の危険物の貯蔵方法として、次のうち妥当でないものはどれか。

☑ 1. 静電気が発生しないように、床に散水をして取り扱う。
2. 窒素などの不活性ガスの中で取り扱うものがある。
3. 保護液に沈めて保存するものがある。
4. 容器は密閉して貯蔵する。
5. 直射日光を避けて、冷暗所で保管する。

【9】第3類の危険物の貯蔵、取扱いについて、次のA～Eのうち妥当でないものの組合せはどれか。

A.	ジエチル亜鉛	不活性ガスの中に貯蔵する
B.	炭化カルシウム	窒素を封入した容器に貯蔵する
C.	水素化ナトリウム	水の中に貯蔵する
D.	黄リン	乾燥空気中で保存する
E.	ナトリウム	灯油中に保存する

☑ 1. AとC　　2. AとD　　3. BとE　　4. CとD　　5. DとE

▶▶解答＆解説‥‥‥‥‥‥‥‥‥‥‥‥‥‥‥‥‥‥‥‥‥‥‥‥‥‥‥‥‥‥‥‥‥‥‥‥

【1】解答「2」

1. 保護液（灯油や流動パラフィン等）を用いて貯蔵するもの以外に、アルキルアルミニウムや水素化ナトリウムのように、不活性ガス（窒素やアルゴン等）を用いて保存するものもある。
3. 容器は密閉する。また、容器の破損防止のため安全弁をつける。アルキルアルミニウムとアルキルリチウムは反応性が強いため、ガスが発生して内圧が規定値に達したとき安全弁が開いて圧力を逃がす。
4. 保護液から危険物が露出しないようにする。
5. 第3類の危険物は、たとえ防水措置を施したとしても屋外貯蔵所での貯蔵は不可。

【2】解答「3」（B・D・Eが妥当）

A. 不活性ガス中での貯蔵は、アルキルアルミニウムなど一部の物質に限られている。
C. 屋内の冷暗所に貯蔵するのが妥当である。

【3】解答「3」（A・Dが妥当）

B. 黄リン P_4 は空気に触れると自然発火するおそれがある。そのため、水中に保存する。
C. ナトリウム Na は、灯油や流動パラフィンなどの中に小分けして保存する。

【4】解答「5」

2. アルキルアルミニウムは、ヘキサン C_6H_{14} やベンゼン C_6H_6 で希釈すると、反応性が低減する。また、貯蔵する際は容器に不活性ガスを封入する。不活性ガスは、窒

素 N_2 の他、ヘリウム He、ネオン Ne、アルゴン Ar などが該当する。

3．カリウム K やナトリウム Na は、水分との接触を避けるため、灯油や流動パラフィンの中に貯蔵する。

4．ノルマルブチルリチウム（C_4H_9）Li は、湿気および酸素に対し敏感に反応するため、貯蔵以外の取扱い時も不活性ガス雰囲気下におかなければならない。

5．黄リン P_4 は水に沈めて貯蔵する。

【5】解答「2」

2．リン化カルシウム Ca_3P_2 は、水の他、酸とも反応してリン化水素 PH_3 を生成するため、水や酸とは離して貯蔵する。

3．規則第 39 条の 3（危険物の容器および収納）および別表第 3 により、第 3 類の危険物は金属製ドラムに収納することができる。

【6】解答「2」（A・E が妥当でない）

A．ジエチル亜鉛（C_2H_5)$_2$Zn は、窒素などの不活性ガスを封入し、容器を完全密封して貯蔵する。

D．化学でいう「雰囲気下」とは、その物質で満たされた環境下をいう。「窒素雰囲気下で貯蔵」とは「容器内が窒素で満たされた状況で貯蔵」である。

E．黄リン P_4 は水に沈めて貯蔵する。

【7】解答「4」（A・B・D が妥当）

C．ジエチル亜鉛（C_2H_5)$_2$Zn は禁水性物質なので、水とは絶対に接触させない。

【8】解答「1」

1．第 3 類の危険物は一部を除き、禁水性物質の性状を有するため散水は行わない。

【9】解答「4」（C・D が妥当でない）

C．水素化ナトリウム NaH は、酸化剤や水分と接触させない。

D．黄リン P_4 は空気に触れると自然発火するおそれがある。そのため、水中に保存する。

3 共通する消火方法

1．禁水性を有するもの

　水系の消火剤（水、強化液、泡）は使用できない。また、カリウムとナトリウムは水だけでなく、空気、二酸化炭素、ハロゲン元素とも激しく反応する。

　禁水性のものは、**炭酸水素塩類**を用いた粉末消火剤で消火する。また、**乾燥砂、膨張ひる石、膨張真珠岩**を用いて窒息消火する。

▶適応する消火剤

> **炭酸水素塩類**を用いた粉末消火剤
> 乾燥砂、膨張ひる石、膨張真珠岩

▶適応しない消火剤

> 水系の消火剤（水、強化液、泡）
> 二酸化炭素消火剤
> ハロゲン化物消火剤

2．禁水性を有しないもの（黄リン等）

　水系の消火剤（水、強化液、泡）を使用する。

▶適応する消火剤

> **水系**（水、強化液、泡）の消火剤
> 乾燥砂、膨張ひる石、膨張真珠岩

▶適応しない消火剤

> 二酸化炭素消火剤
> ハロゲン化物消火剤

▶**過去問題**◀

【1】第3類の危険物の火災の消火方法について、次のA〜Dのうち、妥当でないものの組合せはどれか。

　　A．カリウムの火災の消火方法として、ハロゲン化物消火剤は不妥当である。

　　B．炭化カルシウムを貯蔵する場所の火災の消火には、機械泡（空気泡）消火剤を放射するのが最も有効である。

　　C．アルキルアルミニウムの火災の消火には、強化液消火剤を放射することは厳禁である。

　　D．第3類の危険物の火災には、炭酸水素塩類を主成分とした粉末消火剤を有効とするものはない。

　　1．AとC
　　2．AとD
　　3．BとC
　　4．BとD
　　5．CとD

第3類危険物

160

【2】 次の２つの危険物の火災に共通して適応する消火剤として、最も妥当な組合せ
はどれか。

☑ 1. カリウム、ナトリウム……………………………ハロゲン化物
2. 黄リン、リン化カルシウム…………………………霧状の水
3. カルシウム、バリウム…………………………………二酸化炭素
4. ジエチル亜鉛、炭化カルシウム……………粉末（炭酸水素塩類）
5. 水素化ナトリウム、水素化リチウム………泡

【3】 次の２つの危険物の火災に共通して適応する消火剤として、最も妥当な組合せ
はどれか。

☑ 1. カリウム、ナトリウム……………………………ハロゲン化物
2. 黄リン、トリクロロシラン…………………………霧状の水
3. カルシウム、バリウム…………………………………二酸化炭素
4. 水素化ナトリウム、水素化リチウム………泡
5. ジエチル亜鉛、炭化カルシウム……………粉末消火剤（炭酸水素塩類）

【4】 次の２つの危険物の火災に共通して適応する消火剤として、最も妥当な組合せ
はどれか。

☑ 1. ジエチル亜鉛、炭化カルシウム……………粉末消火剤（炭酸水素塩類）
2. カリウム、ナトリウム……………………………霧状の水
3. 水素化ナトリウム、水素化リチウム…………泡
4. 黄リン、トリクロロシラン…………………………棒状の水
5. カルシウム、バリウム…………………………………二酸化炭素

【5】 次のA～Eの危険物に関わる火災について、水による消火が妥当でないものは
いくつあるか。

A. 黄リン　　　　B. 水素化リチウム　　　　C. 炭化アルミニウム
D. トリクロロシラン　　　　　　　　　　　　E. リン化カルシウム

☑ 1. 1つ　　　2. 2つ　　　3. 3つ　　　4. 4つ　　　5. 5つ

【6】 次のA～Eの危険物のうち、水による消火が妥当でないもののみをすべて掲げ
ているものはどれか。

A. 黄リン　　　　　　B. カルシウム　　　　C. 炭化カルシウム
D. 水素化ナトリウム　　E. ジエチル亜鉛

☑ 1. A、C　　　　　　2. A、E　　　　　　3. B、D、E
4. A、B、C、D　　　5. B、C、D、E

▶▶**解答＆解説**‥‥‥‥‥‥‥‥‥‥‥‥‥‥‥‥‥‥‥‥‥‥‥‥‥‥‥‥‥‥‥

【1】解答「4」（B・Dが妥当でない）

　A．第3類の危険物の火災には、二酸化炭素消火剤とハロゲン化物消火剤が適応しない。

　B＆C．炭化カルシウムとアルキルアルミニウムは禁水性を有するため、水系の消火剤
　　　（水、泡、強化液）が適応しない。

　D．第3類の危険物のうち、禁水性を有するものには炭酸水素塩類を用いた粉末消火剤
　が有効である。

【2】解答「4」

　1＆3．第3類の危険物の火災には、二酸化炭素やハロゲン化物の消火剤は適応しない。

　2＆5．黄リン等を除き、第3類の危険物の大半は禁水性を有するので、水系の消火剤
　は適応しない。

　4．禁水性を有する危険物の火災には、炭酸水素塩類を用いた粉末消火剤で消火するの
　が妥当である。

【3】解答「5」

　1＆3．第3類の危険物の火災には、二酸化炭素消火剤とハロゲン化物消火剤は適応し
　ない。

　2＆4．黄リン等を除き、第3類の危険物の大半は禁水性を有するので、水系の消火剤
　は適応しない。

　5．禁水性を有する危険物の火災には、炭酸水素塩類を用いた粉末消火剤で消火するの
　が妥当である。

【4】解答「1」

　1．禁水性を有する危険物の火災には、炭酸水素塩類を用いた粉末消火剤で消火するの
　が妥当である。

　2＆3＆4．黄リン等を除き、第3類の危険物の大半は禁水性を有するので、水系の消
　火剤は適応しない。

　5．第3類の危険物の火災には、二酸化炭素消火剤は適応しない。

【5】解答「4」（B・C・D・Eが妥当でない）

　A．黄リンは禁水性を有しないため、水系の消火剤（水、泡、強化液）を使用する。

　B〜E．禁水性を有するため、水系の消火剤（水、泡、強化液）を使用してはならない。

【6】解答「5」（B・C・D・Eが妥当でない）

　A．黄リンは禁水性を有しないため、水系の消火剤（水、泡、強化液）を使用する。

　B〜E．禁水性を有するため、水系の消火剤（水、泡、強化液）を使用してはならない。

第3類　危険物

カリウムは、周期表の1族に属する**アルカリ金属**であり、酸化されやすく、**水、空気、二酸化炭素、ハロゲン元素**と激しく反応する。

形状	▪ 銀白色のやわらかい金属。
性質	**比 重** 0.86 **融 点** 64℃（融点以上に熱すると紫色の炎を出して燃える） **沸 点** 762～774℃ ▪ 炎色反応：紫色 ▪ 吸湿性を有する。 ▪ 金属材料を腐食する。 ▪ 多くの有機物に対して、ナトリウムより強い還元作用を示す。 ▪ ハロゲン元素と激しく反応して発火し、水銀とも激しく反応する。 ▪ 高温で水素とも反応する。
危険性	▪ 酸化されやすい金属で、空気中の水分と反応して自然発火する。 ▪ 水と反応して水素と熱を発生し、やがて発火する。 　$2K + 2H_2O = 2KOH + H_2 + 389kJ$ ▪ 腐食性があり、触れると皮膚をおかす。
貯蔵・取扱い	▪ 貯蔵する建物の床面は地盤より高くし、水の流入を防止する。 ▪ 保護液（灯油、流動パラフィンなど）の中に小分けして保存する。
消火方法	▪ 乾燥砂などで窒息消火する。 ▪ 水系（水・強化液・泡）の消火剤、ハロゲン化物消火剤、二酸化炭素消火剤は使用してはならない。

▶**流動パラフィン**

パラフィンは、炭素原子の数が20以上のアルカン（一般式が CnH_{2n+2} の**鎖式飽和炭化水素**）の総称である。このうち、液体のものを流動パラフィンという。流動パラフィンは、ホワイト油、白色鉱油などの呼び名があり、身近なものにベビーオイルがある。

▶**イオン化列**

金属をイオン化傾向の大きい順に並べると、次のとおりとなる。

| Li | K | Ca | Na | Mg | Al | Zn | Fe | Ni | Sn | Pb | H₂ | Cu | Hg | Ag | Pt | Au |

リチウム Li ＞ カリウム K ＞ カルシウム Ca ＞ ナトリウム Na ＞ マグネシウム Mg ＞ アルミニウム Al ＞ 亜鉛 Zn ＞ 鉄 Fe ＞ ニッケル Ni ＞ スズ Sn ＞ 鉛 Pb ＞ 水素 H₂ ＞ 銅 Cu ＞ 水銀 Hg ＞ 銀 Ag ＞ 白金 Pt ＞ 金 Au

第3類 危険物

163

【1】 カリウムの性状について、次のうち妥当でないものはどれか。

☑ 1．炎の中に入れると、炎に特有の色がつく。

2．比重は1より小さい。

3．原子は1価の陰イオンになりやすい。

4．やわらかく、融点は100℃より低い。

5．常温（20℃）で水と接触すると発火する。

【2】 カリウムの性状について、次のうち妥当でないものはどれか。

☑ 1．水と反応して、水素を生じる。

2．高温で二酸化炭素と反応し、酸素を遊離する。

3．ハロゲンと激しく反応する。

4．融点は64℃である。

5．一般に灯油中に保存する。

【3】 カリウムを貯蔵し、取り扱う場合、接触により発火のおそれのない物質は、次のうちどれか。［★］

☑ 1．水蒸気

2．ハロゲン元素

3．フッ素

4．アルゴンガス

5．水銀

▶▶解答&解説・・・

【1】解答「3」

1．カリウムKの炎色反応は、紫色である。

3．原子は1価の陽イオンになりやすい。K ⟶ K+ ＋ e⁻

【2】解答「2」

2．高温で水素と反応する。設問文のような分解作用はない。

【3】解答「4」

1＆2＆3．カリウムKは水の他、ハロゲン元素とも激しく反応して発火する。フッ素は元素周期表の17族ハロゲン元素に属し、他に塩素Clや臭素Br、ヨウ素Iなどがある。

4．アルゴンArは18族の希ガス（他にヘリウムHe、ネオンNe等）に属する不活性な物質である。カリウムKとは反応しない。

5．カリウムKは水銀と接触すると、激しく反応する。

5 ナトリウムNa

カリウムと同じ周期表の1族に属する**アルカリ金属**である。

アルカリ金属単体の反応性は、カリウムK＞ナトリウムNa＞リチウムLiである。

形状	・銀白色のやわらかい金属。
性質	**比 重** 0.97 **融 点** 98℃（融点以上に熱すると黄色の炎を出して燃える） **沸 点** 880〜881℃ ・炎色反応：黄色 ・水酸化ナトリウム（通称：苛性ソーダ）は吸湿性、潮解性を有する。 ・空気中で速やかに酸化し、金属光沢を失う。 ・イオン化傾向が大きい。その他はカリウムに準じるが、反応性はやや低い。
危険性	・長時間空気に触れると自然発火するおそれがある。 ・水と激しく反応して水素と熱を発生する。 　$2Na + 2H_2O = 2NaOH + H_2 + 369kJ$ ・酸、二酸化炭素、ハロゲン元素と接すると激しく反応し、発火・爆発するおそれがある。 ・水銀と激しく反応する。 ・アルコールと反応し、アルコキシドと水素を生じる。 ・皮膚や粘膜をおかす。
貯蔵・取扱い	※カリウムと同じ。
消火方法	※カリウムと同じ。

▶アルコキシド

アルコールのヒドロキシ基の水素が金属で置換した化合物の総称である。アルカリ金属のアルコキシドは強塩基である。ナトリウムはメタノールと反応して、ナトリウムメトキシドと水素を生成する。

$2CH_3OH + 2Na \longrightarrow 2CH_3ONa + H_2$

また、ナトリウムはエタノールと反応して、ナトリウムエトキシドと水素を生成する。

$2C_2H_5OH + 2Na \longrightarrow 2C_2H_5ONa + H_2$

第3類 危険物

165

【1】 ナトリウムの性状について、次のうち妥当なものはどれか。［★］

◻ 1．青白色の炎を出して燃える。
　 2．アルカン（メタン系炭化水素）と接触すると発火する。
　 3．化学的に不活性でイオン化傾向が小さい。
　 4．空気中では酸化されて、光沢を失う。
　 5．水とほとんど反応しない。

【2】 ナトリウムの性状について、次のうち妥当でないものはどれか。

◻ 1．軟らかい金属で、ナイフで切ったり小孔から押し出して線状にできる。
　 2．空気中では常温（20℃）で酸化され、融点以上に熱すれば黄色の炎を上げて燃える。
　 3．水や湿気と反応し、水素が発生する。
　 4．常温（20℃）のエタノールやメタノール中では安定である。
　 5．二酸化炭素と接すると、発火や爆発のおそれがある。

【3】 ナトリウムの性状について、次のうち妥当でないものはどれか。

◻ 1．軟らかい金属で、ナイフで切ることができる。
　 2．加熱すると、色付きの炎を上げて燃焼する。
　 3．水や湿気と反応し、酸素が発生する。
　 4．灯油や石油などの保護液中で保存する。
　 5．空気中では酸化されて、光沢を失う。

【4】 ナトリウムの性状について、次のうち妥当でないものはどれか。

◻ 1．空気中では常温（20℃）で酸化され、融点以上に熱すれば黄色の炎を上げて燃える。
　 2．軟らかい金属で、ナイフで切ったり小孔から押し出して線状にできる。
　 3．水や湿気と反応し、水素が発生する。
　 4．常温（20℃）のガソリンや灯油中では安定である。
　 5．二酸化炭素の環境下では安定である。

【5】ナトリウムの性状について、次のA〜Eのうち妥当なものはいくつあるか。

    A．淡紫色で光沢のある金属である。

    B．常温（20℃）以下の水とは反応しない。

    C．水より軽い。

    D．灯油やエタノールとは反応しない。

    E．空気中で表面が速やかに酸化される。

☑ 1．1つ   2．2つ   3．3つ   4．4つ   5．5つ

【6】次の危険物施設における火災の原因として、該当しないものはどれか。[★]

「ナトリウムを最大で500kg取り扱う工場において、ナトリウムが原因とされる
火災が発生した。」

☑ 1．清掃時、ナトリウムのくずが付着したぼろ布をごみ箱に捨てた。

    2．ナトリウムが周囲に飛び散ったため、目印として樹脂製の覆いをかけておい
た。

    3．湿気の多い時期に大気開放下でナトリウムの取扱作業を実施した。

    4．保管容器にナトリウムと保護液として灯油を入れたが、容器に亀裂が入って
いた。

    5．ナトリウム入りの保管容器に窒素ガスを封入して、保管した。

【7】ナトリウムの保護液として妥当であるものの組合せは、次のうちどれか。

☑ 1．二硫化炭素、軽油

    2．灯油、流動パラフィン

    3．軽油、植物油

    4．エチレングリコール、灯油

    5．流動パラフィン、二硫化炭素

【8】ナトリウム火災の消火方法として、次のA〜Eのうち妥当なものの組合せはど
れか。[★]

    A．屋外の土砂で覆う。

    B．ハロゲン化物消火剤を放射する。

    C．乾燥炭酸ナトリウムで覆う。

    D．二酸化炭素消火剤を放射する。

    E．膨張真珠岩（パーライト）で覆う。

☑ 1．AとC   2．AとD   3．BとD   4．BとE   5．CとE

第3類 危険物

【1】解答「4」

1．ナトリウム Na の炎色反応は黄色である。

2．アルカンと接触しても、発火することはない。アルカンは、炭素原子間の結合が全て単結合である鎖式の飽和炭化水素をいう。メタン CH_4 やエタン C_2H_6、プロパン C_3H_8 など。

3．ナトリウム Na は化学的に活性で、イオン化傾向が大きい。

5．水と激しく反応して、水素 H_2 と熱を発生する。

【2】解答「4」

4．ナトリウムはエタノールやメタノールなどのアルコールと反応して、アルコキシドと水素を生じる。

【3】解答「3」

3．水や湿気に接触すると水素と熱を発生する。

【4】解答「5」

5．二酸化炭素と接すると激しく反応し、発火・爆発するおそれがある。

【5】解答「2」（C・E が妥当）

A．銀白色の金属光沢のある金属である。

B．常温（20℃）以下の水とも反応する。

C．比重は 0.97 である。

D．灯油は保護液として使用されるが、エタノールとは反応してナトリウムエトキシドと水素を発生する。$2C_2H_5OH + 2Na \longrightarrow 2C_2H_5ONa + H_2$

【6】解答「5」

1．ナトリウムのくずが付着したぼろ布は回収する。ゴミ箱に捨ててはならない。

2．覆いをかけておくと、ナトリウムから発生する熱と水素で自然発火しやすくなる。

3．湿気の多い場所ではナトリウムの取扱作業をしない。

4．容器に亀裂が入っていると、保護液が漏れてナトリウムが露出し、空気に触れて自然発火しやすくなる。

5．ナトリウムの保管容器に窒素ガスを封入すると、反応性が低下する。火災の原因とはならない。

【7】解答「2」

2．ナトリウム Na は、水分との接触を避け、灯油や流動パラフィンの中に貯蔵する。

【8】解答「5」（C・E が妥当）

A．屋外の土砂は水分を含んでいるため、禁水性のあるナトリウムの火災には使用できない。

B＆D．第3類危険物の火災に、ハロゲン化物消火剤と二酸化炭素消火剤は適応しない。

C．炭酸ナトリウム Na_2CO_3 はソーダ灰とも呼ばれ、ナトリウムの火災に対し窒息消火の効果がある。

危険物

6 アルキルアルミニウム

アルキルアルミニウムとは、アルミニウム原子に**アルキル基**が1つ以上結合した化合物の総称である。ハロゲン元素（主に塩素）が結合しているものもある。

アルキル基は、メチル基－CH_3やエチル基－C_2H_5などである。

〔アルキルアルミニウムの種類と性質〕

物質名	形状
トリエチルアルミニウム（C_2H_5）$_3Al$	無色・液体
ジエチルアルミニウムクロライド（C_2H_5）$_2AlCl$	
エチルアルミニウムセスキクロライド（C_2H_5）$_3Al_2Cl_3$	
エチルアルミニウムジクロライド $C_2H_5AlCl_2$	無色・結晶性固体

形状	・無色透明な液体、または固体。
性質	・反応性は、一般に炭素数およびハロゲン数が多いものほど小さい。 ・ベンゼン C_6H_6 やヘキサン C_6H_{14} 等の溶剤で希釈したものは、反応性が低減する。濃度が高いときわめて危険性が大きい。
危険性	・空気に触れると酸化反応を起こし、自然発火する。 ・一般に、空気または水との反応性は、炭素数およびハロゲン数が増加するに従って低下する。 　炭素数1～4のもの：空気に触れると自然発火する。 　炭素数5以上のもの：点火しないと燃えない。 　炭素数6以上のもの：空気中で酸化し、白煙を発生する。 ・水に接触すると爆発的に反応し、可燃性のガス（エタンやエチレンなど）を発生する。 ・アルコール、ハロゲン化物、アセトン、二酸化炭素と激しく反応。 ・腐食性が強く、皮膚と接触すると火傷をする。
貯蔵・取扱い	・窒素等の不活性ガス中で貯蔵する。 ・容器は安全弁などが付いた耐圧性を有するものを使用する。 ・空気および水と接触させない。
消火方法	・発火した場合、効果的な消火剤がないため、消火がきわめて困難となる。初期の場合は、乾燥砂やけいそう土などで窒息消火する。 ・液層の薄い場合の火災に対しては、比較的短時間で消炎できる炭酸水素塩類を使用した粉末消火剤が有効である。 ・水系（水・強化液・泡）の消火剤は使用してはならない。 ・ハロゲン化物消火剤は、有毒ガスを発生するため使用できない。
その他	・ポリエチレンや合成ゴム製造の重合触媒や、高級アルコール合成原料に使われている。

第3類 危険物

169

【1】 アルキルアルミニウムは、危険性を軽減するため、溶媒で希釈して貯蔵または取り扱われることが多いが、この溶媒として、次のうち妥当なものはどれか。[★]

☑ 1．水 　　　　　　2．アルコール　　　3．アセトアルデヒド
　 4．グリセリン　　　5．ヘキサン

【2】 アルキルアルミニウムは、危険性を軽減するため、溶媒で希釈して貯蔵し、または取り扱われることが多いが、この溶媒として妥当なものは、次のうちいくつあるか。[★]

水　　　ベンゼン　　　アルコール　　　アセトン　　　ヘキサン

☑ 1．1つ　　　2．2つ　　　3．3つ　　　4．4つ　　　5．5つ

【3】 アルキルアルミニウムと接触あるいは混合した場合に、発熱反応が起きないものは次のうちどれか。

☑ 1．酸素 　　　　　　2．ベンゼン　　　　　　3．アルコール
　 4．水蒸気 　　　　　5．　二酸化炭素

【4】 アルキルアルミニウムの性状について、次のうち妥当なものはどれか。[★]

☑ 1．衝撃により容易に爆発する。
　 2．空気中の窒素と反応する。
　 3．水とは反応しない。
　 4．ベンゼン、ヘキサン等で希釈したものは危険性が低減される。
　 5．アルキル基の炭素数を増加すると反応性が高くなり、危険性が増す。

【5】 アルキルアルミニウムの火災について、少量で液層が薄い場合の火勢を抑制する方法として、次のA～Eのうち有効なものはいくつあるか。

　 A．炭酸水素ナトリウムを主体にした粉末消火剤を放射する。
　 B．乾燥砂、けいそう土等を投入し、アルキルアルミニウムを吸収させる。
　 C．泡消火剤を放射してアルキルアルミニウムの表面を覆う。
　 D．比重の小さい膨張ひる石、膨張真珠岩等によりアルキルアルミニウムの表面を覆う。
　 E．霧状の強化液消火剤を放射して火炎を覆う。

☑ 1．1つ　　　2．2つ　　　3．3つ　　　4．4つ　　　5．5つ

【1】解答「5」

溶媒として、ベンゼン C_6H_6 やヘキサン C_6H_{14} が使われる。ヘキサンは、鎖式の飽和炭化水素で、ガソリンにおけるオクタン価ゼロの指標となる物質。

【2】解答「2」（ベンゼン、ヘキサン）

溶媒として、ベンゼン C_6H_6 やヘキサン C_6H_{14} が使われる。ヘキサンは、鎖式の飽和炭化水素で、ガソリンにおけるオクタン価ゼロの指標となる物質。

【3】解答「2」

1＆4．アルキルアルミニウムは自然発火性と禁水性があり、酸素及び水と激しく反応する。

3＆5．アルコールや二酸化炭素とは激しく反応する。

2．ベンゼン C_6H_6 やヘキサン C_6H_{14} と混合すると、反応性が低下する。

【4】解答「4」

1．アルキルアルミニウムは、衝撃による爆発の危険性はない。

2．アルキルアルミニウムは、窒素などの不活性ガス中で貯蔵する。空気中の窒素と反応することはない。

3．水とは爆発的に反応する。

5．アルキル基の炭素数を増加すると反応性が低くなり、危険性が減る。

【5】解答「3」（A・B・D が該当）

A．液層の薄い火災に対しては、炭酸水素塩類の粉末消火剤は有効とされている。液層の厚い火災に対しては不適当。

B＆D．乾燥砂、膨張ひる石あるいは、けいそう土などによる消火は、火災の初期段階であれば窒息効果によって火勢の抑制が期待できる。なお、けいそう土とは、太古に繁殖した珪藻と呼ばれる藻類の化石で、主成分は二酸化ケイ素 SiO_2。通常は淡黄色で、多孔質。ろ過剤やダイナマイト製造に使われる。

C＆E．禁水性を有するため、水系の消火剤（水、泡、強化液）を使用してはならない。

第3類 危険物

7 アルキルリチウム

アルキルリチウムとは、リチウム原子にアルキル基が結合した化合物の総称である。ノルマルブチルリチウムは、リチウム Li にブチル基 $-C_4H_9$ が結合しているアルキルリチウムで、異性体の1つである。

1．ノルマルブチルリチウム　$(C_4H_9)Li$

形状	・黄褐色の液体。
性質	**比 重**　0.84 **融 点**　$-53℃$ **沸 点**　194℃ ・空気中では白煙をあげ、やがて燃焼、発火する。 ・空気中の水分、酸素、二酸化炭素と反応する。 ・水との反応ではブタンを発生する。 　$(C_4H_9)Li + H_2O \longrightarrow C_4H_{10} + LiOH$ ・ベンゼン C_6H_6 やヘキサン C_6H_{14} 等の溶剤で希釈したものは、反応性が低減する。 ・ヘプタン C_7H_{16} とは発熱反応が起きない。
危険性	・水、アルコール類、アミン類*などと激しく反応する。 ・腐食性が強く、目や皮膚を刺激してただれさせる。
貯蔵・取扱い	・窒素等の不活性ガス中、または真空中で貯蔵・取り扱う。 ・空気または水分と接触させない。
消火方法	・発火した場合、効果的な消火剤がないため、消火がきわめて困難となる。初期の場合は、乾燥砂などで窒息消火する。 ・水系（水・強化液・泡）の消火剤は使用してはならない。 ・ハロゲン化物消火剤は、反応して有毒ガスを発生するため、使用できない。

＊アミン類：アンモニア NH_3 の水素原子を炭化水素基で置き換えた化合物をいう。メチルアミン CH_3NH_2 やアニリン $C_6H_5NH_2$ があり、塩基性を示す。

▶アルキル基とアルカン

アルカン分子から水素原子1個を除いた炭化水素基をアルキル基という。

アルキル基		アルカン 示性式（分子式）
メチル基	$-CH_3$	メタンCH_4
エチル基	$-CH_2CH_3$	エタンCH_3CH_3 (C_2H_6)
プロピル基	$-CH_2CH_2CH_3$	プロパン$CH_3CH_2CH_3$ (C_3H_8)
ブチル基	$-CH_2CH_2CH_2CH_3$	ブタン$CH_3CH_2CH_2CH_3$ (C_4H_{10})

【1】 アルキルリチウムと接触あるいは混合した場合に、発熱反応が起きないものは次のうちどれか。[★]

☐ 1. アルコール　　2. 酸素　　3. 水　　4. ヘプタン　　5. 二酸化炭素

【2】 アルキルリチウムと接触させても発火するおそれがないものは次のうちどれか [★]

☐ 1. 二酸化炭素　　　　2. ヘプタン　　　　3. 水蒸気
　　4. エチルアミン　　　5. エタノール

【3】 アルキルリチウムと接触あるいは混合した場合に、発熱反応が起きないものは次のうちどれか。

☐ 1. ヘキサン　　　2. メタノール　　　　3. 酢酸
　　4. アセトン　　　5. 酸化プロピレン

【4】 ノルマルブチルリチウムは危険性を軽減するため、溶媒で希釈して貯蔵または取り扱われることが多いが、この溶媒として妥当なものは、次のうちいくつあるか。[★]

| 水 | ヘキサン | アルコール | ベンゼン | グリセリン |

☐ 1. 1つ　　　2. 2つ　　　3. 3つ　　　4. 4つ　　　5. 5つ

【5】 ノルマルブチルリチウムは危険性を軽減するため、溶媒で希釈して貯蔵または取り扱われることが多いが、この溶媒として、次のうち最も妥当なものはどれか。[★]

☐ 1. ジエチルエーテル　　　2. アルコール　　　3. アニリン
　　4. ヘキサン　　　　　　5. 酢酸

【6】 アルキルリチウムの代表的なものであるノルマルブチルリチウムの記述について、次のA～Eのうち妥当なものの組合せはどれか。[★]
　　A. ベンゼン、アルコールによく溶ける。
　　B. 空気中におくと、発火する。
　　C. 取扱いは、二酸化炭素中で行う必要がある。
　　D. アミンと反応して炭化水素を生成する。
　　E. 常温（20℃）では液体で水より重い。

☐ 1. AとC　　2. AとE　　3. BとD　　4. BとE　　5. CとD

第3類 危険物

【7】 アルキルリチウムのうち代表的なものであるノルマルブチルリチウムの記述について、次のA〜Eのうち、妥当なものを組み合せたものはどれか。

A．ヘキサン等のパラフィン系炭化水素やベンゼンによく溶ける。

B．比重は1より大きい。

C．アルコールとの反応性は小さい。

D．空気中の水分、酸素と激しく反応する。

E．常温（20℃）では固体である。

☑ 1．AとB　　2．AとD　　3．BとC　　4．CとE　　5．DとE

▶▶解答＆解説‥‥‥‥‥‥‥‥‥‥‥‥‥‥‥‥‥‥‥‥‥‥‥‥‥‥‥‥‥‥‥‥‥‥‥

【1】 解答「4」

【2】 解答「2」

　　アルキルリチウムは、水、アルコール類、アミン類の他、酸素、二酸化炭素、酸化剤とも反応する。ヘプタン C_7H_{16} は、鎖式の飽和炭化水素である。

【3】 解答「1」

　　反応性を低減するための溶媒は、ベンゼン C_6H_6 やヘキサン C_6H_{14} である。メタノール CH_3OH とは激しく反応する。酢酸 CH_3COOH…第2石油類、アセトン CH_3COCH_3…第1石油類、酸化プロピレン C_3H_6O…特殊引火物。

【4】 解答「2」（ヘキサン、ベンゼンが妥当）

　　溶媒として、ベンゼン C_6H_6 やヘキサン C_6H_{14} が使われる。水やアルコール類とは激しく反応する。グリセリン $C_3H_5(OH)_3$ は、3価アルコールである。ただし、第4類危険物の「アルコール類」は、飽和1価アルコールであるため、第3石油類に分類される。

【5】 解答「4」

　　溶媒として、ベンゼン C_6H_6 やヘキサン C_6H_{14} が使われる。ヘキサン C_6H_{14} は、鎖式の飽和炭化水素である。

【6】 解答「3」（B・D が妥当）

A．ベンゼン C_6H_6 やヘキサン C_6H_{14} にはよく溶けるため、ノルマルブチルリチウムの溶媒として使われている。しかし、アルコール類とは激しく反応する。

C．取扱いは、窒素などの不活性ガス中で行う必要がある。二酸化炭素とは反応する。

E．黄褐色の液体で、比重は 0.84 と水より軽い。

【7】 解答「2」（A・D が妥当）

B．比重は 0.84 である。

C．アルコール類とは激しく反応する。

E．黄褐色の液体である。

8 黄リンP₄

形状	・ニラに似た不快臭を有する白色、及び淡黄色のロウ状の固体。
性質	**比 重** 1.8～2.3 **融 点** 44℃ **沸 点** 280℃ **発火点** 34～44℃（微粉状のものは34℃で自然発火する） ・自然発火性のみを有する。 ・大気中の暗所ではりん光を発する。 ・水、アルコールには溶けない。ベンゼン C_6H_6 や二硫化炭素 CS_2 などの有機溶媒によく溶ける。 ・燃焼すると十酸化四リン（五酸化二リン）を生成する。十酸化四リンは、昇華性のある無色の固体で、生成時に白煙を生じる。 $P_4 + 5O_2 \longrightarrow P_4O_{10}$ ・濃硝酸と反応してリン酸を生じる。 $P + 3HNO_3 \longrightarrow H_3PO_4 + 2NO_2 + NO$ ・強アルカリ溶液と反応して、リン化水素（ホスフィン）を発生する。 $P_4 + 4OH^- + 2H_2O \longrightarrow 2HPO_3^{2-} + 2PH_3$ ・空気を遮断して約250℃に加熱すると、赤リンになる。
危険性	・きわめて危険な猛毒物質で、あらゆる接触を避ける。 ・赤リン（第2類の危険物）と同素体であるが、反応性はきわめて強い。ハロゲンとも反応する。 ・粉じんは点火により爆発のおそれがある。
貯蔵・取扱い	・空気に触れないようにし、水中（保護液）に貯蔵する。 ・酸化剤・ハロゲン・硫黄・強塩基と隔離する。
消火方法	・噴霧注水または湿った砂で消火する。 ・ハロゲン化物消火剤は、反応して有毒ガスを発生するため、使用できない。

第3類 危険物

【1】黄リンの性状について、次のうち妥当でないものはどれか。

☑ 1．水に溶けないが、二硫化炭素に溶ける。
2．空気中で燃焼すると、十酸化四リン（五酸化二リン）等を生じる。
3．発火点は 100℃より高い。
4．濃硝酸と反応して、リン酸を生じる。
5．極めて反応性に富み、ハロゲンとも反応する。

【2】黄リンの性状について、次のうち妥当でないものはどれか。

☑ 1．発火点が極めて低く、発火しやすい。
2．空気中で燃焼すると、十酸化四リン（五酸化二リン）等を生じる。
3．濃硝酸と反応して、リン酸を生じる。
4．強アルカリ溶液と反応して、リン化水素を発生する。
5．水や二硫化炭素にわずかしか溶けない。

【3】黄リンの性状について、次のうち妥当でないものはどれか。

☑ 1．淡黄色の固体で、比重は 1 より大きい。
2．保護液に使用する水の pH は 11 程度がよい。
3．空気中に放置すると徐々に発熱し、発火に至る。
4．毒性が極めて強い。
5．ベンゼンや二硫化炭素に溶ける。

【4】次の文の（ ）内のA～Cに入る語句の組合せとして、妥当なものはどれか。[★]
「黄リンは反応性に富み、空気中で（A）して（B）を生じる。このため、（C）の中に保存される。また、極めて有毒であり、空気を断って約 250℃に熱すると赤リンになる。」

	A	B	C
☑ 1．	自然発火	P_4O_{10}	水
2．	分解	H_3PO_4	アルコール
3．	自然発火	H_3PO_4	アルコール
4．	分解	P_4O_{10}	水
5．	自然発火	H_3PO_4	水

第3類 危険物

【5】黄リンの性状について、次のA～Eのうち妥当なものはいくつあるか。[★]

    A．水と反応して可燃性のガスを発生する。

    B．燃焼すると有毒の十酸化四リン（五酸化二リン）を生成する。

    C．人体に有害である。

    D．二硫化炭素に溶ける。

    E．空気中に放置すると発火することがある。

☑ 1．1つ   2．2つ   3．3つ   4．4つ   5．5つ

【6】黄リンの性状について、次のA～Eのうち妥当でないものはいくつあるか。

    A．水と反応して可燃性ガスを発生する。

    B．毒性が強い。

    C．燃焼するとリン化水素を生成する。

    D．濃硝酸と反応して、リン酸を生じる。

    E．二硫化炭素に溶ける。

☑ 1．1つ   2．2つ   3．3つ   4．4つ   5．5つ

【7】黄リンの貯蔵、取扱いの方法として、次のうち妥当でないものはどれか。[★]

☑ 1．保護液として、強アルカリ溶液を満たして貯蔵する。

    2．ドラムなどの容器は、使用後、完全に洗浄する。

    3．熱源や空気との接触に注意して取り扱う。

    4．容器は横積みしないで貯蔵する。

    5．微粉状のものは、固形状のものより自然発火する温度が低いので注意して取り扱う。

【8】黄リンの火災に対する消火方法として、次のうち妥当でないものはどれか。[★]

☑ 1．噴霧注水を行う。

    2．霧状の強化液を放射する。

    3．泡消火剤を放射する。

    4．二酸化炭素消火剤を放射する。

    5．乾燥砂で覆う。

【9】黄リンの火災に対する消火方法として、次のうち妥当でないものはどれか。[★]

☑ 1．噴霧注水を行う。

    2．霧状の強化液を放射する。

    3．泡消火剤を放射する。

    4．ハロゲン化物消火剤を放射する。

    5．乾燥砂で覆う。

第3類 危険物

▶▶**解答＆解説**‥‥‥‥‥‥‥‥‥‥‥‥‥‥‥‥‥‥‥‥‥‥‥‥‥‥‥‥‥‥‥‥‥‥‥‥‥‥

【1】解答「3」

　3．黄リン P_4 の発火点は 34 ～ 44℃である。

【2】解答「5」

　5．黄リン P_4 は水に不溶であるが、二硫化炭素 CS_2 にはよく溶ける。

【3】解答「2」

　2．pH11 の水はアルカリ性を示す。黄リンは強アルカリ溶液と反応して猛毒のリン化水素 PH_3（ホスフィン）を発生するため、アルカリ性を示す水を保護液として使用するのは不妥当である。

【4】解答「1」

　黄リン P_4 は空気中で自然発火して十酸化四リン P_4O_{10} を生じるため、水中保存する。

【5】解答「4」（B・C・D・E が妥当）

　A．黄リンは禁水性を有しない。また水中に保存する。

【6】解答「2」（A・C が妥当でない）

　A．黄リンは禁水性を有しない。

　C．燃焼すると、有毒な十酸化四リン（五酸化二リン）を生成する。また、リン化水素 PH_3（ホスフィン）は強アルカリ溶液との反応により発生する。

【7】解答「1」

　1．保護液として、水を満たして貯蔵する。強アルカリ溶液とは反応して、猛毒のリン化水素 PH_3（ホスフィン）を発生する。

　5．微粉状のものは空気との接触面積が大きくなるため発火しやすくなる。

【8】解答「4」

　1～3．黄リン P_4 は禁水性を有していないため、水系の消火剤（水、泡、強化液）が使用できる。しかし、融点が低く、燃焼時は液化している状態のため、棒状の水または強化液を放射すると飛び散ってしまう。従って、噴霧注水や霧状強化液の放射により消火する。

　4．第3類の危険物の火災には、二酸化炭素消火剤とハロゲン化物消火剤が適応しない。また、黄リンは非常に反応性が強く、ハロゲン化物消火剤と反応して有毒ガスを発生する。このため、黄リンの火災にはハロゲン化物消火剤を使用してはならない。

【9】解答「4」

　※上記【8】解説を参照。

第3類 危険物

178

9 アルカリ金属およびアルカリ土類金属

周期表の1族元素のうち水素Hを除く元素であるリチウムLi、ナトリウムNa、カリウムKなどを**アルカリ金属**という。いずれも比重が小さな銀白色の金属で、やわらかいなどの共通した特性がある。

また、2族元素のうちベリリウムBeおよびマグネシウムMgを除く元素であるカルシウムCa、ストロンチウムSr、バリウムBaなどを**アルカリ土類金属**という。アルカリ金属に比べて融点が高く、比重もやや大きい。**反応性はアルカリ金属より小さい。**

この項では消防法、別表第一、第3類品名「6．アルカリ金属（カリウム及びナトリウムを除く。）及びアルカリ土類金属」の「自然発火性試験また、水との反応性試験」において、一定の性状（第3類）を示した物」のうち、次の3つ「1．リチウム、2．カルシウム、3．バリウム」を対象としている

1．リチウム Li

形状	▪ 銀白色の（やわらかい）金属。
性質	**比　重**　0.5（すべての金属元素の中で最も軽い） **融　点**　179〜180℃ ▪ 炎色反応：赤（深赤） ▪ 水と反応して水素を発生する。ただし、反応性はナトリウムやカリウムより弱い。 ▪ ハロゲンとは激しく反応して、ハロゲン化物を生成する。
危険性	▪ 湿気がある空気中では自然発火することがある。なお、乾燥した空気中では安定。 ▪ 加熱すると輝いて燃焼し、酸化リチウムLi_2Oとなる。また、炭酸ガス中でも燃焼する。
貯蔵・取扱い	▪ 容器は密栓する。 ▪ 水分との接触および火気、加熱を避ける。
消火方法	▪ 乾燥砂などで窒息消火する。 ▪ 水系（水・強化液・泡）の消火剤は使用してはならない。 ▪ ハロゲン化物消火剤は、反応するため使用できない。

第3類 危険物

179

2. カルシウム　Ca

形状	・銀白色の（やわらかい）金属。
性質	比重　1.55 融点　842〜850℃ ・炎色反応：橙赤色 ・水と反応すると水素を発生し、水酸化カルシウム$Ca(OH)_2$（消石灰）を生じる。水酸化カルシウム$Ca(OH)_2$の水溶液は強アルカリ性を示す。 $Ca + 2H_2O \longrightarrow Ca(OH)_2 + H_2$ ・反応性はナトリウム Na やカリウム K より小さい。 ・空気中で加熱すると炎をあげて燃焼し、酸化カルシウム CaO（生石灰）を生じる。 $2Ca + O_2 \longrightarrow 2CaO$ ・還元性が強く、多くの有機物や金属酸化物を還元する。脱酸剤・脱硫剤に使われる。 ・水素と 200℃以上で反応し、水素化カルシウム CaH_2 となる。 ・空気中に放置すると、吸湿して表面が徐々に水酸化カルシウム $Ca(OH)_2$ や炭酸カルシウム $CaCO_3$ になる。 ・電気伝導性があり、鉄 Fe よりも電気を通す。
危険性	・水と接触すると常温では徐々に、高温では激しく反応して水素を発生する。
貯蔵・取扱い	※リチウムと同じ。
消火方法	※リチウムと同じ。

3. バリウム　Ba

形状	・銀白色の（やわらかい）金属。
性質	比重　3.6 融点　725℃ ・炎色反応：黄緑色 ・水と反応して水素を発生し、水酸化バリウム $Ba(OH)_2$ を生じる。 $Ba + 2H_2O \longrightarrow Ba(OH)_2 + H_2$ ・ハロゲンとは常温でも反応する。また、水素中で加熱すると、水素化バリウム BaH_2 を生じる。 ・金属光沢を有しているが、空気中では徐々に酸化されて白色の酸化被膜に覆われ、金属光沢を失う。
危険性	・水やハロゲン化物と爆発的に反応し、粉末は自然発火する。
貯蔵・取扱い	※リチウムと同じ。
消火方法	※リチウムと同じ。

危険物

[リチウム]

【1】 リチウムの性状について、次のうち妥当でないものはどれか。[★]
☑ 1．銀白色の軟らかい金属である。
2．深紅（深赤）色の炎を出して燃える。
3．カリウムやナトリウムより比重が小さい。
4．常温（20℃）で水と反応し、水素を発生する。
5．空気に接触しても反応しない。

【2】 リチウムの性状について、次のうち妥当でないものはどれか。
☑ 1．銀白色の軟らかい金属である。
2．深紅（深赤）色の炎を出して燃える。
3．カリウムやナトリウムより比重が小さい。
4．常温（20℃）で水と反応し、水素を発生する。
5．空気に触れると、直ちに発火する。

【3】 リチウムの性状について、次のうち妥当でないものはどれか。[★]
☑ 1．金属の中では最も軽い。
2．常温（20℃）で水と反応し、水素を発生する。
3．水との反応は、ナトリウムより激しい。
4．ハロゲンとは激しく反応する。
5．高温では燃焼して酸化物を生成する。

[カルシウム]

【4】 カルシウムの性状について、次のA〜Eのうち妥当なものはいくつあるか。
A．比重は水より小さい。
B．水と反応し、水素ガスを発生する。
C．水素と高温（200℃以上）で反応し、水酸化カルシウムを生じる。
D．空気中で加熱すると、燃焼して酸化カルシウム（生石灰）を生じる。
E．可燃性があり、かつ、反応性はナトリウムより大きい。
☑ 1．1つ　　　2．2つ　　　3．3つ　　　4．4つ　　　5．5つ

【5】 カルシウムの性状について、次のうち妥当なものはどれか。

☑ 1．純粋なものは白色の固体である。

2．常温（20℃）では電気伝導性がない。

3．石油またはメタノール中に保存する。

4．水を加えると水素を発生し、溶液はアルカリ性となる。

5．空気中に放置すると表面に硝酸塩ができやすい。

【6】 カルシウムの性状について、次のうち妥当でないものはどれか。[★]

☑ 1．銀白色の金属である。

2．水と反応して水素を発生する。

3．可燃性であり、かつ、反応性はナトリウムより大きい。

4．空気中で加熱すると、燃焼して酸化カルシウム（生石灰）を生じる。

5．水素と高温（200℃以上）で反応し、水素化カルシウムが生じる。

【7】 カルシウムの性状について、次のうち妥当なものはどれか。

☑ 1．還元性がある。

2．深紅色の炎を出して燃える。

3．水と反応し、酸素を発生する。

4．石油またはメタノール中に保存する。

5．非電導性で電気を通さない。

［バリウム］

【8】 バリウムの性状について、次のうち妥当でないものはどれか。

☑ 1．常温（20℃）で水と激しく反応し、酸素を発生する。

2．炎色反応は黄緑色を呈する。

3．ハロゲンと反応し、ハロゲン化物を生成する。

4．空気中では常温（20℃）で表面が酸化される。

5．高温で水素と反応し、水素化バリウムとなる。

【1】解答「5」

3．リチウムの比重は 0.5（※カリウム：0.86、ナトリウム：0.97）であり、金属元素の中で最も軽い。

5．通常は空気中に湿気が含まれているため、空気と接触すると反応する。粉末状であると、発火することがある。

【2】解答「5」

5．リチウムは、湿気がある空気中では自然発火する場合があるが、乾燥した空気中では安定である。

【3】解答「3」

3．リチウムの水との反応性は、ナトリウムより弱い。

【4】解答「2」（B・D が妥当）

A．カルシウムの比重は 1.55 で、水より大きい。

C．カルシウムは水素と反応すると、水素化カルシウム CaH_2 を生じる。水酸化カルシウム（消石灰）は、カルシウムと水が反応して水素を発生し、生じるものである。

E．カルシウムは可燃性であるが、反応性はナトリウムより小さい。一般にアルカリ土類金属は、アルカリ金属より反応性が小さい。

【5】解答「4」

1．カルシウムは銀白色の軟らかい金属である。

2．カルシウムは電気伝導性があり、鉄よりも電気をよく通す。

3．乾燥した空気中に保存する。

5．空気中に放置すると表面に水酸化カルシウムや炭酸カルシウムができやすい。

【6】解答「3」

3．カルシウム Ca の反応性はナトリウム Na やカリウム K より小さい。

【7】解答「1」

2．カルシウム Ca の炎色反応は、一般的に橙赤色である。

3．水と反応し、水素を発生する。

4．乾燥した場所、又は容器に密栓して保管するのが好ましい。

5．電気伝導性は非常に高い。

【8】解答「1」

1．水と反応して水素を発生し、水酸化バリウムを生じる。

10 有機金属化合物

　有機金属化合物とは、金属と炭素との間に直接の結合をもつ有機化合物をいう。そのうち、アルキルアルミニウムとアルキルリチウムは、それぞれ単独で第3類の危険物に定められているため、この項ではジエチル亜鉛が該当する。

1．ジエチル亜鉛　$(C_2H_5)_2Zn$

形状	・無色透明の液体。
性質	**比　重**　1.2 **融　点**　$-30 \sim -28℃$ ・ジエチルエーテル $C_2H_5OC_2H_5$、ベンゼン C_6H_6、トルエン $C_6H_5CH_3$、ヘキサン C_6H_{14} 等の有機溶媒に溶ける。 ・自然発火性とともに、引火性を有する。
危険性	・水やアルコールと激しく反応し、エタン C_2H_6 等の炭化水素ガスを発生して発火する。 ・空気中で容易に酸化され、直ちに自然発火する。また、発生する白煙（金属酸化物）は有害である。
貯蔵・取扱い	・窒素などの不活性ガスの中で貯蔵し、容器は完全密封する。 ・空気および水と絶対に接触させない。
消火方法	・粉末消火剤・乾燥砂を用いて消火する。 ・水系（水・強化液・泡）の消火剤は使用してはならない。 ・ハロゲン化物消火剤は、反応して有毒ガスを発生するため、使用できない。

【1】ジエチル亜鉛の性状について、次のうち妥当なものはどれか。[★]

☑ 1．灰青色の結晶である。
　2．水より軽い。
　3．不燃性である。
　4．ヘキサン、ベンゼンによく溶ける。
　5．水と反応してエチレンを発生する。

【2】ジエチル亜鉛の性状について、次のうち妥当でないものはどれか。[★]

☑ 1．無色または白色の結晶である。
　2．比重は1より大きい。
　3．空気中で自然発火する。
　4．水と激しく反応する。
　5．ジエチルエーテルやベンゼンに溶ける。

【3】ジエチル亜鉛の性状について、次のうち妥当でないものはどれか。

☑ 1．無色の液体である。
　2．容易に酸化する。
　3．空気中で自然発火する。
　4．ジエチルエーテルやベンゼンに溶ける。
　5．非水溶性液体で、水に浮く。

【4】ジエチル亜鉛の性状について、次のA～Eのうち、妥当でないものを組み合せたものはどれか。

　A．無色の液体である。
　B．空気中で直ちに自然発火する。
　C．メタノールに可溶である。
　D．比重は1より大きい。
　E．水と激しく反応し、アセチレンガスを発生する。

☑ 1．AとC　　2．AとD　　3．BとD　　4．BとE　　5．CとE

【5】ジエチル亜鉛の性状について、次のうち妥当でないものはどれか。

☑ 1．無色透明の液体である。
　2．メタノールによく溶ける。
　3．空気中で激しく反応して、エタンガスを発生し、発火する。
　4．比重は1より大きい。
　5．水と激しく反応する。

▶▶解答＆解説………………………………………………………………………………

【1】解答「4」

1．ジエチル亜鉛は無色透明の液体である。灰青色は亜鉛の外観の色である。

2．比重は 1.2 で水より重い。

3．自然発火性とともに、引火性がある。

4．ジエチルエーテル $C_2H_5OC_2H_5$ やトルエン $C_6H_5CH_3$ にも溶ける。

5．水と反応してエタン C_2H_6 などを発生する。

【2】解答「1」

1．ジエチル亜鉛は無色透明の液体である。

【3】解答「5」

5．比重 1.2 のため、水に沈む。

【4】解答「5」（C・E が妥当でない）

C．アルコールとは激しく反応し、エタン C_2H_6 等の炭化水素ガスを発生する。

E．水と反応すると、エタン C_2H_6 などを発生する。

【5】解答「2」

2．ジエチル亜鉛は、メタノールを含むアルコール類とは爆発的に反応する。一方で、ジエチルエーテル $C_2H_5OC_2H_5$ やトルエン $C_6H_5CH_3$ などの有機溶媒には溶ける。

11 金属の水素化物

金属の水素化物とは、金属と水素の化合物をいう。金属の水素化物は、元の金属に似た性質をもつ。

1. 水素化ナトリウム NaH

形状	・灰色の結晶（市販品）、または銀色の針状結晶。
性質	**比重** 1.4 **融点** 800℃ ・水と激しく反応して、水素を発生する。アルコールとも反応して水素を発生する。 $NaH + H_2O \longrightarrow NaOH + H_2$ ・高温にすると、ナトリウムと水素に分解する。 ・二硫化炭素やベンゼンなどの一般的な溶媒にはほとんど溶けない。 ・還元性が強く、金属酸化物や有機化合物を還元する。
危険性	・乾燥空気中では安定であるが、湿った空気中では発火する危険性がある。 ・皮膚や眼を激しく刺激する。
貯蔵・取扱い	・酸化剤および水分と接触させない。 ・窒素を封入した容器に密栓する。または、流動パラフィンや鉱油中に保管する。
消火方法	・乾燥砂、消石灰、ソーダ灰を用いる。 ・水系（水・強化液・泡）の消火剤は使用してはならない。

第3類 危険物

187

2. 水素化リチウム　LiH

形状	・灰色の結晶（市販品）、または透明なガラス状の固体。光が当たると暗色になる。
性質	**比　重**　0.8 **融　点**　680℃ ・吸湿性がある。 ・水と激しく反応して、腐食性が強い水酸化リチウムと水素を発生する。エタノール C_2H_5OH とも反応して水素を発生する。 $LiH + H_2O \longrightarrow LiOH + H_2$ ・強還元剤として使われる。 ・高温になると、リチウムと水素に分解して有毒なヒュームを生成する。 ・高温になると、塩素 Cl_2、酸素 O_2、窒素 N_2 と反応する。 ・一般的な溶媒にはほとんど溶けない。
危険性	・乾いた空気中では安定であるが、湿気があると自然発火することがある。水と激しく反応して、大量の水素と熱を発生する。 ・二酸化炭素 CO_2 と激しく反応する。 ・皮膚や眼を激しく刺激する。
貯蔵・取扱い	※水素化ナトリウムと同じ。
消火方法	・乾燥砂を用いて窒息消火する。 ・水系（水・強化液・泡）の消火剤は使用してはならない。 ・二酸化炭素、ハロゲン化物消火剤は、使用できない。

第3類　危険物

188

[水素化ナトリウム]

【1】 水素化ナトリウムの性状について、次のうち妥当でないものはどれか。

☑ 1. 常温（20℃）では粘性のある液体である。
 2. 水と反応して水素を発生する。
 3. 高温でナトリウムと水素に分解する。
 4. 鉱油中では安定である。
 5. ベンゼン、二硫化炭素には溶けない。

【2】 水素化ナトリウムの保護媒体として、次のうち最も妥当なものはどれか。

☑ 1. 水
 2. アルコール
 3. グリセリン
 4. 酢酸
 5. 流動パラフィン

[水素化リチウム]

【3】 水素化リチウムの性状等について、次のうち妥当でないものはどれか。[★]

☑ 1. 水と反応して水素を発生する。
 2. 粘性のある液体である。
 3. 乾燥空気中では安定である。
 4. 常温（20℃）では塩素や酸素とは反応しない。
 5. 還元剤として利用される。

【4】 水素化リチウムの性状等について、次のうち妥当でないものはどれか。[★]

☑ 1. 結晶性の固体である。
 2. 水と反応して水素を発生する。
 3. 強い還元性を有する。
 4. 有機溶媒に溶けない。
 5. 比重は水よりも大きい。

【5】 水素化リチウムの性質について、次のうち妥当でないものはどれか。

☑ 1. 泡、ハロゲン化物などの消火剤と激しく反応する。
 2. 高温面や炎に触れると分解し、有毒なヒュームを生成する。
 3. 水、エタノールと激しく反応し、水素を発生する。
 4. 二酸化炭素中では、安定である。
 5. 空気中の湿気に触れると、自然発火するおそれがある。

第3類 危険物

189

【6】 水素化リチウムの性状について、次のうち妥当でないものはどれか。[★]

☑ 1．酸化性を有する。

2．皮膚や眼を激しく刺激する。

3．水よりも軽い。

4．有機溶媒に溶けない。

5．水によって分解される。

▶▶解答＆解説‥‥‥‥‥‥‥‥‥‥‥‥‥‥‥‥‥‥‥‥‥‥‥‥‥‥‥‥‥‥‥‥‥‥‥‥

【1】解答「1」

1．水素化ナトリウム NaH は灰色～銀色の結晶である。

【2】解答「5」

1＆2．水やアルコールとは反応して水素を発生する。アルコールとの反応では、アルコキシドを生成する。R-OH + NaH ⟶ R-ONa + H_2

5．保護媒体として、流動パラフィンや鉱油を用いる。

【3】解答「2」

2．水素化リチウム LiH は灰色～透明な固体である。

4．ただし、高温にすると塩素 Cl_2、酸素 O_2、窒素 N_2 と反応する。

【4】解答「5」

5．水素化リチウム LiH の比重は 0.8 で、水より小さい。

【5】解答「4」

1．水系（水・強化液・泡）の消火剤は使用できない。また、水素化リチウムは強還元剤であり、ハロゲン化物消火剤とも反応する。

2．高温面や炎と接触すると分解し、刺激性あるいは有毒なアルカリ性のヒュームを生成する。

3．水の他、エタノールとも激しく反応して水素を発生する。

4．還元性が強いため、二酸化炭素 CO_2 と激しく反応する。

【6】解答「1」

1．水素化リチウムは、還元性を有する。

3．比重は 0.8 で水より軽い。

12 金属のリン化物

　金属のリン化物とは、リンPと金属元素の化合物をいう。金属のリン化物の危険物として、リン化カルシウムが挙げられる。

1. リン化カルシウム　Ca_3P_2

形状	・暗赤色の結晶性粉末、または灰色の塊状固体。
性質	**比重**　2.5 **融点**　1,600℃ ・水、酸または湿った空気と激しく反応し、リン化水素（ホスフィン）PH_3を生成する。また、加熱によっても容易に分解する。 $Ca_3P_2 + 6H_2O \longrightarrow 3Ca(OH)_2 + 2PH_3$ ・リン化カルシウム自体は不燃性であるが、生成されるリン化水素は自然発火性を有する。このため、リン化カルシウムは第3類の危険物に指定されている。 ・300℃以上でハロゲン、酸素、硫黄などと反応する。 ・常温（20℃）の乾燥空気中では安定している。
危険性	・リン化水素は猛毒の可燃性ガスである。 ・リン化水素は腐った魚の臭いが強く、無色である。また、吸入すると肺水腫を起こし、昏睡状態に陥る。 ・リン化水素は、加熱・燃焼すると有毒で腐食性のある十酸化四リン（P_4O_{10}）を生成する。 ・強酸化剤と激しく反応し、火災や爆発の危険をもたらす。
貯蔵・取扱い	・水分および酸の他、強酸化剤と接触させない。
消火方法	・乾燥砂などを用いて窒息消火する。 ・水系（水・強化液・泡）の消火剤は、使用してはならない。

第3類 危険物

【1】 リン化カルシウムの性状について、次のうち妥当でないものはどれか。[★]

☑ 1．暗赤色の結晶である。

2．乾燥した空気中で、自然発火する。

3．水よりも重い。

4．火災の際に、有毒なリン酸化物が生じる。

5．水と反応して、可燃性の気体が発生する。

【2】 リン化カルシウムの性状について、次のうち妥当でないものはどれか。[★]

☑ 1．暗赤色の結晶性粉末または灰色の塊状物である。

2．比重は1より大きい。

3．水と激しく反応し、可燃性のアセチレンガスを発生する。

4．強酸化剤と激しく反応する。

5．常温（20℃）の乾燥空気中では安定である。

【3】 リン化カルシウムの性状について、次のうち妥当でないものはどれか。[★]

☑ 1．強酸化剤と激しく反応する。

2．常温（20℃）の乾燥空気中で、安定である。

3．水分と接すると、有毒で自然発火性のガスを生じる。

4．結晶性粉末または塊状の固体である。

5．融点は、約160℃である。

【4】 リン化カルシウムの性状について、次のうち妥当でないものはどれか。

☑ 1．赤褐色の結晶である。

2．比重は1より大きい。

3．融点は低く、約100℃で液化する。

4．湿気と反応し、毒性の強い可燃性の気体が発生する。

5．空気中で加熱・燃焼すると、毒性のあるリン酸化物が生じる。

【5】 リン化カルシウムの性状について、次のうち妥当でないものはどれか。

☑ 1．暗赤色の結晶である。

2．特有の臭いがある。

3．空気中の水分と反応して、リン酸化物を生じる。

4．酸素や硫黄と高温で反応する。

5．空気中、高温で加熱すると、有害な物質が生じる。

【1】解答「2」

  2＆5．リン化カルシウム Ca_3P_2 は、それ自体は不燃性であるため、乾燥した空気中
  では安定である。ただし、水と反応して生成したリン化水素 PH_3 は自然発火性がある。

【2】解答「3」

  3．リン化カルシウム Ca_3P_2 は水と激しく反応し、可燃性のリン化水素 PH_3 を生成す
  る。アセチレン C_2H_2 は炭化カルシウム CaC_2 を加水分解すると発生する。

【3】解答「5」

  3．水、酸、空気中の湿気と激しく反応して、猛毒の可燃性ガスであるリン化水素を生
  成する。また、リン化水素は自然発火性を有する。

  5．リン化カルシウムの融点は 1,600℃である。

【4】解答「3」

  2．リン化カルシウムの比重は 2.5 である。

  3．リン化カルシウムの融点は 1,600℃である。

  4．水、酸、空気中の湿気と激しく反応して、猛毒の可燃性ガスであるリン化水素を生
  成する。

  5．加熱・燃焼すると、有毒で腐食性のある十酸化四リンを生成する。

【5】解答「3」

  3．空気中の水分と反応すると、リン化水素 PH_3 を発生する。このリン化水素 PH_3 を
  加熱・燃焼することで、リン酸化物である有毒で腐食性のある十酸化四リン（P_4O_{10}
  ）が生成される。なお、このリン化水素は酸素を含まない無機化合物である。

第３類　危険物

13 カルシウムまたはアルミニウムの炭化物

1. 炭化カルシウム（カルシウムカーバイド） CaC_2

形状	・純粋なものは無色～白色の正方晶系の結晶。 不純物が混入しているものは灰色～灰黒色の塊状固体。
性質	**比重** 2.2 **融点** $1,800 \sim 2,300℃$ ・一般に流通しているものは、不純物として硫黄、リン、窒素、ケイ素等を含んでいる。また、含まれる不純物からは、リン化水素 PH_3（腐魚臭）、硫化水素 H_2S（腐卵臭）、アンモニア NH_3 による不快臭がする。 ・水と反応し、アセチレンと水酸化カルシウム（消石灰）を生じる。また、発熱を伴う。 $CaC_2 + 2H_2O \longrightarrow C_2H_2 + Ca(OH)_2$ ・常温（20℃）の乾燥空気中では安定している。ただし、高温では強い還元性があり、多くの酸化物を還元する。 ・高温で窒素と反応させると、カルシウムシアナミド $CaCN_2$ が生成する。これは肥料と農薬を兼ねている石灰窒素の主成分である。
危険性	・炭化カルシウム自体は不燃性であるが、水との反応で発生するアセチレンは引火性・爆発性を有する。また、反応で熱も発生する。
貯蔵・取扱い	・水分と接触させない。 ・必要に応じ、窒素等を封入した容器に密栓する。
消火方法	・乾燥砂、粉末消火剤などを用いて消火する。 ・水系（水・強化液・泡）の消火剤は、使用してはならない。

2. 炭化アルミニウム Al_4C_3

形状	・無色（純品）～黄色（市販品）の結晶。
性質	**比重** 2.4 **融点** 2,200℃ ・水と反応してメタンを発生する。 $Al_4C_3 + 12H_2O \longrightarrow 3CH_4 + 4Al(OH)_3$ ・次のように、金属酸化物の還元剤としてはたらく。 $2Al_4C_3 + 3SiO_2 \longrightarrow 8Al + 6CO + 3Si$ ・乾燥空気中では安定である。
危険性	・水との反応で発生するメタンは引火性・爆発性を有する。
貯蔵・取扱い	・水分と接触させない。 ・必要に応じ、窒素を封入した容器に密封する。
消火方法	・乾燥砂、粉末消火剤などを用いて消火する。 ・水系（水・強化液・泡）の消火剤は、使用してはならない。

第3類危険物

▶アセチレン C2H2

炭化水素の一つで、炭素原子間に３重結合をもつ（HC≡CH）。

無色の有毒性の気体で、光輝の強い炎で燃焼し、酸素と混ぜて鉄の切断に利用される。また、空気中での燃焼範囲が2.5％〜100％ときわめて広い。

アセチレンは銅、銀、鉛と反応して、爆発性物質を生成するため、それらを含む合金の容器に収納してはならない。

アセチレンの分子量は、$12 \times 2 + 1 \times 2 = 26$。一方、空気の平均分子量は、窒素８割、酸素２割の構成比とすると、$0.8 \times 28 + 0.2 \times 32 = 28.8$。

したがって、**アセチレンは空気よりやや軽い。**

▶過去問題◀

[炭化カルシウム]

【1】 炭化カルシウムの性状について、次のうち妥当でないものはどれか。

1. 炭素とカルシウムからなる化合物である。
2. 比重が約2.2の塊状固体である。
3. 高温で窒素ガスを通じると石灰窒素が生成する。
4. それ自体は不燃性である。
5. 水を作用させるとアセチレンと二酸化炭素が生成する。

【2】 炭化カルシウムの性状について、次のうち妥当でないものはどれか。[★]

1. 融点は1,000℃より高い。
2. 純粋なものは白色の固体である。
3. 水と反応して生石灰と水素を生成する。
4. 比重は1より大きい。
5. 水と接触すると発熱する。

【3】 炭化カルシウムの性状について、次のうち妥当でないものはどれか。[★]

1. 純粋なものは白色であるが、一般には灰黒色の固体である。
2. それ自体は不燃性である。
3. 水と反応して発生する可燃性気体は、空気より重い。
4. 貯蔵容器は密封する。
5. 水と反応すると発熱する。

第３類 危険物

【4】 炭化カルシウムの性状について、次のうち妥当でないものはどれか。

☑ 1．純粋なものは無色透明であるが、一般には灰黒色の固体である。
2．常温（20℃）の乾燥空気中で、安定である。
3．水と反応して水素を発生する。
4．比重は1より大きい。
5．高温では強い還元性があり、多くの酸化物を還元する。

【5】 炭化カルシウムの性状等について、次のうち妥当でないものはどれか。

☑ 1．一般に流通しているものは、不純物として微量の硫黄、リン、窒素などを含んでいる。
2．比重は1より大きい。
3．水と接触すると可燃性の気体を発生する。
4．火気を近づけると激しく燃える。
5．水と接触すると発熱する。

【6】 炭化カルシウムの性状について、次のA〜Eのうち妥当なものはいくつあるか。

[★]

A．水との反応により発生する気体は、空気より重い。
B．水と反応して、可燃性ガスを発生する。
C．純粋なものは灰黒色の粉状であり、粉じん爆発を起こすことがある。
D．貯蔵容器には、通気孔を設けたものを使用する。
E．水と反応して、発熱する。

☑ 1．1つ　　　2．2つ　　　3．3つ　　　4．4つ　　　5．5つ

【7】 炭化カルシウムの性状について、次のうち妥当でないものはどれか。

☑ 1．純粋なものは、常温（20℃）で無色または白色の正方晶系の結晶である。
2．一般に流通しているものは、不純物として硫黄、リン、窒素等を含むため、灰色を呈している。
3．水とは直ちに反応してエチレンを発生し、水酸化カルシウムとなる。
4．高温では強い還元性があり、多くの酸化物を還元する。
5．それ自体には、爆発性も引火性もない。

【8】炭化カルシウムの性状について、次のA～Dのうち、妥当なものを組み合せたものはどれか。

> A．カルシウムカーバイドとも呼ばれ、市販品は灰色または灰黒色の塊状固体である。
> B．水と反応して、有毒で可燃性のホスフィンを発生する。
> C．高温では強い還元性があり、多くの酸化物を還元する。
> D．乾燥した空気中では、常温（20℃）で速やかに分解する。

☐　1．AとB　　2．AとC　　3．AとD　　4．BとC　　5．CとD

【9】炭化カルシウムの性状について、次の文の（　）内のA～Cに当てはまるものの組合せとして、妥当なものはどれか。

「炭化カルシウムは、カルシウムカーバイドとも呼ばれ、市販品は（A）の塊状固体である。水と反応して（B）を発生し、水酸化カルシウムを生成する。高温では強い（C）がある。」

	A	B	C
☐　1.	灰色または灰黒色	アセチレン	酸化性
2.	黄色	アセチレン	酸化性
3.	灰色または灰黒色	アセチレン	還元性
4.	黄色	水素	酸化性
5.	灰色または灰黒色	水素	還元性

【10】炭化カルシウムの性状について、次の文の（　）内のA～Cに当てはまるものの組合せとして、妥当なものはどれか。

「純粋なものは常温（20℃）で無色の結晶だが、通常は（A）を呈していることが多い。高温では強い（B）があり、また水と作用して（C）を発生し、発熱する。」

	A	B	C
☐　1.	灰色	酸化性	エチレン
2.	褐色	酸化性	アセチレン
3.	灰色	還元性	アセチレン
4.	褐色	還元性	エチレン
5.	灰色	酸化性	アセチレン

[炭化アルミニウム]

【11】 炭化アルミニウムについて、次の文の（ ）内のA～Cに入る語句の組合せとして妥当なものはどれか。[★]

「純粋なものは常温（20℃）で無色の結晶だが、通常は（A）を呈していることが多い。触媒や乾燥剤、（B）などとして使用される。また水と作用して（C）を発生し、発熱する。」

		A	B	C
☑	1.	黄色	還元剤	メタン
	2.	灰色	酸化剤	エタン
	3.	黄色	還元剤	エタン
	4.	灰色	還元剤	エタン
	5.	黄色	酸化剤	メタン

▶▶解答＆解説……………………………………………………………………………………

【1】 解答「5」
　5．炭化カルシウム CaC_2 に水を作用させると、アセチレン C_2H_2 と水酸化カルシウム $Ca(OH)_2$（消石灰）を生成する。

【2】 解答「3」
　2．不純物が混入すると、灰黒色の塊状となる。
　3．炭化カルシウム CaC_2 に水を作用させると、アセチレン C_2H_2 と水酸化カルシウム $Ca(OH)_2$（消石灰）を生成する。
　5．水との反応では、発熱が伴う。

【3】 解答「3」
　3．炭化カルシウム CaC_2 が水と反応して発生する可燃性気体はアセチレン C_2H_2 である。アセチレンの分子量は、$12 \times 2 + 2 = 26$ である。一方、空気の平均分子量は、窒素N:酸素O＝8:2とすると、$0.8 \times 14 \times 2 + 0.2 \times 16 \times 2 = 28.8$ となる。従って、アセチレンは空気よりやや軽い。

【4】 解答「3」
　3．炭化カルシウム CaC_2 に水を作用させると、アセチレン C_2H_2 と水酸化カルシウム $Ca(OH)_2$（消石灰）を生成する。また、発熱を伴う。

【5】 解答「4」
　2．比重は2.2である。
　3＆5．炭化カルシウム CaC_2 に水を作用させると、可燃性気体であるアセチレン C_2H_2 と水酸化カルシウム $Ca(OH)_2$（消石灰）を生成する。また、発熱を伴う。
　4．炭化カルシウム CaC_2 はそれ自体は不燃性である。

【6】解答「2」（B・E の 2 つが妥当）
　A．炭化カルシウム CaC_2 が水と反応して発生するアセチレン C_2H_2 は、空気よりやや
　　軽い。
　C．純粋なものは白色の固体であり、不純物が入っているものは灰黒色の塊状固体。
　D．貯蔵容器は密封する。

【7】解答「3」
　3．水と反応してアセチレンと水酸化カルシウム（消石灰）を生じる。

【8】解答「2」（A・C が妥当）
　B．水と反応すると、アセチレン C_2H_2 を発生する。
　D．常温の乾燥空気中では安定している。

【9】解答「3」
　「炭化カルシウムはカルシウムカーバイドとも呼ばれ、市販品は［A：灰色または灰
黒色］の塊状固体である。水と反応して［B：アセチレン］を発生し、水酸化カルシウ
ムを生成する。高温では強い［C：還元性］がある。」

【10】解答「3」
　「純粋なものは常温（20℃）で無色の結晶だが、通常は［A：灰色］を呈していること
が多い。高温では強い［B：還元性］があり、また水と作用して［C：アセチレン］
を発生し、発熱する」

【11】解答「1」
　炭化アルミニウム Al_4C_3 の純品は無色の結晶であるが、通常は[A:黄色]を呈している。
炭化カルシウム CaC_2 とともに、[B：還元剤] として使われる。炭化アルミニウムは
水と反応して [C：メタン（CH_4）] を発生する。

14 その他のもので政令で定めるもの

政令第1条第2項では、「その他のもので政令で定めるもの」として、「塩素化ケイ素化合物」が指定され、属するトリクロロシランを危険物に指定している。

1. トリクロロシラン SiHCl₃

形状	・無色で刺激臭を有する液体。
性質	**比　重**　1.34 ～ 1.35 **蒸気比重**　4.7 **沸　点**　32℃ **引火点**　−28 ～−6℃ **燃焼範囲**　1.2 ～ 90.5vol% ・ベンゼン、ジエチルエーテル、二硫化炭素など多くの有機溶媒に溶ける。 ・水により加水分解し、塩化水素ガス HCl を生成する。また、分解の過程で発熱し、発火することがある。 ・高温で熱分解を起こしケイ素に変わる性質から、半導体工業において高純度ケイ素 Si の主原料として利用される。
危険性	・揮発性が強く、蒸気と空気の混合気体は爆発性がある。 ・酸化剤と混合すると爆発的に反応する。 ・加水分解により腐食性が生じる。 ・可燃性で、燃焼範囲が広い。
貯蔵・取扱い	・水分と接触させない。　　　・容器に密閉する。
消火方法	・乾燥砂などを用いて窒息消火する。 ・水系（水・強化液・泡）の消火剤は使用してはならない。

※「トリクロロ」は3個の Cl を表す。「シラン」は水素化ケイ素 SiH₄ を表す。

第3類　危険物

【1】 トリクロロシランの性状について、次の文の下線部分A～Dのうち、妥当でない箇所を掲げている組合せはどれか。[★]

「トリクロロシランは、常温（20℃）において、(A) 黄褐色の (B) 液体で、引火点は常温（20℃）より (C) 高い。また、(D) 水と反応して、塩化水素を発生するので危険である。」

☑ 1．AとB   2．BとC   3．CとD

   4．AとC   5．BとD

【2】 トリクロロシランの性状について、次のうち妥当でないものはどれか。

☑ 1．無色透明の刺激臭を有する液体である。

   2．沸点は32℃である。

   3．水と反応して爆発性の気体を発生する。

   4．酸化性物質と接触すると激しく反応する。

   5．発生する蒸気は空気より軽い。

▶▶解答＆解説‥‥‥‥‥‥‥‥‥‥‥‥‥‥‥‥‥‥‥‥‥‥‥‥‥‥‥‥‥‥‥‥‥‥‥‥‥‥

【1】解答「4」（A・C が妥当でない）

「トリクロロシランは常温において [A：無色] の液体で、引火点は常温より [C：低い]。また、水と反応して塩化水素を発生する危険物である。」

【2】解答「5」

5．蒸気比重は約 4.7 と空気より重い。

第3類 危険物

◆第3類危険物の特徴◆

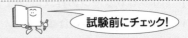

試験前にチェック!

★自然発火性物質 & 禁水性物質　　★水や空気との接触で可燃性ガスを発生
★常温（20℃）で固体のものと液体のもの、可燃性のものと不燃性のものがある
★黄リンは自然発火性のみ、リチウムは禁水性のみを有する

◆物品別重要ポイント◆

※水…泡・強化液含む水系消火剤 ／ 二…二酸化炭素消火剤 ／ ハ…ハロゲン化物消火剤
　／ 粉…粉末消火剤（**炭酸水素塩類**を用いたものを使用）
　なお、"乾燥砂・膨張ひる石又は膨張真珠岩"による窒息消火は全ての物品に対応する。

物品名	消火		貯蔵	性質（一部抜粋）
カリウム	水	×	灯油、流動パラフィンなど小分け貯蔵	★比重は**1以下**の、銀白色でやわらかい金属 ★融点は**64℃**で、さらに熱すると**紫色の炎**を出して燃える ★水、ハロゲンや水銀と反応し、**高温では水素とも反応する** ★原子は**1価**の**陽イオン**になりやすい
	二	×		
	ハ	×		
	粉	○		
ナトリウム	カリウムと同様			★銀白色の金属だが、**空気中で酸化**し金属光沢を失う ★水との反応で、**水素と熱を発生** ★**アルコール**、水銀とも激しく反応する
トリエチルアルミニウム			アルゴンや窒素などの**不活性ガス**で**耐圧性容器**を使用	★無色透明な液体、または固体 ★アルキル基の**炭素数増加**に従い、反応性や危険性は**低減** ★ベンゼンやヘキサンの溶剤で希釈し、反応性を低減させる ★水との接触で、**可燃性ガスを発生**
ノルマルブチルリチウム			アルゴンや窒素などの**不活性ガス中**、または真空中で貯蔵	★比重は**1以下**の、黄褐色の液体 ★**ベンゼンやヘキサン**の溶剤で希釈し、反応性を低減させる ★**ヘプタンと発熱反応が起こることはない** ★**アルコール類、アミン類**とも激しく反応する
黄リン	水	○	**水中に貯蔵**	★比重**1以上**の不快臭のある白色、及び淡黄色のロウ状固体 ★赤リンと**同素体**であるが、きわめて危険な**猛毒物質** ★水やアルコールに**不溶**、ベンゼンや二硫化炭素に**よく溶ける** ★自然発火して**十酸化四リン P_4O_{10}** を生成 ★**強アルカリ溶液と反応**して、有毒な**リン化水素**を発生
	二	×		
	ハ	×		
	粉	×		

リチウム	カリウムと同様	乾燥した場所で密栓容器	★金属元素の中で**最も軽い**、銀白色でやわらかい金属 ★炎色反応は**深紅（深赤）色** ★水と反応（**ナトリウムより弱い**）して**水素を発生**する ★**湿気のある**空気中で自然発火することがある
カルシウム			★水より重い、銀白色でやわらかい金属 ★加熱で**橙赤色**の炎をだして燃焼し、**酸化カルシウムを生じる** ★水と反応（**ナトリウムより弱い**）して**水素を発生**する ★200℃以上で**水素と反応**し、**水素化カルシウム**になる
バリウム			★空気中で徐々に**酸化**される、銀白色の金属 ★炎色反応は**黄緑色** ★加熱により**水素と反応**して、**水素化バリウム**になる
ジエチル亜鉛		アルゴンや窒素などの**不活性ガスで容器の密封**	★比重は**1以上**の、無色透明の**液体** ★ジエチルエーテルやベンゼン等の**有機溶媒に溶ける** ★**水やアルコールと反応**し、**エタン**などの炭化水素ガスを発生 ★空気中で容易に酸化、自然発火する
水素化ナトリウム		**窒素**封入容器、または**流動パラフィ**ンや鉱油中に貯蔵	★灰色、または銀色の結晶 ★**二硫化炭素**やベンゼンには**溶けない** ★**水やアルコールと反応**して、**水素を発生** ★高温になると、**ナトリウムと水素に分解**
水素化リチウム			★比重は**1以下**の、灰色の結晶または透明なガラス状の固体 ★**水やエタノール**と激しく反応し、**水素を発生** ★強力な**還元剤**で、二酸化炭素と激しく反応 ★高温でリチウムと水素に分解し、有毒なヒュームを生成
リン化カルシウム		**乾燥した場所で密封容器**（必要に応じて窒素を封入する）	★比重は**1以上**の、暗赤色の結晶性粉末、灰色の塊状固体 ★**水、酸、湿気と反応、可燃性の有毒ガスのリン化水素を生成** ★燃焼によって、有毒な**十酸化四リン**を生成 ★**強酸化剤と激しく反応**し、火災や爆発の危険性がある
炭化カルシウム（カルシウムカーバイド）			★比重は**1以上**で不燃性の、**純粋なものは白色**の結晶 ★**水と反応**し、発熱を伴って**アセチレン（引火性をもち、空気より軽い）**と**水酸化カルシウム**を生じる ★高温で窒素と反応させると、**石灰窒素を生成**する。また、強い還元性をもち、多くの酸化物と反応する
炭化アルミニウム			★**純粋なものは無色、市販品などは黄色の結晶** ★水と反応して引火性の**メタン**を発生し、発熱する ★金属酸化物の**還元剤**としてはたらく
トリクロロシラン			★**引火点が常温より低い**、刺激臭のある**無色の液体** ★多くの有機溶媒に溶ける ★**可燃性で燃焼範囲が広い** ★加水分解により、塩化水素ガスを発生する

第3類 危険物

❶ 共通する性状（7問）			205P
❷ 共通する貯蔵・取扱い方法（火災予防）（13問）			209P
❸ 共通する消火方法（4問）			216P
❹ 有機過酸化物（16問）			219P
	1. 過酸化ベンゾイル（C6H5CO）2O2		219P
	2. メチルエチルケトンパーオキサイド（CH3COC2H5）2OO		220P
	3. 過酢酸 CH3COOOH		221P
❺ 硝酸エステル類（13問）			227P
	1. 硝酸メチル CH3NO3		227P
	2. 硝酸エチル C2H5NO3		228P
	3. ニトログリセリン C3H5（ONO2）3		228P
	4. ニトロセルロース		229P
❻ ニトロ化合物（8問）			234P
	1. ピクリン酸 C6H2（NO2）3OH		234P
	2. トリニトロトルエン C6H2(NO2)3CH3		235P
❼ ニトロソ化合物（3問）	1. ジニトロソペンタメチレンテトラミン C5H10N6O2		240P
❽ アゾ化合物（4問）	1. アゾビスイソブチロニトリル 〔C（CH3）2CN〕2N2		242P
❾ ジアゾ化合物（2問）	1. ジアゾジニトロフェノール C6H2ON2（NO2）2		245P
❿ ヒドラジンの誘導体（3問）	1. 硫酸ヒドラジン NH2NH2・H2SO4		247P
⓫ ヒドロキシルアミンNH2OH（3問）			249P
⓬ ヒドロキシルアミン塩類（5問）	1. 硫酸ヒドロキシルアミン （NH2OH）2・H2SO4		252P
⓭ その他のもので政令で定めるもの（11問）			255P
	1. アジ化ナトリウム NaN3		255P
	2. 硝酸グアニジン CH5N3・HNO3		256P
⓮ 第5類危険物まとめ			260P

第5類危険物

第5類の危険物は、消防法別表第1の第5類に類別されている物品（有機過酸化物など）で、**自己反応性物質**の性状を有する**固体または液体**である。

自己反応性物質とは、爆発の危険性を判断するための試験（熱分析試験）において一定の性状を示すもの、または加熱分解の激しさを判断するための試験（圧力容器試験）において一定の性状を示すものをいう。

★*自己反応性物質とは？*★

燃えやすい物質［可燃物］であり、物質内に［酸素］を含むものが多い（※一部、酸素を含まないものもある）。そのため、燃焼速度が速い。
すなわち、燃焼の3要素のうち［可燃物］と［酸素］2つを備えている危険物である。

燃焼の3要素

1．形状と性質

可燃性の**固体**または**液体**である。

引火性を有するものもあり、**比重**は**1より大きい**。

2．危険性

大部分のものが分子内に**酸素を含有**していることから、**自己燃焼性**を有している。また、**燃焼速度が速い**。

加熱、衝撃、摩擦等により発火し、爆発するものが多い。

空気中に長時間放置すると分解が進み、**自然発火**するものがある（ニトロセルロースなど）。

金属と作用して爆発性の金属塩を形成するものもある。

燃焼すると**有毒ガス**が発生するものが多い。

【1】第5類の危険物の性状について、次のうち妥当なものはどれか。[★]

☐　1．引火性を有するものはない。
　　2．分子構造内に酸素を有していないものもある。
　　3．燃焼速度は極めて小さい。
　　4．すべて自己反応性の固体である。
　　5．すべて不燃性である。

【2】第5類の危険物に共通する性状について、次のうち妥当なものはどれか。[★]

☐　1．引火性がある。
　　2．金属と反応して分解し、自然発火する。
　　3．燃焼または加熱分解が速い。
　　4．分子内に酸素と窒素を含有している。
　　5．水に溶けない。

【3】第5類の危険物で常温（20℃）で液状のものは、次のうちどれか。

☐　1．ピクリン酸
　　2．エチルメチルケトンパーオキサイド
　　3．ニトロセルロース
　　4．硫酸ヒドラジン
　　5．アジ化ナトリウム

【4】次の第5類の危険物のうち、常温（20℃）で引火の危険性を有するものはどれか。

☐　1．硫酸ヒドラジン
　　2．過酢酸（酢酸で希釈し、40％にしたもの)
　　3．硫酸ヒドロキシルアミン
　　4．ピクリン酸
　　5．硝酸エチル

【5】第5類の危険物の性状について、次のうち妥当でないものはどれか。[★]

☐　1．固体のものは、常温（20℃）で乾燥させると、衝撃・摩擦に対して危険性が
　　　小さくなるものが多い。
　　2．燃焼速度が大きい。
　　3．引火性のものがある。
　　4．酸素を含有せず、分解し、爆発するものがある。
　　5．常温（20℃）では、液体または固体である。

【6】第5類の危険物の性状について、次のうち妥当でないものはどれか。

☑ 1．固体のものには、水に溶けるものがある。

2．直射日光により、自然発火するおそれのあるものがある。

3．燃焼すると人体に有害なガスを発生するものが多い。

4．水との接触により、発火するおそれのあるものがある。

5．鉄製容器（内部を樹脂等で被覆していないもの）を使用できないものがある。

【7】第5類の危険物に共通する性状について、次のA～Dのうち、妥当なものを組み合せたものはどれか。

A．燃焼速度が大きい。

B．水によく溶ける。

C．多くは加熱、衝撃、摩擦により発火・爆発のおそれがある。

D．比重は1より小さい。

☑ 1．AとB　　2．AとC　　3．AとD　　4．BとC　　5．CとD

▶▶解答＆解説……………………………………………………………

【1】解答「2」

1．硝酸メチル CH₃NO₃ や硝酸エチル C₂H₅NO₃ は液体で、引火性を有している。

2．アジ化ナトリウム NaN₃ やアゾビスイソブチロニトリル〔C（CH₃）₂CN〕₂N₂ は、分子内に酸素を有しておらず、急激に分解して窒素ガス N₂ などを発生する。

3．燃焼速度は極めて大きい。

4．すべて自己反応性であるが、固体のものと液体のものがある。

5．ほとんどが可燃性である。

【2】解答「3」

1．引火性を有するものもあるが、すべてではない。

2．ピクリン酸やアジ化ナトリウムのように、金属と反応して分解するものもあるが、すべてではない。

4．大部分の物品は分子内に酸素を含有しているが、有機過酸化物のように窒素を含有していないものもある。また、アジ化ナトリウムのように酸素を含有していないものもある。

5．過酢酸やピクリン酸、アジ化ナトリウムなどは水に溶ける。

【3】解答「2」

エチルメチルケトンパーオキサイドなどは常温で液体、その他の物質は固体である。

【4】解答「5」

硝酸エチルの引火点は 10℃ であり、常温で引火の危険性を有する。

【5】 解答「1」

1. 固体のものは、常温（20℃）で乾燥させると、衝撃・摩擦に対して危険性が大きくなるものが多い。このため、水で湿らせたり、含水状態にして貯蔵する。

4. アジ化ナトリウム NaN_3 やアゾビスイソブチロニトリル 〔$C(CH_3)_2CN$〕$_2N_2$ は、分子内に酸素を有しておらず、急激に分解して窒素ガス N_2 などを発生する。

【6】 解答「4」

1. ピクリン酸やヒドロキシルアミンなど、固体で水溶性のものがある。

2. ニトロセルロースは直射日光により分解・発熱し、その熱により自然発火することがある。

3. 燃焼すると有毒ガスが発生するもの（燃焼時の熱による分解も含める）に、アジ化ナトリウム、硝酸グアニジン、硫酸ヒドロキシルアミン、ヒドロキシルアミン、硫酸ヒドラジン、アゾビスイソブチロニトリル、ジニトロソペンタメチレンテトラミン、メチルエチルケトンパーオキサイドなどがある。

4. 第5類の危険物に、水との接触によって発火するおそれのある物質はない。しかし、アジ化ナトリウムは熱分解により"禁水性"の金属ナトリウムを生成するため、注水による消火は厳禁である。

5. ピクリン酸やアジ化ナトリウムなどは、金属との接触を避ける。

【7】 解答「2」（A・Cが妥当）

B. 過酸化ベンゾイルなど、水に溶けないものも多い。

D. 比重は1より大きい。

2 共通する貯蔵・取扱い方法（火災予防）

　風通しのよい冷暗所に貯蔵する。また、**分解しやすいもの**は特に室温、湿気、風通しに注意する。

　酸や金属と接触を避けるもの、乾燥を避けるため**水やアルコール**で湿潤にするもの、容器内圧の上昇を抑えるため**通気性のある容器**に貯蔵しなければならないものがある。

　安全性のため、希釈剤や可塑剤が加えられたものは、それらが蒸発すると濃度が凝縮されて危険性が増すため、目減りに注意する。

　取り扱う際は、火気、加熱や直射日光、紫外線の他、衝撃、摩擦を避ける。

貯蔵の注意	主な物品名
▪ 酸と離す	過酸化ベンゾイル、アジ化ナトリウム ジニトロソペンタメチレンテトラミン
▪ 金属と離す	ピクリン酸、メチルエチルケトンパーオキサイド （エチルメチルケトンパーオキサイド）＊、 アジ化ナトリウム（水分を含むと重金属と反応）
▪ 水やアルコールで湿潤にする	ニトロセルロース、ジアゾジニトロフェノール
▪ 水で湿潤にする	過酸化ベンゾイル、ピクリン酸、 トリニトロトルエン
▪ フタに通気孔のある容器に貯蔵	メチルエチルケトンパーオキサイド（エチルメチルケトンパーオキサイド）＊

＊メチルエチルケトンパーオキサイドとエチルメチルケトンパーオキサイドは化学的に同じものを指す。試験ではどちらの名称でも出題されている。

▶過去問題◀

【1】 第5類の危険物を貯蔵し、または取り扱う場合、危険物の性状に照らして、一般に火災発生の危険性が最も小さいものは、次のうちどれか。[★]

　▢　1．火花や炎の接近
　　　2．加熱および衝撃
　　　3．他の薬品との接触
　　　4．水との接触
　　　5．温度管理や湿度管理の不妥当

【2】第5類の危険物に共通する貯蔵、取扱いの注意事項として、次のA〜Eのうち妥当でないものはいくつあるか。[★]

    A．換気のよい冷暗所に貯蔵する。

    B．容器は、密栓しないでガス抜き口を設けたものを使用する。

    C．加熱、衝撃または摩擦を避けて取り扱う。

    D．分解しやすい物質は、特に室温、湿気、通風に注意する。

    E．断熱性の良い容器に貯蔵する。

☑ 1．1つ   2．2つ   3．3つ   4．4つ   5．5つ

【3】第5類の危険物の貯蔵、取扱いについて、次のうち妥当でないものはどれか。

[★]

☑ 1．関係者以外の者が出入りしないように管理する。

    2．類を異にする危険物や危険物以外の物品を接近して貯蔵しない。

    3．火災に備えて、不活性ガス消火設備を設置する。

    4．通風、換気がよく直射日光を受けない冷暗所に貯蔵する。

    5．物品の性状に応じて温度を管理する。

【4】第5類の危険物の貯蔵、取扱い上の注意事項として、次のうち妥当でないものはどれか。

☑ 1．分解が促進されるので、日光、紫外線を避ける。

    2．危険性を弱めるために、可塑剤を加えるものがある。

    3．容器のふたにはガス抜き口を設けるものがある。

    4．固体のものは、危険性を弱めるため乾燥した状態に保つ。

    5．希釈剤を加えたものは、希釈剤が蒸発すると、濃度が凝縮され危険性が増すので、目減りに注意する。

【5】危険物の貯蔵方法として、次のうち妥当なものはどれか。

☑ 1．ジアゾジニトロフェノールを水とアルコールの混合液中に貯蔵した。

    2．ピクリン酸を銅製容器に貯蔵した。

    3．ニトロセルロースを完全に乾燥させて貯蔵した。

    4．アジ化ナトリウムをポリ塩化ビニル製の容器に貯蔵した。

    5．エチルメチルケトンパーオキサイドを容器に密栓して貯蔵した。

第5類 危険物

【6】第5類の危険物の貯蔵および消火方法について、次のうち妥当なものはどれか。

[★]

☑ 1. ニトロセルロースは、アルコールで湿潤にして貯蔵する。

2. 貯蔵する容器は、すべて密封する。

3. 有機過酸化物は、水分を避け、よく乾燥した状態で保存する。

4. 金属のアジ化物は、酸素を含まないので、二酸化炭素消火剤による窒息消火が最も有効である。

5. 燃焼が極めて速いため、燃焼の抑制作用のあるハロゲン化物消火剤が有効である。

【7】火災予防上、危険物を貯蔵する際の注意事項として、次のA～Eのうち妥当でないものの組合せはどれか。[★]

A. ニトログリセリンは、凍結させておく。

B. 過酸化ベンゾイルは、完全に乾燥させておく。

C. エチルメチルケトンパーオキサイドの容器には、内部の過圧力を自動的に排出できる装置を設ける。

D. ニトロセルロースは、日光を避ける。

E. ピクリン酸は、金属との接触を避ける。

☑ 1. AとB　　2. AとC　　3. BとE　　4. CとD　　5. DとE

【8】危険物を貯蔵し、取り扱う際の注意事項として、次のA～Eのうち妥当なものの組合せはどれか。[★]

A. ジアゾジニトロフェノールは、完全に乾燥させて貯蔵する。

B. ジニトロソペンタメチレンテトラミンは、酸を加えて貯蔵する。

C. ピクリン酸の容器は、金属製のものを使用する。

D. 硝酸エチルは、常温（20℃）で引火するおそれがあるので、火気を近づけない。

E. エチルメチルケトンパーオキサイドの容器は、内圧が上昇したときに圧力が放出できるものとし、密栓は避ける。

☑ 1. AとB　　2. AとC　　3. BとD　　4. CとE　　5. DとE

【9】火災予防上、危険物を貯蔵する際の注意事項として、次のうち妥当なものはどれか。

☑ 1. ピクリン酸は、金属との接触を避ける。

2. エチルメチルケトンパーオキサイドは、容器を密栓する。

3. ジアゾジニトロフェノールは、完全に乾燥させておく。

4. ニトロセルロースは、水との接触を避ける。

5. ニトログリセリンは、凍結させておく。

第5類　危険物

【10】第5類の危険物の貯蔵、取扱いにおいて、金属との接触を特に避けなければならないものは、次のうちどれか。

- [ ] 1．硝酸メチル
- 2．硝酸エチル
- 3．セルロイド
- 4．ピクリン酸
- 5．トリニトロトルエン

【11】第5類の危険物の貯蔵、取扱いについて、次のA～Eのうち妥当なものはいくつあるか。[★]

- A．通風のよい冷暗所に保管する。
- B．廃棄するときは、ひとまとめにして土中に埋める。
- C．長期間貯蔵されたニトロセルロースは、空気中の酸素によって酸化されているので、爆発する危険性は小さくなっている。
- D．セルロイドは、特に夏期に自然発火することが多いので、貯蔵温度に注意する。
- E．日光によって茶褐色に変わったトリニトロトルエンは、取扱い時に衝撃を与えても爆発することはない。

- [ ] 1．1つ　　　2．2つ　　　3．3つ　　　4．4つ　　　5．5つ

【12】第5類の危険物の貯蔵、取扱いの注意事項として、次のA～Eのうち妥当なものはいくつあるか。

> A．物品によっては、乾燥すると危険なものがあるので注意する。
> B．貯蔵する容器はすべて密栓しておく。
> C．炎、火花もしくは高温体との接近を避け、また、衝撃を与えないようにする。
> D．容器に収納された危険物の温度が分解温度を超えないように注意して貯蔵する。
> E．取扱い場所に置く量は、常に最小限とする。

- [ ] 1．1つ　　2．2つ　　3．3つ　　4．4つ　　5．5つ

【13】第5類の危険物に共通する貯蔵および取扱方法について、次のうち妥当でないものはどれか。

- [ ] 1．加熱、衝撃、摩擦を避ける。
- 2．分解や爆発をさせないために、水を加えて貯蔵するものがある。
- 3．他の薬品と接触させない。
- 4．冷暗所に貯蔵する。
- 5．作業靴、作業衣は、絶縁性があるものを着用する。

▶▶解答&解説‥‥‥‥‥‥‥‥‥‥‥‥‥‥‥‥‥‥‥‥‥‥‥‥‥‥‥‥‥‥‥‥‥‥‥‥

【1】解答「4」

1〜2．自己反応性物質に炎を近づけたり、加熱・衝撃を加えてはならない。

3．アジ化ナトリウム NaN_3 に酸を接触させると、有毒で爆発性のアジ化水素酸 HN_3 が発生する。危険物と反応する薬品を接触させてはならない。

4．第5類の危険物に、水との接触によって発火するおそれのある物質はない。しかし、アジ化ナトリウムは熱分解により"禁水性"の金属ナトリウムを生成するため、注水による消火は厳禁である。

5．温度管理が不妥当だと、火災発生の危険性が増す。また、セルロイドは湿気が高いと分解が進む。

【2】解答「2」（B・Eが妥当でない）

B．メチルエチルケトンパーオキサイドは、密閉すると内圧が上昇して分解が促進されるため、通気孔のあるフタ付きの容器やガス抜き口のある容器を使用する。しかし、密栓して貯蔵・取り扱うものもある。

E．分解しやすい危険物を断熱性の良い（高い）容器に入れて貯蔵してはならない。容器内の危険物が分解すると、分解熱が放熱されることなく蓄積し、その熱により更に分解が促進されて危険である。

【3】解答「3」

2．原則として、類を異にする危険物や危険物以外の物品は、同一の貯蔵所（同一の室）に貯蔵しないこと。

3．不活性ガス消火設備は、第5類の危険物の火災の消火には適応しない。第5類は多くが自己燃焼性を有しているため、不活性ガスで酸素の供給を遮断しても燃焼が継続する。大量の水による冷却消火か泡消火剤を使用する。

【4】解答「4」

2．メチルエチルケトンパーオキサイドは、純度が高いと危険性が高くなるため、可塑剤のジメチルフタレートで希釈したものが市販品として流通している。

3．メチルエチルケトンパーオキサイドは、密閉すると内圧が上昇して分解が促進されるため、通気孔のあるフタ付きの容器やガス抜き口のある容器を使用する。

4．乾燥状態を保つものもある一方、過酸化ベンゾイル、ピクリン酸などは乾燥すると爆発の危険性が増すため、含水状態で貯蔵するものもある。

【5】解答「1」

2．ピクリン酸は金属と反応して爆発性の金属塩を生成するため、容器は金属製のものを使用してはならない。

3．ニトロセルロースは、自然分解を抑えるため、水やアルコールによる湿綿状態で貯蔵する。

4．アジ化ナトリウムは、ポリエチレン、ポリプロピレン、ガラス製などの容器に貯蔵。

5．メチルエチルケトンパーオキサイドは、内圧が高くなると分解が進むため、通気性のあるフタ付きの容器で貯蔵する。

第5類 危険物

【6】解答「1」

2．メチルエチルケトンパーオキサイドは、密閉すると内圧が上昇して分解が促進されるため、通気孔のあるフタ付きの容器やガス抜き口のある容器を使用する。

3．有機過酸化物の過酸化ベンゾイル（$(C_6H_5CO)_2O_2$）は、白色の粒状で、爆発を防ぐため水で湿らせた状態で保存する。

4．金属のアジ化物（アジ化ナトリウム NaN_3 など）は酸素を含まないが、加熱すると爆発的に分解する。分解によりナトリウムと窒素を生じるが、ナトリウムは還元性が強く反応するため、二酸化炭素消火剤およびハロゲン化物消火剤は使用できない。したがって、全てに対応できる乾燥砂などによる窒息消火が適当。

5．第5類の危険物は燃焼速度が極めて速いため、燃焼の抑制作用による消火はほとんど効果がない。したがって、二酸化炭素、ハロゲン化物、不活性ガス、粉末の消火剤や消火設備は適応しない。

【7】解答「1」（A・Bが妥当でない）

A．ニトログリセリンは8℃で凍結するが、凍結させると感度が高くなり危険性が増す。

B．過酸化ベンゾイル（$(C_6H_5CO)_2O_2$）は水で湿らせて純度を下げて貯蔵する。

C．エチルメチルケトンパーオキサイドは、密閉すると内圧が上昇して分解が促進されるため、通気孔のあるフタ付きの容器やガス抜き口のある容器を使用する。

【8】解答「5」（D・Eが妥当）

A．ジアゾジニトロフェノールは、爆発を防ぐため、水またはアルコールとの混合液中に貯蔵する。

B．ジニトロソペンタメチレンテトラミンは、酸と離して貯蔵する。

C．ピクリン酸は、金属との接触を避ける。

D．硝酸エチルの引火点は、10℃である。

【9】解答「1」

2．エチルメチルケトンパーオキサイドは、密閉すると内圧が上昇して分解が促進されるため、通気孔のあるフタ付きの容器やガス抜き口のある容器を使用する。

3．ジアゾジニトロフェノールは、爆発を防ぐため、水またはアルコールとの混合液中に貯蔵する。

4．ニトロセルロースは、自然分解を抑えるため、アルコールまたは水に湿らせ湿綿状態で貯蔵する。

5．ニトログリセリンは8℃で凍結するが、凍結させると感度が高くなり危険性が増す。

【10】解答「4」

4．ピクリン酸は、金属と反応し衝撃に敏感な爆発性の金属塩を生じるため、金属との接触を避けて貯蔵する。

【11】解答「2」（A・Dが妥当）

B．第5類の危険物に限らず、すべての危険物は物品ごとに定められている方法により廃棄処分する。

第5類 危険物

214

C．長期間貯蔵されたニトロセルロースは、一部が硝酸とセルロースに分解されている。セルロースは綿の主成分で、硝酸は強い酸化剤である。これらを混合したものは、爆発する危険がある。

D．セルロイドは分解により発熱するため、特に夏季に自然発火することが多い。

E．トリニトロトルエンは、日光により表面が分解して茶褐色に変色するが、爆発性がなくなるというわけではない。

【12】解答「4」(A・C・D・Eが妥当)

B．メチルエチルケトンパーオキサイドは、密閉すると内圧が上昇して分解が促進されるため、通気孔のあるフタ付きの容器やガス抜き口のある容器を使用する。

【13】解答「5」

5．絶縁性があるものを着用すると、静電気が蓄積され、放電火花による火災が発生するおそれがある。

3 共通する消火方法

1．アジ化ナトリウム

アジ化ナトリウム NaN_3 は火災により熱分解し、金属ナトリウムを生成する。このため、乾燥砂等により窒息消火する。**水は絶対に使用してはならない**。

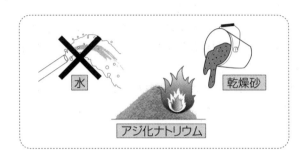

▶適応する消火剤

乾燥砂、膨張ひる石、膨張真珠岩

▶適応しない消火剤

水系の消火剤（水、強化液、泡）二酸化炭素消火剤、ハロゲン化物消火剤、粉末消火剤

2．アジ化ナトリウム以外

反応が爆発的であり、**燃焼速度も速い**ため、一般に消火は困難である。また、大部分のものが**可燃物と酸素が共存している物質**のため、周囲の空気を遮断する**窒息消火は効果がない**。

第5類危険物は、**大量の水により冷却消火**するか、泡消火剤を使用する。（※ただし、ニトロセルロースなど一部の物質においては**棒状放水**が厳禁なので、注意が必要である。）

危険物の量が少なく、火災の初期段階であれば、第5類危険物の消火は可能である。しかし、危険物の量が多い場合は、消火がきわめて困難となる。

▶適応する消火剤

大量の水（棒状・霧状）、強化液（棒状・霧状）、泡消火剤、乾燥砂、膨張ひる石、膨張真珠岩

▶適応しない消火剤

二酸化炭素消火剤、ハロゲン化物消火剤、粉末消火剤

【1】第5類の危険物の火災の消火について、危険物の性状に照らして、水を用いることが妥当でない物質は、次のうちどれか。[★]

　☐　1．硝酸グアニジン
　　　2．ニトロセルロース
　　　3．アジ化ナトリウム
　　　4．ジニトロソペンタメチレンテトラミン
　　　5．ピクリン酸

【2】第5類の危険物の火災の消火について、危険物の性状に照らして、水を用いることが妥当でない物質は次のうちどれか。[★]

　☐　1．硫酸ヒドラジン
　　　2．アゾビスイソブチロニトリル
　　　3．トリニトロトルエン
　　　4．アジ化ナトリウム
　　　5．過酸化ベンゾイル

【3】下表の右欄に掲げるすべての危険物の火災に共通して使用する消火剤として、左欄のA～Eのうち、妥当なものの組合せはどれか。[★]

消火剤	危険物
A．ハロゲン化物消火剤 B．粉末消火剤 C．泡消火剤 D．二酸化炭素消火剤 E．乾燥砂	・有機過酸化物　　・硝酸エステル類 ・ニトロソ化合物　・アゾ化合物 ・ヒドロキシルアミン塩類 ・硝酸グアニジン

　☐　1．AとB
　　　2．AとE
　　　3．BとC
　　　4．BとD
　　　5．CとE

【4】 次に掲げる危険物の火災に共通する消火方法として、A〜Eのうち、妥当なもののみをすべて掲げているものはどれか。

過酢酸　　ヒドロキシルアミン　　ジニトロソペンタメチレンテトラミン

- A．霧状または棒状の水を放射する。
- B．粉末消火剤（炭酸水素塩類を使用するもの）を放射する。
- C．二酸化炭素消火剤を放射する。
- D．水溶性液体用泡消火剤を放射する。
- E．ハロゲン化物消火剤を放射する。

☑ 1．A
2．A、B
3．A、D
4．A、B、E
5．A、C、E

▶▶解答＆解説‥‥‥‥‥‥‥‥‥‥‥‥‥‥‥‥‥‥‥‥‥‥‥‥‥‥‥‥‥

【1】解答「3」
3．アジ化ナトリウム NaN_3 は、熱分解でナトリウム Na と窒素 N に分解する。ナトリウムは水と反応して水素を発生するため、消火に水を用いてはならない。したがって、全てに対応できる乾燥砂などによる窒息消火が適当。

【2】解答「4」
4．アジ化ナトリウム NaN_3 は、熱分解でナトリウム Na と窒素 N に分解する。ナトリウムは水と反応して水素を発生するため、消火に水を用いてはならない。したがって、全てに対応できる乾燥砂などによる窒息消火が適当。

【3】解答「5」（C・Eが妥当）
アジ化ナトリウム以外の第5類の危険物は、大量の水または泡消火剤、乾燥砂、膨脹ひる石、膨脹真珠岩等が適応する。

【4】解答「3」（A・Dが妥当）
アジ化ナトリウム以外の第5類の危険物の消火には、大量の水または泡消火剤、乾燥砂、膨脹ひる石、膨脹真珠岩等が適応する。

4　有機過酸化物

　有機過酸化物は、一般に過酸化水素 H_2O_2 の**誘導体**とみなされる。すなわち、H－O－O－Hの中の水素原子を他の有機原子団に置換した化合物である。その化学的特徴は－O－O－という過酸化結合にあり、分解しやすくきわめて不安定である。また、有機過酸化物は強力な酸化力をもち、点火すると激しく燃焼し、ある条件下では爆発的に分解する。

★誘導体とは？★

　ある[化合物A]を反応させて、Aの分子中の原子を他の原子または原子団に置換して生じた[化合物B]を「Aの誘導体」という。例えば、化合物 A を「過酸化水素」とし、反応により化合物 B「有機過酸化物」が生成された場合、「有機過酸化物」は「過酸化水素」の誘導体となる。

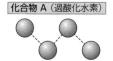 

化合物 B は 化合物 A の誘導体と見なされる！

1．過酸化ベンゾイル　$(C_6H_5CO)_2O_2$

形状	・白色、無色の粒状結晶または粉末。
性質	比重　1.3 蒸気比重　8.35 融点　103〜105℃ 発火点　80℃ または 125℃（試料により異なる） ・無臭である。 ・水、エタノールにはほとんど溶けないが、ジエチルエーテルやベンゼンなどの有機溶媒に溶ける。 ・強力な酸化作用を有する。このため、可燃性物質や還元性物質と爆発的に反応する。酸・アルコール・アミンと激しく反応。
危険性	・衝撃、摩擦、振動により爆発的に分解することがある。また、光によっても分解が進む。 ・融点以上に加熱すると、爆発することがある。 ・皮膚に触れると皮膚炎を起こす。 ・粉じんは眼や肺を刺激する。また、粉じんの拡散により粉じん爆発を起こすおそれがある。
貯蔵・取扱い	・市販品は爆発防止のため、水で湿らせて濃度を下げている。 ・加熱・衝撃・摩擦を避ける。 ・容器は密栓し、冷暗所に貯蔵する。
消火方法	・大量の水（棒状または霧状に散水等）または泡消火剤を用いる。
その他	・油脂、ワックス、小麦粉等の漂白剤に用いられる。

2. メチルエチルケトンパーオキサイド（濃度 60%）（CH3COC2H5）2OO

メチルエチルケトン CH3COC2H5（第4類危険物の第1石油類）と過酸化水素との反応によって生成される－O－O－構造をもつ化合物の総称である。パーオキサイド（peroxide）とは「過酸化物」の意である。

市販品は安全性のため、可塑剤の**フタル酸ジメチル** C6H4（COOCH3）2（ジメチルフタレート）を加えて、55～60%に濃度を下げている。

下表の数値は、濃度60%の溶液のものである。

形状	・特有の臭気を有する、無色透明の油状の液体。
性質	**比 重** 1.1 **引火点** 75℃ ・水に溶けないが、ジエチルエーテルに溶ける。 ・自然分解の傾向がある。常温でも酸化鉄、ボロ布などと接触すると分解する。
危険性	・40℃以上になると分解が促進され、爆発することがある。また、30℃以下でも、酸化鉄や布に接触すると分解する。 ・直射日光（紫外線）により分解する。 ・引火すると激しく燃焼し、有毒で腐食性のガスを発生する。 ・鉄や銅などの金属と接触すると、分解して爆発するおそれがある。
貯蔵・取扱い	・内圧が高くなると分解が促進されるため、容器のフタに通気孔のあるものを使用する。 ・冷暗所に貯蔵する。
消火方法	・大量の水（散水等）または泡消火剤を用いる。

※メチルエチルケトンパーオキサイドとエチルメチルケトンパーオキサイドは同じものである。メチルエチル～、エチルメチル～の両方の名称で出題されている。

第5類 危険物

220

3. 過酢酸（濃度40%） CH₃COOOH

過酢酸は、酢酸と過酸化水素から、硫酸の触媒作用によって生成される。

過酢酸製品にはさまざまな濃度で過酢酸、酢酸、過酸化水素が含まれているが、過酢酸は非常に不安定な物質のため、濃度の上限は40％とされている。

下表の数値は、濃度40％の溶液のものである。

形状	・強い酢酸臭を有する、無色の液体。
性質	比重 1.2 引火点 41℃ ・弱酸性。 ・水、アルコール、ジエチルエーテル、硫酸によく溶ける。 ・強力な酸化剤であり、可燃性物質や還元性物質と激しく反応する。
危険性	・110℃以上に加熱すると発火・爆発する。 ・蒸気と空気の混合ガスは、引火・爆発することがある。 ・酸化剤や有機物との接触により、爆発することがある。 ・アルミニウムを含む多くの金属は混触危険物質である。 ・皮膚や粘膜（目や気道）を刺激・腐食する。
貯蔵・取扱い	・火気厳禁（衝撃や摩擦も与えない）。 ・換気良好な冷暗所に可燃物と隔離して貯蔵する。
消火方法	・大量の水（散水等）または泡消火剤を用いる。

▶過去問題［1］◀

【1】有機過酸化物の一般的な貯蔵および取扱方法について、次のA～Eのうち妥当でないものの組合せはどれか。

　A．できるだけ不活性な溶剤、可塑剤等で希釈して貯蔵または取り扱う。

　B．有機物が混入しないようにする。

　C．水と反応するものがあるので、水との接触を避ける。

　D．金属片が混入しないようにする。

　E．すべて密栓された貯蔵容器で保存する。

☐　1．AとB　　2．AとC　　3．BとD　　4．CとE　　5．DとE

［過酸化ベンゾイル］

【2】過酸化ベンゾイルの性状等について、次のうち妥当でないものはどれか。［★］

☐　1．特有の臭気を有する無色油状の液体である。

　2．強力な酸化作用を有する。

　3．油脂、ワックス、小麦粉等の漂白に用いられる。

　4．熱、衝撃または摩擦によって爆発的に分解する。

　5．光によって分解が促進される。

【3】過酸化ベンゾイルの性状について、次のうち妥当でないものはどれか。[★]

　☑　1．無色無臭の液体である。

　　　2．皮膚に触れると皮膚炎を起こす。

　　　3．エーテル、ベンゼンなどの有機溶媒に溶ける。

　　　4．衝撃、摩擦によって爆発的に分解しやすい。

　　　5．強力な酸化作用がある。

【4】過酸化ベンゾイルの性状について、次のうち妥当でないものはどれか。

　☑　1．無色無臭の化合物である。　　　2．強い酸化性を有している。

　　　3．水、アルコールに溶ける。　　　4．粉じんは眼や肺を刺激する。

　　　5．光によって分解する。

【5】可塑剤で50wt％に希釈された過酸化ベンゾイルにかかわる火災の初期消火の方法について、次のA〜Eのうち妥当でないものの組合せはどれか。[★]

　　　A．粉末消火剤（リン酸塩類を使用するもの）で消火する。

　　　B．泡消火剤で消火する。

　　　C．水（噴霧状）で消火する。

　　　D．強化液消火剤（棒状）で消火する。

　　　E．二酸化炭素消火剤で消火する。

　☑　1．AとB　　2．AとE　　3．BとC　　4．CとD　　5．DとE

▶▶解答＆解説………………………………………………………………………

【1】解答「4」（C・Eが妥当でない）

　A．有機過酸化物のうち、メチルエチルケトンパーオキサイドは、安全性のためフタル酸ジメチル（ジメチルフタレート）を加えて、濃度を下げている。有機過酸化物は、一般に希釈して貯蔵・取り扱う。

　B．有機過酸化物は強い酸化剤のため、可燃性の有機物が混入しないようにする。

　C．有機過酸化物のうち、過酸化ベンゾイル（C_6H_5CO）$_2O_2$、メチルエチルケトンパーオキサイド及び過酢酸CH_3COOOHは、いずれも水とは反応しない。

　D．メチルエチルケトンパーオキサイドは、鉄や銅などの金属と接触すると、分解して爆発の危険性が生じる。

　E．メチルエチルケトンパーオキサイドは、内圧が高くなると分解が促進されるため、容器のフタに通気孔のあるものを使用。

【2】解答「1」

　1．「特有の臭気を有する無色油状の液体」は、メチルエチルケトンパーオキサイドである。過酸化ベンゾイルは無臭で、白色の粒状結晶または粉末である。

【3】解答「1」
　　1．過酸化ベンゾイルは無臭で、白色の粒状結晶または粉末である。

【4】解答「3」
　　3．過酸化ベンゾイルは水に溶けない。また、アルコールとは激しく反応する。

【5】解答「2」（A・Eが妥当でない）
　　A＆E．第5類の危険物の火災には、粉末消火剤および二酸化炭素消火剤が適応しない。

▶過去問題［2］◀

［メチルエチルケトンパーオキサイド（エチルメチルケトンパーオキサイド）］
注意：どちらも同じもの。メチルエチル～、エチルメチル～の両方で出題されている。

【1】メチルエチルケトンパーオキサイド（市販品）の貯蔵および取り扱いについて、
　　次のA～Eのうち妥当でないものはいくつあるか。［★］

　　A．高純度のものは、摩擦や衝撃に対して敏感であるので、フタル酸ジメチルな
　　　どで希釈されたものが用いられる。
　　B．酸化鉄、ぼろ布と接触すると分解するので、常温（20℃）においても、これ
　　　らのものと接触させない。
　　C．直射日光を避け、冷暗所に貯蔵する。
　　D．水と接触すると分解するので、水と接触させない。
　　E．容器に密栓して貯蔵する。

　☑　1．1つ　　　2．2つ　　　3．3つ　　　4．4つ　　　5．5つ

【2】エチルメチルケトンパーオキサイドは不安定で、点火により激しく燃焼し、ま
　　た摩擦、衝撃等により爆発的に分解するので、希釈剤で薄めて安全が図られてい
　　るが、希釈剤として一般に使用されているものは、次のうちどれか。［★］
　☑　1．ナフテン酸コバルト　　　2．ジメチルアニリン　　　3．水
　　　4．2－プロパノール　　　　5．フタル酸ジメチル

【3】屋内貯蔵所内において発生しているエチルメチルケトンパーオキサイド（市販品）
　　の漏れ事故の処置について、次のうち妥当でないものはどれか。
　☑　1．けいそう土で吸収した後、早急に注意深く少量ずつ焼却する。
　　　2．注水して、貯留設備に流し込んだ後、容器に回収する。
　　　3．砂で覆い、吸い取った後、床を石けん水で洗う。
　　　4．水酸化ナトリウムを散布し、中和して回収する。
　　　5．少量の場合は、布で吸い取って、速やかに注意深く少しずつ焼却する。

【4】次の事故の発生原因として、最も考えにくいものは次のうちどれか。[★]

「防水工事に使用して余った硬化剤をポリエチレン製の容器に入れ、屋外に置いていたところ、硬化剤に含まれているエチルメチルケトンパーオキサイドが分解して出火した。」

- ☑ 1．鉄製の錆びたひしゃくを一緒に入れたため、分解が促進された。
- 2．ぼろ布を一緒に入れたため、分解が促進された。
- 3．直射日光が当たって温度が上昇したため、分解が促進された。
- 4．余った硬化促進剤（ナフテン酸コバルト）を一緒に入れたため、分解が促進された。
- 5．ガラス製の軽量カップを一緒に入れたため、分解が促進された。

【5】次の文の下線部分【A】～【C】のうち、事故の要因となったと考えられるもののみをすべて掲げているものはどれか。

「防水工事に使用した硬化剤が余ったため、【A】鉄製の錆びた計量カップと一緒に、【B】ポリエチレン製の容器に入れ、【C】直射日光の当たる屋外に置いていたところ、硬化剤に含まれるエチルメチルケトンパーオキサイドが分解して発火した。」

- ☑ 1．A　　2．C　　3．A、B　　4．A、C　　5．B、C

▶▶解答＆解説‥‥‥‥‥‥‥‥‥‥‥‥‥‥‥‥‥‥‥‥‥‥‥‥‥‥‥‥‥‥‥

【1】解答「2」（D・E が妥当でない）

　　D．メチルエチルケトンパーオキサイドは、水と接触しても分解しない。

　　E．有機過酸化物のうちメチルエチルケトンパーオキサイドは、密閉すると内圧が上昇して分解が進むため、通気孔のあるフタを使用して容器に保管する。

【2】解答「5」

　　ナフテン酸コバルト…主に樹脂の硬化促進剤として利用される。ジメチルアニリン…第4類危険物 第3石油類。2-プロパノール…第4類危険物 アルコール類。

【3】解答「5」

- 1．けいそう土は、太古に繁殖した珪藻と呼ばれる藻類の化石で、主成分は二酸化ケイ素 SiO_2。純粋なものは白色であるが、通常は淡黄色で、多孔質。ろ過剤やダイナマイト製造に使われる。
- 5．エチルメチルケトンパーオキサイドは、布と接触すると分解が進むため、けいそう土や砂等で吸収して回収する。

【4】解答「5」

- 1．エチルメチルケトンパーオキサイドは、鉄さびと接触すると分解が促進される。
- 5．プラスチックやガラスと接触しても分解が進むことはない。

【5】解答「4」（A・Cが該当）

A．エチルメチルケトンパーオキサイドは、鉄さびと接触すると分解が促進される。

C．直射日光（紫外線）により分解する。

[過酢酸]

【1】過酢酸（酢酸で希釈し、40％にしたもの）の性状について、次のうち妥当でないものはどれか。

☑ 1．強い刺激臭がする。

2．水との接触により、激しく分解する。

3．引火性を有する。

4．酸化性物質との接触により、爆発することがある。

5．110℃以上に加熱すると、爆発する。

【2】過酢酸の性状について、次のうち妥当でないものはどれか。

☑ 1．水、エタノールによく溶ける。

2．110℃以上に加熱すると爆発することがある。

3．硫酸によく溶ける。

4．引火性を有しない。

5．有害な物質である。

【3】過酢酸の発火、爆発を起こすおそれのないものは次のうちどれか。

☑ 1．二酸化炭素　　　　2．衝撃や摩擦　　　　3．200℃の熱源

4．酸化剤との接触　　　5．金属粉との接触

【4】過酢酸の性状に関する次のA～Dについて、正誤の組合せとして、妥当なものはどれか。

A．加熱すると爆発する。

B．有毒で粘膜に対する刺激性が強い。

C．アルコール、エーテルには溶けない。

D．空気と混合して、引火性、爆発性の気体を生成する。

	A	B	C	D
☑ 1.	×	○	○	×
2.	○	×	○	×
3.	○	×	×	×
4.	×	○	×	○
5.	○	○	×	○

注：表中の○は正、×は誤を表すものとする。

225

【5】過酢酸の性状について、次のA〜Eのうち、妥当なものはいくつあるか。
  A．強い刺激臭がある。
  B．有機物との接触により、爆発することがある。
  C．水に溶けない。
  D．引火性を有する。
  E．110℃以上に加熱すると爆発することがある。
  ☑ 1．1つ   2．2つ   3．3つ   4．4つ   5．5つ

【6】過酢酸（酢酸で希釈し、40％にしたもの）の性状について、次のA〜Eのうち
  妥当でないものはいくつあるか。
  A．強い刺激臭のある液体である。
  B．エタノール、エーテルに溶けない。
  C．酸化性物質との接触により、爆発することがある。
  D．引火性を有していない。
  E．110℃以上に加熱すると、爆発する。
  ☑ 1．1つ   2．2つ   3．3つ   4．4つ   5．5つ

▶▶解答＆解説‥‥‥‥‥‥‥‥‥‥‥‥‥‥‥‥‥‥‥‥‥‥‥‥‥‥‥‥‥‥‥‥‥‥‥‥‥‥
【1】解答「2」
  2．水にはよく溶ける。水で希釈すると、危険性が低下する。
【2】解答「4」
  4．引火性を有する。加熱するとその蒸気と空気が混合して引火する。
【3】解答「1」
  2〜4．110℃以上に加熱すると爆発するため、熱源との接触をはじめ、酸化剤、有機
      物との接触、及び衝撃や摩擦は爆発のおそれがある。
  5．アルミニウムを含む多くの金属を侵す。
【4】解答「5」（A・B・Dは○、Cは×）
  A．110℃以上に加熱すると爆発することがある。
  C．過酢酸は、酢酸と同様にアルコール、エーテルによく溶ける。
【5】解答「4」（A・B・D・Eが妥当）
  C．水にはよく溶ける。水で希釈すると、危険性が低下する。
【6】解答「2」（B・Dが妥当でない）
  B．過酢酸は、酢酸と同様にアルコール、エーテルによく溶ける。
  D．引火性を有する。

単にエステルという場合、「カルボン酸エステル」を指すことが多い。

カルボン酸エステルは、$R^1 - COO - R^2$ という構造をもつ。酢酸 CH_3COOH とエタノール C_2H_5OH が反応すると、酢酸の H とメタノールの OH がとれて水となり、酢酸エチル $CH_3COOC_2H_5$ を生成する。この反応を縮合という。

しかし、エステルはカルボン酸エステルの他にも数多くあり、この場合、「酸素を含む酸とヒドロキシ基をもつアルコールが縮合して得られる化合物」がエステルの定義となる。したがって、$- COO -$ 構造とはならない。

硝酸 HNO_3 とアルコールが縮合すると、**硝酸エステル**(硝酸メチル・硝酸エチル・ニトログリセリン等)と水が生成する。

硝酸とアルコールの反応
- 硝酸+メタノール $\longrightarrow$ 硝酸メチルと水
  $$HNO_3 + CH_3OH \longrightarrow CH_3NO_3 + H_2O$$
- 硝酸+エタノール $\longrightarrow$ 硝酸エチルと水
  $$HNO_3 + C_2H_5OH \longrightarrow C_2H_5NO_3 + H_2O$$
- 硝酸+グリセリン $\longrightarrow$ ニトログリセリンと水
  $$3HNO_3 + C_3H_5(OH)_3 \longrightarrow C_3H_5(ONO_2)_3 + 3H_2O$$

硝酸エステルは一般式 $R - ONO_2$ で表され、芳香があり、甘味をもつ液体である。揮発性を有し、化学的に不安定で熱や衝撃によって爆発しやすい。また、自然に一酸化窒素を発生して分解する性質がある。

1. 硝酸メチル CH_3NO_3

形状	・無色透明の液体。
性質	**比重** 1.2 **蒸気比重** 2.7 **沸点** 65〜67℃ **引火点** 15℃ ・芳香を有し、甘みがある。 ・水にはほとんど溶けないが、アルコール、ジエチルエーテルには溶ける。
危険性	・揮発性があり、常温(20℃)で引火する。 ・加熱、衝撃で爆発しやすい。
貯蔵・取扱い	・容器は密栓し、換気のよい冷暗所に貯蔵する。
消火方法	・酸素を含有しているため、消火は困難である。

2. 硝酸エチル　$C_2H_5NO_3$

形状	・無色透明の液体。
性質	比重　1.1 蒸気比重　3.1 沸点　$87 \sim 89℃$ 引火点　10℃ ・芳香を有し、甘みがある。 ・水にわずかに溶け、アルコール、ジエチルエーテルには溶ける。
危険性	・揮発性があり、常温（20℃）で引火する。 ・加熱、衝撃で爆発しやすい。
貯蔵・取扱い	・容器は密栓し、換気のよい冷暗所に貯蔵する。
消火方法	・酸素を含有しているため、消火は困難である。

3. ニトログリセリン　$C_3H_5(ONO_2)_3$

形状	・純品は無色の油状液体。工業品は淡黄色。
性質	比重　1.6 蒸気比重　7.8 ・甘みを有し、有毒。 ・水にはほとんど溶けないが、有機溶媒には溶ける。 ・水酸化ナトリウム（苛性ソーダ）のアルコール溶液で分解し、非爆発性となる。
危険性	・加熱・衝撃・摩擦を加えると爆発する。 ・8℃で凍結する。凍結すると、感度が高くなり危険性が増す。
貯蔵・取扱い	・火薬庫で貯蔵する。 ・加熱・衝撃・摩擦を避ける。
消火方法	・燃焼することもあるが、一般に爆発性があるため、消火は困難である。
その他	・ダイナマイトの原料であるほか、狭心症治療薬としても用いられる。（ダイナマイトは、ニトログリセリンを基剤とし、これにけいそう土・弱硝化綿などを吸収させた爆薬である）

4. ニトロセルロース（硝化綿、硝酸繊維素）

ニトロセルロースは、**セルロースの硝酸エステル**である。

セルロースは、$(C_6H_{10}O_5)n$で表される多糖類（炭化水素）で、綿はそのほとんどがセルロースである。

ニトロセルロースは、合成する際の**硝化度**（窒素含有率）に応じて、硝化度13％前後のものを強綿薬、12.75 ～ 10％のものを弱綿薬、10％以下のものを脆（ぜい）綿薬という。有機溶剤に対する溶解度は、硝化度により異なる。

強綿薬は無煙火薬、弱綿薬はダイナマイト・無煙火薬・ラッカー、脆綿薬はセルロイドにそれぞれ使われる。

形状	▪ 綿状または紙状で白色。
性質	▪ 比重　1.7 ▪ 無味、無臭。 ▪ 水に溶けないが、アセトンや酢酸エチルにはよく溶ける。
危険性	▪ 摩擦や衝撃に敏感で、爆発性がある。窒素含有量の多いものほど爆発しやすい。 ▪ 自然分解する傾向がある。特に精製の悪いものは、分解により熱を発し、自然発火することがある。また、直射日光を受けると分解が促進される。 ▪ 燃焼の際は有害な窒素酸化物、一酸化炭素、二酸化炭素を発生。
貯蔵・取扱い	▪ 自然分解を抑えるため、水やアルコールを含ませ、湿綿状態で貯蔵する。また、市販品は安定剤が添加されている。 ▪ 湿綿状態にした上で容器に密封する。 ▪ 加熱・衝撃・摩擦を避ける。
消火方法	▪ 大量の水噴霧（棒状放水は使用しない）・泡消火剤（※冷却消火）・乾燥砂などを用いる。

▶ **セルロイドとは**

◎ニトロセルロースに樟（しょう）のうを混ぜてつくられた合成樹脂である。熱可塑性（熱を加えると軟化する性質）で、約90℃で軟化する。一般に透明、または半透明の合成樹脂である。

◎以前は玩具や映画フィルム等に多く使用されていた。燃え易いという欠点がある。

◎約170℃になると自然発火する。ただし、精製の悪い粗製品は、もっと低い温度でも発火する。

◎**高い温度と湿度、日光（紫外線）の影響**により、少しずつ硝酸とセルロースに分解して、劣化を起こす。この分解は発熱を伴うため、蓄熱すると**自然発火**を起こすことがある。

◎**通風がよく**、湿気のない、温度の低い暗所で貯蔵する。

［硝酸エチル］

【1】 第5類の危険物のうち、常温（20℃）で引火の危険性があるものはどれか。

☐ 1．メチルエチルケトンパーオキサイド（可塑剤で希釈し、55％にしたもの）
　 2．ピクリン酸
　 3．硝酸エチル
　 4．過酸化ベンゾイル
　 5．過酢酸（酢酸で希釈し、40％にしたもの）

【2】 硝酸エチルの性状について、次のうち妥当でないものはどれか。

☐ 1．沸点は100℃より低い。
　 2．無色、無臭の液体である。
　 3．蒸気は空気より重く、低所に滞留しやすい。
　 4．水よりも重い。
　 5．引火点は常温（20℃）より低い。

【3】 硝酸エチルの性状について、次のうち妥当なものはどれか。［★］

☐ 1．悪臭を有し、苦味がある。
　 2．沸点は水より低い。
　 3．水溶液は強い酸性を示す。
　 4．水より軽い。
　 5．蒸気は空気より軽い。

【4】 硝酸エチルの性状について、次のうち妥当なものはどれか。

☐ 1．悪臭を有し、苦みがある。
　 2．水によく溶ける。
　 3．沸点は100℃より低い。
　 4．水より軽い。
　 5．蒸気は空気より軽い。

［ニトログリセリン］

【5】 ニトログリセリンの性状について、次のうち妥当なものはどれか。［★］

☐ 1．液体の場合は衝撃に対して鈍感で、取扱いしやすい。
　 2．アセトン、メタノールおよび水のいずれにも、よく溶ける。
　 3．20℃では凍結した固体である。
　 4．水酸化ナトリウムのアルコール溶液で分解され、非爆発性物質となる。
　 5．水よりも軽い。

【6】 次のA～Cに掲げる危険物の性状のすべてに該当するものはどれか。

> A．無色の油状物質である。
> B．ダイナマイトの原料である。
> C．加熱や打撃により、爆発することがある。

☐ 1．過酸化ベンゾイル　　　2．トリニトロトルエン　　　3．ニトロセルロース
　 4．ピクリン酸　　　　　　5．ニトログリセリン

［ニトロセルロース］

【7】 次の文の（　）内に当てはまる物質はどれか。[★]
　　「ニトロセルロースは、自然発火を防止するため、通常（　）で湿らせて貯蔵する。」

☐ 1．アルコール　　　　　　2．灯油　　　　　　　　　　3．希塩酸
　 4．酢酸エチル　　　　　　5．アセトン

【8】 ニトロセルロースの性状について、次のうち妥当でないものはどれか。

☐ 1．窒素含有量の多い（硝化度の高い）ものは、危険性が低い。
　 2．乾燥すると強い衝撃、摩擦、加熱により発火または爆発のおそれがある。
　 3．燃焼すると、有害な窒素酸化物、一酸化炭素、二酸化炭素を発生する。
　 4．エタノールで湿性にしたものは、危険性が低い。
　 5．日光の照射、加温などにより自然発火のおそれがある。

【9】 蒸し暑い日に、屋内貯蔵所で貯蔵しているニトロセルロースの入った容器から
　　出火した。調査の結果、容器のふたが完全に閉まっていなかったことが判明した。
　　この出火原因に最も関係が深いものは次のうちどれか。[★]

☐ 1．空気が入り、窒素の作用でニトロ化が進み、自然に分解して発熱した。
　 2．空気中の酸素によって、酸化され発熱した。
　 3．空気中の水分が混入したため、自然に分解して発熱した。
　 4．あらかじめ封入されていた不活性気体が空気中に放散したため、自然に分解
　　　して発熱した。
　 5．加湿用のアルコールが蒸発したため、自然に分解して発熱した。

【10】 ニトロセルロースの火災に使用する消火剤として、次のうち最も妥当なものは
　　どれか。

☐ 1．消火粉末　　　　　　　2．二酸化炭素　　　　　　　3．大量の水
　 4．高膨脹泡　　　　　　　5．ハロゲン化物

[セルロイド]

【11】セルロイドの貯蔵にあたり、自然発火を防止するための措置として、次のうち最も妥当なものはどれか。[★]

☑ 1．密栓して暗所に置く。
　　2．熱風を送って乾燥させた室内に置く。
　　3．通風がよく、湿気のない、温度の低い暗所に置く。
　　4．湿気を高くした暗所に置く。
　　5．通風、換気のない密閉された暗所に置く。

【12】セルロイドの性状について、次のうち妥当でないものはどれか。[★]

☑ 1．熱可塑性である。
　　2．アセトン、酢酸エチルなどに溶ける。
　　3．100℃以下で軟化する。
　　4．一般に、粗製品ほど発火点が高くなる。
　　5．一般に、透明または半透明の固体である。

【13】室内に置かれたセルロイドの危険性として、次のうち妥当でないものはどれか。
[★]

☑ 1．燃焼速度が極めて大きく、他の可燃物への延焼危険が大きい。
　　2．湿度及び気温が高い日が続くと、自然発火を起こすことがある。
　　3．気温が低くても乾燥した日が続くと、自然発火しやすい。
　　4．粗製品は、精製品に比べ、自然発火する危険性が高い。
　　5．古い製品は分解しやすく、自然発火する危険性が高い。

▶▶解答＆解説‥‥‥‥‥‥‥‥‥‥‥‥‥‥‥‥‥‥‥‥‥‥‥‥‥‥‥‥‥‥‥‥‥

【1】解答「3」
　　1．メチルエチルケトンパーオキサイド（55％溶液）は液体で引火性があるが、引火点は常温より高い。60％溶液の場合の引火点は、約75℃である。
　　2．ピクリン酸は結晶で引火性があるが、引火点は150℃である。
　　4．過酸化ベンゾイルは、80℃または125℃（試料により異なる）である。
　　5．過酢酸（40％溶液）は刺激臭のする液体で引火性があるが、引火点は41℃である。

【2】解答「2」
　　2．無色の液体であるが、芳香がある。

【3】解答「2」
　　1．硝酸エチルは芳香を有し、甘味がある。
　　2．沸点は87〜89℃で、水（100℃）より低い。
　　3．硝酸エチルは水にわずかしか溶けないため、水溶液を作れない。

4．比重は 1.1 で、水より重い。

5．蒸気比重は 3.1 で、空気より重い。

【4】解答「3」

1．硝酸エチルは芳香を有し、甘みがある。

2．水にはわずかにしか溶けない。

4．比重は1.1で、水より重い。

5．蒸気比重は3.1で、空気より重い。

【5】解答「4」

1．ニトログリセリンは油状液体で、加熱・衝撃・摩擦を加えると爆発する。

2．有機溶媒には溶けるが、水には難溶である。

3．ニトログリセリンは8℃で凍結する。

5．比重は 1.6 で、水よりも重い。

【6】解答「5」

A．純品は無色で油状の液体である。

【7】解答「1」

ニトロセルロースは通常、水やアルコールで湿らせて貯蔵する。

【8】解答「1」

1．窒素含有量の多いものほど爆発しやすく危険性が大きい。

【9】解答「5」

5．ニトロセルロースは自然分解を防ぐため、アルコールや水で湿綿状にしておく。
アルコールや水が蒸発して乾燥すると、加熱や衝撃に極めて敏感になる。また、アル
コールが蒸発したことで温度が高くなると、分解が進み、発熱して発火しやすくなる。

【10】解答「3」

3．大量の水による冷却消火が妥当。ただし、棒状注水は厳禁なので注意が必要。

4．高膨張泡には主に窒息効果が期待されるが、可燃物と酸素が共存する第5類危険物
には効果が薄いため不適当。

【11】解答「3」

セルロイドは、通風がよく、湿気がなく、温度が低く、日光を受けない場所に置く。

【12】解答「4」

3．セルロイドは約90℃で軟化する。

4．一般に、粗製品ほど発火点が低くなり、危険性が増す。

【13】解答「3」

3．気温が低く、乾燥した日が続くと、自然発火する危険性が低くなる。

4．一般に、粗製品ほど発火点が低くなり、危険性が増す。

5．古いものは、光や酸素などの影響でセルロースと硝酸に分解する劣化現象を起こし、
自然発火しやすくなる。

第5類　危険物

233

ニトロ化合物は、ニトロ基が炭素原子に直接結合している化合物の総称である。R − NO2 という構造をもつ。また、ニトロ基（− NO2）を化合物に導入することをニトロ化と呼ぶ。

ニトロ基を1個もつものは比較的安定しているが、3個もつピクリン酸（トリニトロフェノール）およびトリニトロトルエン（TNT）は爆発性を有する。

1. ピクリン酸　$C_6H_2(NO_2)_3OH$（トリニトロフェノール）

形状	▪ 黄色の結晶。
性質	**比 重**　1.8 **融 点**　122℃ **発火点**　300 〜 320℃ **引火点**　150℃（密閉式）または 207℃ ▪ 水には溶けにくいが、熱水には溶ける。また、アルコール、ジエチルエーテル、ベンゼン等の有機溶媒にも溶ける。 ▪ 苦みがあり、有毒。無臭。 ▪ 水溶液は強い酸性で、金属（特に銅・鉛・亜鉛・水銀）と反応し、衝撃に敏感な爆発性の金属塩を生じる。
危険性	▪ 単独でも打撃・衝撃・摩擦により爆発するおそれがある。 ▪ 硫黄やヨウ素などの酸化されやすい物質、ガソリン、アルコールなどと混合したものは、打撃・衝撃・摩擦により爆発するおそれがある。 ▪ ゆっくり加熱すると昇華するが、急熱すると爆発する。 ▪ 毒性があり、吸引すると下痢、嘔吐等の症状を引き起こす。 ▪ 酸化性物質、還元性物質と激しく反応する。
貯蔵・取扱い	▪ 含水状態にして冷暗所で貯蔵する。爆発の危険性が増すため、乾燥状態で貯蔵してはならない。水は衝撃緩衝剤のはたらきがある。 ▪ 打撃・衝撃・摩擦を避ける。 ▪ 金属製容器を避ける。
消火方法	▪ 大量の水（散水等）で消火する。

※フェノール C_6H_5OH はベンゼン環とヒドロキシ基− OH をもつ。また、「トリニトロ」でニトロ基− NO2 3個を表す。

2. トリニトロトルエン　C6H2(NO2)3CH3（TNT）

形状	▪ 無色〜淡黄色の結晶。ただし、日光に当たると茶褐色に変色。
性質	**比　重**　1.60 〜 1.65 **融　点**　80 〜 81℃ **発火点**　230℃ ▪ 水には溶けない。 ▪ アセトンやベンゼン、ジエチルエーテルに溶ける。 ▪ 金属とは反応しない。 ▪ ピクリン酸よりもやや安定。
危険性	▪ 加熱、衝撃、摩擦により爆発するおそれがある。 ▪ 多くの化学物質と激しく反応し、火災や爆発の危険をもたらす。
貯蔵・取扱い	▪ 衝撃（打撃）・摩擦を避ける。 ▪ 水で湿らせた状態で貯蔵する。
消火方法	▪ 大量の水（散水等）で消火する。

＊トルエン C6H5CH3 はベンゼン環とメチル基− CH3 をもつ。また、「トリニトロ」でニトロ基− NO2 3個を表す。

＊いくつかの構造異性体をもつ。

[ピクリン酸]

【1】 ピクリン酸の性状について、次のうち妥当なものはどれか。[★]

☐ 1．芳香のある無色の液体で、甘味がある。

　　 2．冷水によく溶け、ジエチルエーテル、ベンゼンには溶けない。

　　 3．乾燥することにより、危険性が小さくなる。

　　 4．金属塩となったものは爆発しない。

　　 5．ゆっくり加熱すると昇華するが、急熱すると爆発する。

【2】 ピクリン酸の性状について、次のうち妥当でないものはどれか。

☐ 1．苦味があり、有毒である。

　　 2．水より重い透明の液体である。

　　 3．単独のものより、硫黄、ヨウ素などとの混合物の方が、はるかに危険である。

　　 4．乾燥状態のものは、危険性が高い。

　　 5．ジエチルエーテル、ベンゼンに溶ける。

【3】 ピクリン酸の性状について、次のA～Cのうち、妥当なもののみをすべて掲げているものはどれか。

　　 A．黄色の結晶で、アルコールによく溶ける。

　　 B．金属と反応し、爆発しやすい金属塩を生成する。

　　 C．水分を含むと、発火・爆発の危険性が増大する。

☐ 1．A　　 2．C　　 3．A、B　　 4．B、C　　 5．A、B、C

【4】 ピクリン酸の貯蔵、取扱いについて、次のうち妥当でないものはどれか。[★]

☐ 1．安定化させるため水で湿性にする。

　　 2．取り扱う機器や設備は防爆型のものを用いる。

　　 3．加熱により爆発するので留意する。

　　 4．金属製の容器に保存する。

　　 5．衝撃、摩擦、振動を避ける。

【5】 ピクリン酸の貯蔵、取扱いについて、次のうち妥当でないものはどれか。[★]

☐ 1．衝撃、摩擦、振動を避ける。

　　 2．取り扱う機器や設備は防爆型のものを用いる。

　　 3．水を加えると爆発のおそれがある。

　　 4．急激な加熱を避ける。

　　 5．金属製の容器を避ける。

236

[トリニトロトルエン]

【6】 トリニトロトルエンの性状について、次のうち妥当でないものはどれか。[★]

☐　1．淡黄色または無色の結晶である。
　　2．金属と作用して爆発性の金属塩をつくる。
　　3．衝撃を加えると爆発する。
　　4．水より重い。
　　5．アセトン、ベンゼンなどに溶ける。

【7】 トリニトロトルエンの性状について、次のうち妥当でないものはどれか。

☐　1．無色または淡黄色の結晶である。
　　2．水によく溶ける。
　　3．日光により茶褐色に変わる。
　　4．融点は約80℃である。
　　5．加熱、衝撃により、爆発の危険性がある。

【8】 トリニトロトルエンについて、次のA～Eのうち、妥当でないもののみの組み合わせはどれか。

> A．異性体のある化合物である。
> B．ニトロ基を3つ、メチル基を1つ持っている化合物である。
> C．溶解すると衝撃をあたえても爆発しなくなる。
> D．日光により茶褐色に変わるが、爆薬としての性質にほとんど変化は認められない。
> E．種々の金属と塩を作り、その金属塩は敏感で爆発しやすい。

☐　1．AとB
　　2．AとD
　　3．BとC
　　4．CとE
　　5．DとE

[ニトロ化合物等]

【9】第5類の硝酸エステル類およびニトロ化合物について、次のA～Gのうち妥当なものはいくつあるか。[★]

 A．いずれも無機化合物である。

 B．いずれも酸化剤である。

 C．いずれも酸素を含有している。

 D．いずれも燃焼速度が極めて大きい。

 E．いずれも化学的には、可燃物と酸素供給源とが共存している状態である。

 F．硝酸エステル類は、水に溶けて強い酸性を示す。

 G．ニトロ化合物は金属と激しく反応する。

☑　1．3つ 2．4つ 3．5つ 4．6つ 5．7つ

【10】ピクリン酸とトリニトロトルエンの性状について、次のうち妥当でないものはどれか。

☑　1．常温（20℃）では固体である。

 2．ジエチルエーテルに溶ける。

 3．分子中に3つのニトロ基を有している。

 4．ピクリン酸は金属と塩をつくるが、トリニトロトルエンはつくらない。

 5．発火点は100℃未満である。

▶▶解答＆解説‥‥‥‥‥‥‥‥‥‥‥‥‥‥‥‥‥‥‥‥‥‥‥‥‥‥‥‥‥‥‥‥‥‥

【1】解答「5」

 1．ピクリン酸は無臭で、黄色の結晶である。また、苦みがある。

 2．冷水には溶けにくく、ジエチルエーテルやベンゼンには溶ける。

 3．乾燥状態のものは、衝撃に敏感になるため、危険性が高い。

 4．金属塩は衝撃に敏感となり、爆発しやすくなる。

【2】解答「2」

 2．ピクリン酸は黄色の結晶である。

 3．硫黄は燃焼しやすい還元性物質であり、ヨウ素は酸化性物質である。これらと混合すると、爆発の危険性が増す。

 4．乾燥状態のものは、衝撃に敏感になるため、危険性が高い。

【3】解答「3」（A・Bが妥当）

 C．ピクリン酸は水溶性で、貯蔵する場合は含水状態にする。

【4】解答「4」

 2．ピクリン酸が粉じんの状態にあるとき、防爆型の電気機器を用いないと、接点の開

閉時に生じる電気火花で爆発する危険性がある。

4．ポリエチレンなどの容器に保存する。金属製の容器を使用すると、反応して衝撃に
敏感な金属塩を生成する。

【5】解答「3」

3．ピクリン酸は水溶性で、貯蔵する場合は含水状態にする。

【6】解答「2」

2．金属と作用して爆発性の金属塩をつくるのは、ピクリン酸である。トリニトロトル
エン（TNT）は、金属と反応しない。

4．比重は1.6と水より重い。

【7】解答「2」

2．トリニトロトルエンは水に溶けない。

【8】解答「4」（C・Eが妥当でない）

C．固体よりも液体の状態の方が衝撃に対して鋭敏である。

E．金属と作用して爆発性の金属塩をつくるのは、ピクリン酸である。トリニトロトル
エン（TNT）は、金属と反応しない。

【9】解答「1」（C・D・Eが妥当）

A．硝酸エステル類は、硝酸とアルコールの縮合により生成されるもので、いずれもア
ルコール中に含まれていた炭素Cを有する。また、第5類のニトロ化合物は、いずれ
もベンゼン環をもち、炭素Cを有する。従って、いずれも有機化合物である。

B．他の物質を酸化させる性質は持っていない。

C．硝酸エステル類は R − ONO_2 構造をもち、ニトロ化合物は R − NO_2 構造をもつ。
従って、いずれも酸素を含有している。

F．硝酸エステル類は、水にほとんど溶けない。

G．ニトロ化合物のうち、ピクリン酸は金属と反応するが、トリニトロトルエンは金属
と反応しない。

【10】解答「5」

5．発火点はピクリン酸が300〜320℃で、トリニトロトルエンが230℃である。

ニトロソ化合物とは、ニトロソ基（−N=O）を有する化合物の総称である。ニトロソ化合物は化学的に不安定なものが多く、加熱や打撃によって爆発するおそれがある。

1．ジニトロソペンタメチレンテトラミン　$C_5H_{10}N_6O_2$

形状	▪ 淡黄色の結晶または粉末。
性質	**比重** 1.45 **融点** 255℃ ▪ 水やベンゼン、アルコール、アセトンなどにわずかに溶ける。ベンジン、ガソリンには不溶。 ▪ 加熱すると 200 〜 203℃で分解し、ホルムアルデヒド、アンモニア、窒素などを生じる。（有毒ガスの発生）
危険性	▪ 加熱、衝撃、摩擦などにより爆発的に分解することがある。 ▪ 火気や酸との接触により発火する。 ▪ 有機物との混合により、発火することがある。
貯蔵・取扱い	▪ 換気のよい冷暗所で貯蔵する。 ▪ 加熱・衝撃・摩擦や酸を避ける。
消火方法	▪ 水噴霧、泡消火剤、乾燥砂などを用いる。
その他	▪ 天然ゴムや合成ゴムの起泡剤（発泡剤）に用いられる。

※「ジニトロソ」でニトロソ基2個、「ペンタメチレン　テトラミン」で4個の N が5個のメチレン (= CH_2) によって連結していることを表す。

【1】 天然ゴムや合成ゴムなどの起泡剤として用いられるジニトロソペンタメチレン
　　テトラミンの性状について、次のうち妥当でないものはどれか。[★]

☐　1．淡黄色の粉末である。
　　2．水、ベンゼンにわずかに溶ける。
　　3．加熱により分解し、窒素を発生する。
　　4．酸性溶液中で安定する。
　　5．衝撃または摩擦によっても、爆発することがある。

【2】 ジニトロソペンタメチレンテトラミンの性状について、次のうち妥当でないも
　　のはどれか。[★]

☐　1．淡黄色の粉末である。
　　2．アセトン、メタノールによく溶ける。
　　3．急激に加熱すると、爆発的な分解を起こす。
　　4．熱分解により、窒素を発生する。
　　5．摩擦、衝撃により、爆発しやすい。

【3】 ジニトロソペンタメチレンテトラミンの性状について、次のうち妥当でないも
　　のはどれか。[★]

☐　1．淡黄色の粉末である。
　　2．急激に加熱すると、爆発的に分解を起こす。
　　3．不活性気体中で加熱すると、硫化水素が発生する。
　　4．アセトンやメタノールに、わずかに溶ける。
　　5．摩擦、衝撃により、爆発しやすい。

▶▶解答＆解説‥‥‥‥‥‥‥‥‥‥‥‥‥‥‥‥‥‥‥‥‥‥‥‥‥‥‥‥‥‥‥‥‥‥

【1】 解答「4」
　　4．ジニトロソペンタメチレンテトラミンは、酸との接触により発火する。

【2】 解答「2」
　　2．アセトンやメタノールに、わずかに溶ける。

【3】 解答「3」
　　3．ジニトロソペンタメチレンテトラミンは、炭素 C、水素 H、窒素 N、酸素 O の化
　　　合物であり、加熱分解により硫化水素 H_2S が発生することはない。加熱分解により
　　　窒素 N_2 やアンモニア NH_3 などが発生する。

8 アゾ化合物

アゾ化合物とは、**アゾ基**（－N＝N－）が炭素原子と結合している化合物の総称である。一部常温で気体のもの、液体のものがあるが、ほとんどのものは**固体**である。

1. アゾビスイソブチロニトリル 〔C(CH₃)₂CN〕₂N₂（AIBN）

形状	▪ 特異臭を有する白色の針状結晶または粉末。
性質	**比 重** 1.1 **融 点** 105℃ ▪ 水にはほとんど溶けないが、エタノールやベンゼンに溶ける。 ▪ 熱や光により容易に分解する。
危険性	▪ 加熱すると自己加速的に分解し、多量の窒素ガスなどを発生する。発生するガス中には猛毒のシアン化水素（青酸ガス）HCN が含まれる。 ▪ 衝撃、摩擦、または振動を加えると、爆発的に分解することがある。 ▪ 融点以下でも、徐々に分解して、窒素とシアン化水素を含むガスを発生する。 ▪ 蒸気または粉じんが空気と爆発性混合気を形成するおそれがある。 ▪ アルコール、酸化剤、炭化水素（アセトン・アルデヒド・ヘプタンなど）と激しく反応し、火災や爆発の危険をもたらす。 ▪ 眼や皮膚をおかす。
貯蔵・取扱い	▪ 分解すると窒素ガスや有毒ガスなどが発生するため、容器は密封する。 ▪ 火気および日光を避け、換気のよい冷暗所で貯蔵する。
消火方法	▪ 大量の水（散水等）で消火する。
その他	▪ ゴムや合成樹脂の発泡剤に用いられる。

※「ニトリル（nitrile）」は、R－C≡Nで表される構造をもつ有機化合物の総称である。

【1】 アゾ化合物の性状について、次のうち妥当でないものはどれか。

☐ 1．アゾ基（－N＝N－）を有する化合物である。

2．芳香族アゾ化合物はすべて液体であり、アルキル基を持つアゾ化合物はすべて固体である。

3．融点以上に加熱すると急激に分解する。

4．貯蔵、取扱場所は火気厳禁とし、直射日光を避け、他の可燃物と分離する。

5．炎が継続して接触し、または他に可燃物が共存すれば燃焼は継続する。

【2】 次に掲げる危険物のうち、加熱すると有毒なシアン化水素（青酸ガス）を発生する可能性のあるものはどれか。[★]

☐ 1．硫酸ヒドラジン

2．ヒドロキシルアミン

3．アジ化ナトリウム

4．アゾビスイソブチロニトリル

5．過酸化ベンゾイル

【3】 アゾビスイソブチロニトリルの性状について、次のうち妥当でないものはどれか。

[★]

☐ 1．衝撃、摩擦を加えると、爆発的に分解するおそれがある。

2．分解は自己加速的である。

3．アセトンやヘプタン中では、安定である。

4．分解生成物には、窒素やシアン化水素などがある。

5．空気中で微粒子が拡散した場合は、粉じん爆発のおそれがある。

【4】 アゾビスイソブチロニトリルの性状について、次のうち妥当でないものはどれか。

☐ 1．アセトンやヘプタン中で取り扱うときは、条件により発火・爆発のおそれがある。

2．分解は自己加速的であり、多量のガスを発生するおそれがある。

3．空気中で微粒子が拡散した場合は、粉じん爆発のおそれがある。

4．加熱すると、容易に酸素を放出し爆発的に燃焼するおそれがある。

5．衝撃、摩擦を加えると、爆発的に分解するおそれがある。

第5類 危険物

243

▶▶解答＆解説··

【1】解答「2」

　2．芳香族アゾ化合物であるアゾベンゼン $C_6H_5-N=N-C_6H_5$ は、橙赤色の固体である。芳香族アゾ化合物は、美しい黄色～赤色を示すものが多く、アゾ染料として広く用いられている。中和滴定の指示薬に用いるメチルオレンジ（橙色の粉末）や、合成着色料の食用黄色５号（赤色の粉末）は、芳香族アゾ化合物の一種である。

【2】解答「4」

　4．融点（105℃）以上に加熱すると、シアンガスと窒素に分解する。

【3】解答「3」

　3．アセトンやヘプタンとは激しく反応する。火災や爆発の危険性がある。

【4】解答「4」

　4．加熱すると、窒素とシアン化水素を含むガスを発生する。酸素は含有していない。

第
5
類
危
険
物

9 ジアゾ化合物

　ジアゾ化合物とは、ジアゾ基（＝N2）をもつ有機化合物の総称である。反応性に富む化合物である。

1．ジアゾジニトロフェノール　$C_6H_2ON_2(NO_2)_2$（分子式 $C_6H_2N_4O_5$）

形状	▪ 黄色の不定形粉末。ただし、日光により褐色に変色。
性質	<p>**比　重**　　1.6</p><p>**融　点**　　169℃</p><p>**発火点**　　180℃</p><p>▪ 水にほとんど溶けないが、アセトンや酢酸には溶ける。</p>
危険性	<p>▪ 加熱、衝撃、摩擦により容易に爆発する。</p><p>▪ 燃焼（爆発）現象は爆ごう※を起こしやすい。</p>
貯蔵・取扱い	▪ 水中または水とアルコールとの混合液に浸しておく。これらの液に常温で浸しておけば起爆しない。
消火方法	▪ 消火は困難である。
その他	▪ 起爆力が強いことから、主に雷管用起爆薬として使われる。

※「フェノール」という名称が付けられているが、実際はフェノール類ではない。ベンゼン環やヒドロキシ基－OHをもたない。また、「ジニトロ」でニトロ基－NO2 2個を表す。

※爆ごう（轟）とは、気体の急速な熱膨張の速度が音速を超え衝撃波を伴いながら燃焼する現象をいう。また、爆ごうを起こしながら燃焼する物質を爆薬と呼ぶ。

第5類　危険物

245

【1】 ジアゾジニトロフェノールの性状について、次のうち妥当なものはどれか。[★]
　☑　1．燃焼現象は爆ごうを起こしやすい。
　　　2．水によく溶けるので、通常は水溶液として貯蔵する。
　　　3．空気中の酸素を不燃性ガスで置換した状態では、燃焼現象は起こらない。
　　　4．アセトンにほとんど溶けない。
　　　5．黒色の不定形粉末である。

【2】 ジアゾジニトロフェノールの貯蔵、取扱いについて、次のうち妥当でないもの
　　　はどれか。
　☑　1．直射日光を避けて貯蔵する。
　　　2．水中に貯蔵する。
　　　3．粉末を散乱させないように取り扱う。
　　　4．塊状のものは麻袋に詰めて打撃により粉砕する。
　　　5．火気厳禁とする。

▶▶解答＆解説……………………………………………………………………………………

【1】解答「1」
　　1．ジアゾジニトロフェノールは、爆ごうを起こしやすく、主に雷管用起爆薬として使
　　　　われる。
　　2．水にはほとんど溶けない。また、貯蔵するときは、水または水とアルコールの混合
　　　　液に浸しておく。
　　3．酸素含有物質のため、不燃性ガス中であっても燃焼現象が起こる。
　　4．アセトンには溶ける。
　　5．黄色の不定形粉末である。ただし、日光により褐色に変色する。

【2】解答「4」
　　4．ジアゾジニトロフェノールは粉末である。また、打撃を加えてはならない。衝撃、摩擦、
　　　　加熱により容易に爆発する。

10 ヒドラジンの誘導体

　ヒドラジンの誘導体は、ヒドラジン $H_2N - NH_2$ をもとに合成された化合物をいう（誘導体については 219P 参照）。ヒドラジンは無色の油状の液体で、強い還元性を示す。アンモニアに似た臭いで、ロケットの燃料に使われる。

1．硫酸ヒドラジン　$NH_2NH_2 \cdot H_2SO_4$

形状	・無色〜白色の結晶（結晶性粉末）。
性質	**比　重**　1.4 **融　点**　254℃（分解） ・冷水にはあまり溶けないが、温水にはよく溶ける。無臭。 ・エタノールなどのアルコールには溶けない。また、エーテル、アセトンには溶けにくい。 ・水溶液は強い酸性を示す。 ・還元性が強く、酸化されやすい。
危険性	・融点以上に加熱すると分解し、アンモニア NH_3、二酸化硫黄 SO_2、硫化水素 H_2S および硫黄 S を生成する。また、燃焼時はこれらの酸化物（NO_x 窒素酸化物および SO_x 硫黄酸化物）などが発生する。 ・酸化剤と激しく反応する。 ・アルカリと接触すると、猛毒のヒドラジンを遊離する。 ・皮膚や粘膜を刺激する。
貯蔵・取扱い	・酸化性の強い物質、アルカリ、可燃物を避ける。 ・直射日光を避け、冷暗所に保管する。 ・ポリエチレン、ポリプロピレン、ガラス製などの容器を使用し、金属製容器を使用しない。
消火方法	・大量の水（散水等）で冷却する

【1】 硫酸ヒドラジンの一般的性質で、次のうち妥当でないものはどれか。[★]

☑ 1．無色または白色の結晶である。
　 2．温水に溶ける。
　 3．直接触れると皮膚を刺激する。
　 4．還元性が強い。
　 5．アルコールに溶ける。

【2】 硫酸ヒドラジンの性状について、次のうち妥当でないものはどれか。

☑ 1．無色または白色の結晶である。
　 2．エーテルによく溶ける。
　 3．強力な還元剤である。
　 4．水溶液は鉄製容器を腐食する。
　 5．加熱により刺激性のある有毒ガスを発生する。

【3】 硫酸ヒドラジンの性状について、次のうち妥当でないものはどれか。

☑ 1．無色または白色の結晶である。
　 2．還元性が強い。
　 3．水溶液はアルカリ性を示す。
　 4．融点以上で分解して、アンモニア、二酸化硫黄、硫化水素および硫黄を生成する。
　 5．アルカリと接触するとヒドラジンを遊離する。

▶▶解答＆解説‥‥‥‥‥‥‥‥‥‥‥‥‥‥‥‥‥‥‥‥‥‥‥‥‥‥‥‥‥‥‥‥‥‥‥‥‥

【1】解答「5」
　 5．硫酸ヒドラジンは、アルコールに溶けない。ただし、温水には溶ける。

【2】解答「2」
　 2．硫酸ヒドラジンは、エーテルに溶けにくい。

【3】解答「3」
　 3．硫酸ヒドラジンの水溶液は、強い酸性を示す。

11 ヒドロキシルアミン NH₂OH

形状	▪ 白色の針状結晶。
性質	**比　重** 1.2 **融　点** 33 ～ 34℃ ▪ 水溶液は弱アルカリ性を示す。 ▪ 潮解性がある。 ▪ 水およびアルコールによく溶ける。 ▪ エーテルには非常に溶けにくい。 ▪ 還元性が強い。 ▪ 水酸化ナトリウム NaOH と激しく反応する。
危険性	▪ 加熱により激しく分解し、酸素、窒素、亜酸化窒素、アンモニア、水等を生成する。 ▪ 室温では、湿気や二酸化炭素の存在下で急激に分解し、窒素酸化物を生成する。化学的に不安定である。 ▪ 高温体や裸火に触れると、爆発する可能性がある。129℃に達すると爆発する。また、紫外線による爆発の危険性がある。 ▪ 蒸気は眼や気道を刺激する。
貯蔵・取扱い	▪ ヒドロキシルアミン水溶液を取り扱う場合は、鉄イオンなどの金属イオンを混入させないこと。自己発熱分解が促進されて、爆発しやすくなる。 ▪ 過酸化バリウム及び過マンガン酸カリウムと接触すると発火し、爆発に及ぶおそれがある。 ▪ 水溶液と接触する部分には、ガラス、プラスチックなどヒドロキシルアミンに対して不活性なものを使用する。 ▪ 裸火、火花、高温体との接触を避ける。 ▪ 乾燥した冷暗所に保管し、容器は密栓する。
消火方法	▪ 大量の水（水噴霧）、水溶性液体用泡消火剤などを用いる。
その他	▪ 市販品は、50%濃度の水溶液が半導体の洗浄用、農薬の中間原料として流通している。この濃度では爆ごう性が認められない。

第5類　危険物

【1】 ヒドロキシルアミンの性状について、次のうち妥当でないものはどれか。

   1．高濃度の水溶液に、鉄イオンが存在すると、発火・爆発のおそれがある。
   2．過酸化バリウムと接触すると、発火・爆発のおそれがある。
   3．熱分解により、窒素、アンモニア、水などを生成する。
   4．エタノールによく溶ける。
   5．水溶液は酸性である。

【2】 ヒドロキシルアミンの性状について、次のうち妥当でないものはどれか。

   1．エーテルによく溶ける。
   2．強力な還元剤である。
   3．加熱すると、発火・爆発のおそれがある。
   4．過マンガン酸カリウムと接触すると、発火・爆発のおそれがある。
   5．高濃度の水溶液に、鉄イオンが存在すると発火・爆発のおそれがある。

【3】 ヒドロキシルアミンの貯蔵および取扱方法について、次のA〜Eのうち妥当でないものの組合せはどれか。[★]

   A．裸火、火花、高温面と接触させない。
   B．二酸化炭素と共存させない。
   C．安定させるために、水酸化ナトリウムを混入する。
   D．乾燥した冷暗所に密封して保存する。
   E．設備や容器は金属（鉄、銅）製とする。

   1．AとC　　2．AとD　　3．BとD　　4．BとE　　5．CとE

【4】 ヒドロキシルアミンの貯蔵および取扱方法について、次のA〜Eのうち、妥当でないものを組み合わせたものはどれか。

   A．裸火、火花、高温面と接触させない。
   B．安定させるために、水酸化ナトリウムを混入する。
   C．鉄イオンの混入を防止する。
   D．常温（20℃）で分解して内圧が上昇するので、貯蔵容器は通気性があるふたを用いる。
   E．二酸化炭素と共存させない。

   1．AとC　　2．AとD　　3．BとD　　4．BとE　　5．CとE

▶▶解答&解説··

【1】解答「5」

  5．水溶液は弱アルカリ性を示す。

【2】解答「1」

  2．ヒドロキシルアミンは、エーテルに非常に溶けにくい。

【3】解答「5」（C・E が妥当でない）

  C．ヒドロキシルアミンは、水酸化ナトリウムと激しく反応するため、水酸化ナトリウムを混入してはならない。

  E．水溶液に鉄イオンが混入すると、自己発熱分解が促進されるため、設備や容器にはガラスやプラスチックなどを使う。

【4】解答「3」（B・D が妥当でない）

  B．ヒドロキシルアミンは、水酸化ナトリウムと激しく反応するため、水酸化ナトリウムを混入してはならない。

  C．高濃度水溶液に鉄イオンが存在すると、発火・爆発のおそれがある。

  D．貯蔵容器は密封して冷暗所に保管する。

  E．室温でも湿気や二酸化炭素が存在すると、急激に分解し、窒素酸化物を生成する。

第
5
類
危
険
物

12 ヒドロキシルアミン塩類

　ヒドロキシルアミン塩類とは、ヒドロキシルアミンと酸との中和反応で生じる塩（化合物）の総称である。医薬品、農薬等の原料に使用され、ヒドロキシルアミンと同様の危険性を有する。

1. 硫酸ヒドロキシルアミン　$(NH_2OH)_2 \cdot H_2SO_4$

形状	▪ 無色または白色の結晶。
性質	**比 重**　1.9 **融 点**　170～177℃ ▪ 水によく溶けるが、ジエチルエーテルなどのエーテルとアルコールには溶けない。水溶液は中程度の強さの酸で、金属を腐食する。 ▪ 強力な還元剤で、酸化剤、金属粉末、硝酸塩と激しく反応する。
危険性	▪ 熱にさらすと爆発するおそれがある。 ▪ 加熱分解すると、有毒な硫黄酸化物 SOx と窒素酸化物 NOx を発生する。 ▪ アルカリ存在下で加熱すると、ヒドロキシルアミンが遊離して爆発的に分解する。 ▪ 皮膚や粘膜を激しく刺激する。 ▪ 粉じんや煙霧は空気と爆発性の混合気を生成するおそれがある。
貯蔵・取扱い	▪ ガラス容器などの耐腐食性容器に密閉し、冷暗所に保管する。 ▪ 湿気・水・高温体との接触を避ける。 ▪ クラフト紙袋に入れて流通することがある。
消火方法	▪ 大量の水が有効。他に、水噴霧、泡消火剤、乾燥砂などを用いる。

▶過去問題◀

【1】硫酸ヒドロキシルアミンの性状について、次のA～Eのうち、妥当なものを組み合せたものはどれか。

　A．アルカリとの接触で激しく分解するが、酸化剤に対しては安定である。

　B．湿気を含んだものは、金属（鉄、銅、アルミニウム）製の容器が適している。

　C．加熱や燃焼により有毒ガスの発生のおそれがある。

　D．エーテルやアルコールによく溶ける。

　E．粉じんが舞い上がり空気と混合すると、粉じん爆発のおそれがある。

☐　1．AとC　　2．AとD　　3．BとD　　4．BとE　　5．CとE

【2】 硫酸ヒドロキシルアミンの性状について、次のうち妥当でないものはどれか。
☑ 1．無色または白色の結晶である。
　　 2．エーテルによく溶ける。
　　 3．強力な還元剤である。
　　 4．水溶液は鉄製容器を腐食する。
　　 5．加熱により刺激性のある有毒ガスを発生する。

【3】 硫酸ヒドロキシルアミンの性状について、次のうち妥当でないものはどれか。
☑ 1．無色または白色の結晶である。
　　 2．ガラス製容器を溶かす。
　　 3．水によく溶ける。
　　 4．強力な還元剤である。
　　 5．加熱により、刺激性のある有毒ガスを発生する。

【4】 硫酸ヒドロキシルアミンの貯蔵、取扱いについて、次のうち妥当でないものは
　　どれか。［★］
☑ 1．湿潤な場所に貯蔵する。
　　 2．高温になる場所に貯蔵しない。
　　 3．粉じんの吸入を避ける。
　　 4．クラフト紙袋に入った状態で流通することがある。
　　 5．水溶液は、鉄製容器に貯蔵してはならない。

【5】 硫酸ヒドロキシルアミンの貯蔵、取扱いについて、次のうち妥当でないものは
　　どれか。
☑ 1．粉じんの吸入を避ける。
　　 2．乾燥した場所に貯蔵する。
　　 3．クラフト紙袋に入った状態で流通することがある。
　　 4．高温になる場所に貯蔵しない。
　　 5．水溶液はガラス容器に貯蔵してはならない。

【1】解答「5」（C・E が妥当）

A．硫酸ヒドロキシルアミンは強い還元剤であるため、酸化剤と接触すると激しく反応する。

B．硫酸ヒドロキシルアミンの水溶液は中程度の強さの酸であるため、金属を腐食する。

D．エーテルやアルコールには不溶である。

【2】解答「2」

2．硫酸ヒドロキシルアミンは水によく溶けるが、ジエチルエーテルやアルコールには溶けない。

【3】解答「2」

2．硫酸ヒドロキシルアミンの水溶液は中程度の強さの酸であるため、金属を腐食する。このため、ポリエチレンやガラスなどの耐腐食性容器に貯蔵するのが妥当だとされている。

【4】解答「1」

1．硫酸ヒドロキシルアミンは結晶（無色または白色）で水によく溶ける。従って、乾燥した場所に貯蔵する。

3．粘膜を激しく刺激するため、粉じんは吸入しない。

5．水溶液は中程度の強さの酸であるため、金属を腐食する。このため、ポリエチレンやガラスなどの耐腐食性容器が適している。

【5】解答「5」

5．硫酸ヒドロキシルアミンの水溶液は中程度の強さの酸であるため、金属を腐食する。このため、ポリエチレンやガラスなどの耐腐食性容器が適している。

第5類 危険物

254

13　その他のもので政令で定めるもの

　政令第1条第3項では、「その他のもので政令で定めるもの」として、金属のアジ化物や硝酸グアニジンなどを危険物に指定している。

　金属のアジ化物とは、**アジ化水素 HN_3** の水素が、金属により置換された化合物の総称をいう。アジ化ナトリウムが該当する。

1. アジ化ナトリウム　NaN_3

形状	・無色〜白色の板状結晶。
性質	**比 重**　1.85 **融 点**　300℃ ・水によく溶ける。アルコールにはわずかに溶ける。 ・徐々に加熱すると、窒素 N_2 と金属ナトリウム Na に分解する。ただし、急激に加熱すると激しく分解して爆発の危険性がある。 ・燃焼すると、水酸化ナトリウムの煙霧（白煙）を発生する。 ・毒性が強い。
危険性	・アジ化ナトリウム自体に爆発性はないが、酸と反応して有毒で爆発性のアジ化水素 HN_3（アジ化水素酸）を発生する。 ・水があると重金属（銅・鉛・水銀・銀など）と反応して、衝撃に極めて鋭敏な化合物（重金属のアジ化物）をつくる。この化合物はわずかな衝撃で爆発しやすい。 ・重金属との混触により、発熱・発火することがある。 ・臭素、炭酸バリウム、二硫化炭素と激しく反応する。 ・加熱すると、爆発的に分解して大量の窒素ガスを発生する。 ・燃焼すると水酸化ナトリウム $NaOH$ の煙霧を発生する。
貯蔵・取扱い	・重金属と一緒に貯蔵しない（金属容器は使用しない）。 ・ポリエチレン、ポリプロピレン、ガラス製の容器を使用する。 ・容器は密封し、換気のよい冷暗所に保管する。
消火方法	・熱分解により金属ナトリウムを生成する。このため、金属ナトリウムに準じた方法で消火する。乾燥砂などで窒息消火する。 ・注水は厳禁。火災の熱により生成されたナトリウムが水と反応して水素H_2を発生する。
その他	・かつては自動車のエアバッグに使われていた。

第5類　危険物

2．硝酸グアニジン　CH5N3・HNO3

形状	▪ 無色の結晶、または白色の顆粒。
性質	比　重　1.4 　融　点　214〜215℃ ▪ 水、アルコールに溶ける。 ▪ 強力な酸化剤である。
危険性	▪ 可燃性物質や還元性物質と混触すると発火するおそれがある。 ▪ 急激な加熱および衝撃によって爆発する。 ▪ 燃焼または加熱分解すると、硝酸、窒素酸化物を含む有毒で腐食性のヒュームやガスを生成する。
貯蔵・取扱い	▪ 容器は密栓し、冷暗所に保管する。
消火方法	▪ 大量の注水が有効。他に、泡消火剤、乾燥砂などを用いる。
その他	▪ かつては自動車のエアバッグに使われていた。

▶過去問題◀

[アジ化ナトリウム]

【1】アジ化ナトリウムの性状について、次のうち妥当でないものはどれか。[★]

☐ 1．無色（白色）の結晶である。
　　2．酸と反応して、有毒で爆発性のアジ化水素を発生する。
　　3．水によく溶ける。
　　4．空気中で急激に加熱すると激しく分解し、爆発することがある。
　　5．アルカリ金属とは激しく反応するが、銅、銀に対しては安定である。

【2】アジ化ナトリウムの性状について、次のうち妥当でないものはどれか。

☐ 1．無色（白色）の結晶である。
　　2．水に溶けない。
　　3．真空中で加熱すると分解し、窒素とナトリウムを生じる。
　　4．空気中で急激に加熱すると激しく分解し、爆発することがある。
　　5．酸と反応し、有毒で爆発性のアジ化水素を生じる。

【3】アジ化ナトリウムの性状について、次のうち妥当でないものはどれか。

☐ 1．徐々に加熱すると、酸素を発生して金属ナトリウムを生成する。
　　2．酸と反応して、有毒で爆発性のアジ化水素を生成する。
　　3．白色または無色の結晶である。
　　4．融点以上に急激に加熱すると激しく分解し、爆発することがある。
　　5．水の存在で、重金属と作用し、爆発性のアジ化物を生成する。

【4】 アジ化ナトリウムを取り扱う場合の注意事項に該当しないものは、次のうちどれか。

- ☑ 1．酸との接触を避けること。
-    2．急速な加熱を避けること。
-    3．重金属との接触を避けること。
-    4．湿った空気との接触を避けること。
-    5．二硫化炭素との接触を避けること。

【5】 アジ化ナトリウムを貯蔵し、取り扱う施設を造る場合、次のA〜Eの構造および設備のうち、アジ化ナトリウムの性状に照らして妥当なものを組み合わせたものはどれか。

- A．鉄筋コンクリートの床を地盤面より高く造る。
- B．屋根に日の差し込む大きな天窓を造る。
- C．酸等の薬品と共用する鋼鉄製大型保管庫を設置する。
- D．危険物用として強化液を放射する大型の消火器を設置する。
- E．換気装置を設置する。

- ☑ 1．AとB
-    2．BとC
-    3．CとD
-    4．DとE
-    5．AとE

【6】 次の物質のうち、アジ化ナトリウムと接触することにより、発火・爆発のおそれのないものはどれか。

- ☑ 1．二硫化炭素
-    2．水
-    3．水銀
-    4．酸
-    5．銅

【7】 アジ化ナトリウムの火災に使用する消火剤として、次のうち最も妥当なものはどれか。

- ☑ 1．乾燥砂
-    2．粉末消火剤
-    3．泡消火剤
-    4．強化液消火剤
-    5．二酸化炭素

【8】アジ化ナトリウムの火災および消火について、次のうち妥当でないものはどれか。

［★］

☑ 1．重金属との混合により、発熱、発火することがある。
　　2．火災時には、刺激性の白煙を多量に発生する。
　　3．火災時には、熱分解によりナトリウムを生成することがある。
　　4．消火には、ハロゲン化物を放射する消火器を使用してはならない。
　　5．消火には、水を使用する。

【9】アジ化ナトリウムの火災が起きた場合に有効な消火剤として、次のうち妥当な
　ものを組み合わせたものはどれか。

　　A．乾燥砂
　　B．膨張ひる石
　　C．泡消火剤
　　D．強化液消火剤
　　E．水
☑ 1．AとB　　2．AとE　　3．BとC　　4．CとD　　5．DとE

［硝酸グアニジン］
【10】硝酸グアニジンの性状等について、次のうち妥当でないものはどれか。
☑ 1．橙色の結晶である。
　　2．水に溶ける。
　　3．急激な加熱及び衝撃により爆発する。
　　4．大量注水により消火するのが妥当である。
　　5．融点は215℃程度である。

【11】硝酸グアニジンの性状について、次のうち妥当でないものはどれか。
☑ 1．無色または白色の固体である。
　　2．毒性がある。
　　3．水、エタノールに不溶である。
　　4．急激な加熱、衝撃により爆発するおそれがある。
　　5．可燃性物質と混触すると発火するおそれがある。

▶▶解答&解説…………………………………………………………………………………
【1】解答「5」
　　5．アジ化ナトリウムは、銅・鉛・水銀・銀などの重金属と反応して、衝撃に敏感な化
　　合物を生成する。また、臭素・炭酸バリウム・二硫化炭素などと激しく反応する。

【2】解答「2」
　　2．アジ化ナトリウムは結晶で、水によく溶ける。

【3】解答「1」
　　1．熱分解によって発生するのは窒素N_2と金属ナトリウムNaである。

【4】解答「4」
　　1＆5．アジ化ナトリウムは酸や二硫化炭素と激しく反応するため、接触は避ける。
　　2．急激に加熱すると激しく分解し、爆発の危険性がある。
　　3．重金属との混触により発熱、発火するおそれがある。
　　4．アジ化ナトリウムは水溶性で、湿気や水の接触により発火・爆発することはない。

【5】解答「5」（A・Eが妥当）
　　B．取り扱う際は、直射日光を避けて保管するのが妥当である。
　　C．酸との反応により有毒で爆発性のアジ化水素（アジ化水素酸）を発生するため、酸とは離して保管する。
　　D．火災時の消火剤には、窒息消火がある乾燥砂等が妥当である。火災時に発生する金属ナトリウムは禁水性であるため、水系の消火剤は厳禁。

【6】解答「2」
　　1．二硫化炭素CS_2とは激しく反応する。
　　2．水とはよく溶ける。発火・爆発のおそれはない。
　　3＆5．アジ化ナトリウムは、銅・鉛・水銀・銀などの重金属と反応して、衝撃に敏感な化合物を生成する。また、臭素・炭酸バリウム・二硫化炭素などと激しく反応する。
　　4．酸と反応して、有毒で爆発性のアジ化水素HN_3（アジ化水素酸）を発生する。

【7】解答「1」
　　2～5．アジ化ナトリウムの火災に水系（水・強化液・泡）消火剤、二酸化炭素消火剤、ハロゲン化物消火剤及び粉末消火剤の使用は厳禁である。

【8】解答「5」
　　2．火災時に発生する刺激性の白煙は、水酸化ナトリウム NaOH などによるものである。
　　4．アジ化ナトリウム NaN_3 の火災には、ハロゲン化物消火剤は適応しない。
　　5．アジ化ナトリウム NaN_3 は、熱分解でナトリウム Na と窒素 N に分解する。ナトリウムは水と反応して水素を発生するため、消火に水を用いてはならない。

【9】解答「1」（A・Bが妥当）
　　C～E．アジ化ナトリウムの火災に水系（水・強化液・泡）の消火剤の使用は厳禁である。

【10】解答「1」
　　1．硝酸グアニジンは、無色の結晶、または白色の顆粒。

【11】解答「3」
　　3．水、エタノールなどのアルコールに溶ける。

◆第5類危険物の特徴◆

試験前にチェック!

★自己反応性物質　　　　★可燃性　　　★物質内に**酸素を含む**ものが多い

★比重は1より大きい（**水より重い**）

★爆発的に反応し、燃焼速度が速いので消火はきわめて難しい（燃え広がる前に大量注水する）　　　★**アジ化ナトリウム**は注水（水系消火剤を含む）厳禁

★火気や**直射日光を避けて**、衝撃や摩擦にも十分注意して貯蔵する

◆物品別重要ポイント◆

※水…泡・強化液含む水系消火剤 ／ 二…二酸化炭素消火剤 ／ ハ…ハロゲン化物消火剤 ／ 粉…粉末消火剤

なお、"乾燥砂・膨張ひる石又は膨張真珠岩"による窒息消火は全ての物品に対応する。

物品名	消火		貯蔵	性質（一部抜粋）
過酸化ベンゾイル	水	○	容器を密栓**酸と離す**	★白、無色の粒状結晶または粉末 ★**水やエタノールにほとんど溶けない**が、ジエチルエーテルやベンゼンなどの**有機溶媒に溶ける** ★酸化作用があり、**酸**、**アルコール**、**アミン**と激しく反応 ★油脂、ワックス、小麦粉等の漂白剤に用いられる
	二	×		
	ハ	×		
	粉	×		
メチルエチルケトンパーオキサイド			容器に通気孔を設ける金属と離す	★特有の臭気を有する無色透明の油状液体 ★水に溶けないが、**ジエチルエーテルに溶ける** ★酸化鉄、金属、布と接触して分解し、爆発のおそれがある ★燃焼により、有毒で腐食性のガスを発生する
過酢酸（濃度40%溶液）			可燃物と離す	★強い酢酸臭のあり、引火性をもつ無色の液体 ★**110℃以上に加熱すると発火・爆発する** ★**水、アルコール、エーテル、硫酸**などによく溶ける ★有毒で皮膚、粘膜を刺激する
硝酸メチル		過酸化ベンゾイルと同様	容器密栓	★芳香を有し、**甘みのある無色透明の液体** ★**引火しやすく**、比重、蒸気比重がともに1より**大きい**
硝酸エチル				
ニトログリセリン			火薬庫で貯蔵	★ダイナマイトの原料で、純正のものは油状の液体 ★加熱、衝撃などで爆発するが、**水酸化ナトリウムのアルコール溶液で分解**し、**非爆発性になる**
ニトロセルロース			容器密栓**湿潤貯蔵**	★綿、紙状で白色の無味無臭の固体 ★水に溶けないが、**アセトン、酢酸エチルによく溶ける** ★燃焼により**窒素酸化物、一酸化炭素、二酸化炭素を発生**
ピクリン酸			**湿潤貯蔵金属と離す**	★苦味がある、無臭の黄色の結晶 ★アルコールやベンゼンなどの有機溶媒に溶ける ★金属と反応し、爆発性の**金属塩を生成する** ★衝撃や摩擦、急熱によって爆発のおそれがある

第5類危険物

トリニトロトルエン		湿潤貯蔵	★無色、淡黄色の結晶 ★金属とは反応しないが、衝撃、摩擦などで爆発する ★アルコールやベンゼン等の有機溶媒に溶ける
ジニトロソ ペンタメチレン テトラミン		密栓容器 酸と離す	★淡黄色の粉末 ★水やベンゼン、アルコール、アセトン等にわずかに溶ける ★加熱分解により窒素やアンモニアなどを発生する
アゾビスイソブチロ ニトリル		日光を避ける 密栓容器	★芳香のある白色の針状結晶または粉末 ★加熱で自己加速的に分解し、多量の窒素ガスなどを発生し、ガス中には、シアン化水素（青酸ガス）が含まれる ★アルコール、酸化剤、炭化水素（アセトン・アルデヒド・ヘプタンなど）と激しく反応し、火災や爆発をおこす
ジアゾジニトロ フェノール	過酸化ベンゾイルと同様	水中、または 水とアルコールの混合液に 浸す	★黄色の不定形粉末 ★水にほとんど溶けないが、アセトンや酢酸には溶ける ★起爆力が高く、燃焼（爆発）現象は爆ごうを起こしやすい ★衝撃、摩擦により容易に爆発する
硫酸ヒドラジン		容器（ポリエチレンやガラス） 金属と離す	★無臭で無色または白色の結晶 ★冷水、エーテル、アセトンには溶けにくく、温水にはよく溶けるが、アルコールには溶けない ★還元性が強く、水溶液は酸性を示す ★アルカリとの接触で猛毒のヒドラジンを遊離する
ヒドロキシルアミン		密栓容器（ガラス、プラスチック製） 鉄イオン等を 混入させない	★白色の針状結晶 ★水、アルコールによく溶ける ★還元性が強く、水溶液は弱アルカリ性を示す ★水酸化ナトリウムと激しく反応する ★加熱分解で、酸素、窒素、アンモニア、水などを生成 ★過酸化バリウムとの接触は発火、爆発のおそれがある
硫酸ヒドロキシル アミン		密栓容器（ガラスなどの耐腐食性）	★無色または白色の結晶 ★水によく溶けるが、エーテルやアルコールには溶けない ★強力な還元剤で、酸化剤や金属粉末、硝酸塩と激しく反応 ★加熱分解で、有毒ガスを発生する ★粉じんの吸入や、飛散に気をつける

アジ化ナトリウム	水	×	密栓容器（ポリエチレンやガラス） 金属と離す	★毒性の強い、無色あるいは白色の板状結晶 ★水によく溶けるが、アルコールにはわずかにしか溶けない ★加熱により窒素と金属ナトリウムに分解するが、急熱すると激しく分解し爆発のおそれがある ★酸と反応して、有毒で爆発性のあるアジ化水素を生成 ★水の存在で、重金属と反応し、爆発性のアジ化物を生成 ★二硫化炭素とは激しく反応する
	二	×		
	八	×		
	粉	×		

硝酸グアニジン	過酸化ベンゾイルと同様	密栓容器	★毒性がある、無色または白色の結晶 ★融点は 215℃程度 ★水、アルコールに溶ける ★急激な加熱及び衝撃で爆発するおそれがある ★可燃性物質と混触すると発火するおそれがある

1 **共通する性状（9問）**		263P
2 **共通する貯蔵・取扱い方法（火災予防）（5問）**		267P
3 **共通する消火方法（11問）**		269P
4 **過塩素酸 HClO₄（15問）**		273P
5 **過酸化水素 H₂O₂（18問）**		279P
6 **硝酸 HNO₃（14問）**		287P
	1. 硝酸	287P
	2. 発煙硝酸	288P
7 **その他のもので政令で定めるもの（ハロゲン間化合物）（19問）**		294P
	1. 三フッ化臭素 BrF₃	294P
	2. 五フッ化臭素 BrF₅	295P
	3. 五フッ化ヨウ素 IF₅	295P
8 **第6類危険物まとめ**		304P

第6類 危険物

第６類の危険物は、消防法別表第１の第６類に類別されている物品（過塩素酸など）で、**酸化性液体**である。

酸化性液体とは、液体であって酸化力の潜在的な危険性を判断するための試験（燃焼試験）において、一定の性状を示すものをいう。

酸化力の潜在的な危険性を判断するための試験（**燃焼試験**）は、燃焼時間の比較をするために行う次に掲げる燃焼時間を測定する試験とする。

①硝酸の90％水溶液と木粉（木を粉末状に加工したもの）との混合物の燃焼時間

②試験物品と木粉との混合物の燃焼時間

この試験において、②の燃焼時間が①の燃焼時間と等しいか、またはこれより**短い場合**に、一定の性状を示すもの（酸化性液体）とする。なお、燃焼時間とは混合物に点火した場合において、着火してから発炎しなくなるまでの時間をいう。酸化力の強い物品ほど、**燃焼時間は短くなる**。

１．形状と性質

第６類の危険物は、いずれも**液体**である。また、いずれも**不燃性の無機化合物**で、自らは燃えない。

分子中に酸素Ｏを含まないもの（ハロゲン間化合物）もある。

２．危険性

第６類の危険物は、**水と激しく反応して発熱するもの**（ハロゲン間化合物）がある。

蒸気は**有毒**である。また、**腐食性**があり皮膚をおかす。

加熱すると**爆発的に分解**し、**有毒ガスを発生**するもの（過塩素酸）がある。

強酸化剤のため酸化力が強く、**可燃物および有機物**と混ぜるとこれを酸化させ、場合により着火、爆発させることがある。また、酸化剤のため、**還元剤**とはよく反応する。

【1】第6類の危険物の性状について、次のうち妥当でないものはどれか。[★]
　☑　1．多くは腐食性がある。
　　　2．可燃物と接触して火災になることがある。
　　　3．いずれも衝撃により爆発的に燃焼する。
　　　4．水と反応するものがある。
　　　5．常温（20℃）では液体であるが、0℃では固化しているものがある。

【2】第6類の危険物に共通する性状で、次のうち妥当でないものはどれか。[★]
　☑　1．強い酸化性を示す。
　　　2．有機物を混ぜると発火するおそれがある。
　　　3．腐食性があり、蒸気は有毒である。
　　　4．摩擦、衝撃に敏感で分解しやすい。
　　　5．不燃性である。

【3】第6類の危険物の性状について、次のうち妥当でないものはどれか。[★]
　☑　1．いずれも強い酸化性の液体である。
　　　2．加熱すると、刺激性の有毒ガスを発生するものがある。
　　　3．加熱すると、分解して爆発するものがある。
　　　4．水と接触すると、いずれも激しく発熱する。
　　　5．分子中に酸素を含まないものがある。

【4】第6類の危険物に共通する性状について、次のうち妥当なものはどれか。[★]
　☑　1．液体の有機化合物である。
　　　2．一般に熱に対しては安定である。
　　　3．還元剤とはよく反応する。
　　　4．分子内に含む酸素により、他の可燃物の燃焼を促進する。
　　　5．水を加えると発熱し、可燃性ガスを発生する。

【5】第6類の危険物に共通する性状について、次のうち妥当でないものはどれか。
　☑　1．熱や日光によって分解するものがある。
　　　2．多くは腐食性があり、皮膚をおかすことがある。
　　　3．可燃性のものがある。
　　　4．水と激しく反応するものがある。
　　　5．有機物と混ぜるとこれを酸化させ、着火させることがある。

【6】第6類の危険物に共通する性状について、次のうち妥当でないものはどれか。

☑ 1．水と激しく反応するものがある。
 2．不燃性の液体である。
 3．分子内に酸素を含有し、酸化力が強い。
 4．多くは腐食性があり、皮膚をおかすことがある。
 5．熱や日光によって分解するものがある。

【7】第6類の危険物に共通する特性について、次のA～Eのうち妥当なものはいくつあるか。［★］

 A．水と反応しない。
 B．有機物を混ぜるとこれを酸化させ、発火・爆発させることがある。
 C．不燃性である。
 D．無機化合物である。
 E．多くは腐食性があり、皮膚をおかし、蒸気は人体にとって有害である。

☑ 1．1つ   2．2つ   3．3つ   4．4つ   5．5つ

【8】第6類の危険物の性状等について、次のA～Dのうち、妥当でないものすべてを掲げているものはどれか。

 A．不燃性の液体または固体である。
 B．酸化力が強く、有機物と混ぜると着火させることがある。
 C．多くは腐食性であり、皮膚をおかし、蒸気は有毒である。
 D．いずれも無機化合物である。

☑ 1．A   2．AとB   3．BとC   4．CとD   5．D

【9】第6類の危険物の一般的な性状等について、次のA～Eのうち妥当でないものはいくつあるか。

 A．皮膚に触れた場合、薬傷を起こす。
 B．光や熱では分解されないので、透明のびんで保存する。
 C．銅や銀などの金属は、不動態をつくるため、濃硝酸には溶けない。
 D．硝酸は、分解すると有毒な一酸化窒素や二酸化窒素を発生する。
 E．有機物とは、反応しない。

☑ 1．1つ   2．2つ   3．3つ   4．4つ   5．5つ

▶▶解答＆解説 ···

【1】解答「3」

　３．第６類の危険物は、不燃性の液体である。

　５．三フッ化臭素 BrF_3 は融点が9℃と低いため、0℃では固化している。

【2】解答「4」

　４．第６類の危険物は酸化性液体であり、摩擦、衝撃では分解しない。

【3】解答「4」

　２．過塩素酸 $HClO_4$ は、加熱すると刺激性の有毒ガス（塩化水素など）を発生する。

　３．過塩素酸は、加熱すると爆発的に分解する。

　４．ハロゲン間化合物は、水と激しく反応して分解し、発熱する。また、過塩素酸や硝酸は水と接触すると、激しく発熱して溶解する。しかし、過酸化水素は水と接触しても、発熱せずに溶解する。

　５．ハロゲン間化合物は、強い酸化性をもつが、分子中に酸素を含まない。

【4】解答「3」

　１．液体の無機化合物である。

　２．一般に、熱に対して不安定である。熱を加えると分解する。

　３．すべて酸化性であるため、還元剤とはよく反応する。

　４．すべてのものが、分子内に酸素を含んでいるわけではない。ハロゲン間化合物は酸素を含んでいない。

　５．ハロゲン間化合物のように、水と激しく反応し有毒ガスを発生するものもあるが、それ自体は不燃性である。

【5】解答「3」

　３．第６類の危険物はいずれも不燃性の無機化合物である。

【6】解答「3」

　３．ハロゲン間化合物など、分子内に酸素 O を含まないものもある。

【7】解答「4」（B・C・D・E が正しい）

　A．ハロゲン間化合物は、水と激しく反応してフッ化水素 HF を生じる。

【8】解答「1」（A のみ妥当でない）

　A．第６類の危険物は、いずれも不燃性の液体である。

【9】解答「3」（B・C・E が妥当でない）

　B．日光や熱で分解する性質をもつものがあるため、遮光性の被覆で覆わなければならない。

　C．濃硝酸は銅や銀などの金属とも反応する。

　E．第６類危険物は強酸化剤のため酸化力が強く、有機物と混ぜるとこれを酸化させ着火、爆発させることがある。

第
６
類
危
険
物

266

2 共通する貯蔵・取扱い方法（火災予防）

　風通しのよい場所で貯蔵する。

　容器は、**耐酸性**のものを使用する。容器のフタは密栓する。ただし、**過酸化水素**は常温でも分解して酸素を発生するため、**通気孔のあるフタ**（栓）を使用する。

　火気、直射日光、可燃物および有機物との接触を避ける。

　第6類の危険物は、直射日光を避けるため**遮光性の被覆**で覆わなければならない（規則第45条）。

▶過去問題◀

【1】第6類の危険物の貯蔵・取扱いの注意事項として、次のうち妥当でないものはどれか。

  ☐ 1．可燃物を接触させない。
　　2．遮光を完全にする。
　　3．空気との接触を避ける。
　　4．火気との接近を避ける。
　　5．換気をよくする。

【2】第6類の危険物の貯蔵、取扱いについて、次のA～Dのうち、妥当なものを組み合せたものはどれか。

　　A．いずれも日光の直射を避け、容器に密封して貯蔵する。
　　B．過塩素酸が流出したときは、エタノールで希釈してから、水で洗い流す。
　　C．五フッ化臭素の貯蔵には、ガラス容器は適さない。
　　D．過酸化水素が流出したときは、大量の水で洗い流す。

  ☐ 1．AとB　　2．AとC　　3．AとD　　4．BとC　　5．CとD

【3】第6類の危険物の貯蔵、取扱いについて、次のA～Dのうち、妥当なものを組み合せたものはどれか。

　　A．過酸化水素は、通気のための穴のある容器に貯蔵する。
　　B．硝酸が漏れた場合には、おがくずで吸収して廃棄する。
　　C．過塩素酸は、エタノールとの接触を避ける。
　　D．ハロゲン間化合物は、ガラス容器で貯蔵する。

  ☐ 1．AとB　　2．AとC　　3．AとD　　4．BとC　　5．CとD

第６類　危険物

【4】第6類の危険物（ハロゲン間化合物を除く。）の貯蔵について、妥当でないものは次のうちどれか。

☐ 1．充塡容器は耐酸れんがまたは耐酸処理をしたコンクリート床に置く。

2．貯蔵場所には、常に大量の水を使用できる設備を備える。

3．可燃物や分解を促進する物品との接触や加熱を避ける。

4．みだりに、蒸気やミストを発生させない。

5．タンクのふたやコックの滑りが悪いときは注油する。

【5】第6類の危険物（ハロゲン間化合物を除く）の貯蔵及び取扱いについて、次のうち妥当でないものはどれか。

☐ 1．容器を排水設備を施した木製の台上に置いた。

2．貯蔵場所に、常に大量の水を使用できる設備を備えた。

3．可燃物や分解を促進する物品との接触や加熱を避けた。

4．火災に備えて、消火バケツ、貯水槽を設けた。

5．容器にガラス製のものを用いた。

▶▶解答＆解説………………………………………………………………………………

【1】解答「3」

3．第6類の危険物に、自然発火性をもつものはない。

【2】解答「5」（C・Dが妥当）

A．過酸化水素は極めて不安定な物質で、濃度50％以上では常温でも水と酸素に分解する。したがって容器は密栓せず、通気のため小穴の空いた栓を使用する。

B．過塩素酸はアルコール等の可燃物と接触すると、急激な酸化反応を起こし発火することがある。大量の水で希釈後、アルカリ液で中和し洗い流す。

C．五フッ化臭素はガラスをおかすため、ガラス容器は不妥当である。

【3】解答「2」（A・Cが妥当）

B．硝酸は有機物や可燃物と接触すると自然発火の危険性がある。

D．ハロゲン間化合物の貯蔵に、ガラスや陶器製の容器の使用は避ける。

【4】解答「5」

5．第6類の危険物は強酸化剤のため酸化力が強く、可燃物及び有機物と混ぜるとこれを酸化させ、場合により着火、爆発させることがある。

【5】解答「1」

1．容器は、木製の台上に置いてはならない。木材は可燃物（有機物）であり、危険物と接触すると、発火の危険性が増す。

2＆4．ハロゲン間化合物を除く第6類の危険物の火災には、水系の消火剤を使用する。

3 共通する消火方法

1．ハロゲン間化合物

　ハロゲン間化合物は、水と反応して分解するため、**水系（水・泡・強化液）の消火剤が使用できない**。乾燥砂又は**リン酸塩類を使用する粉末消火剤**で消火する。

▶適応する消火剤

> 乾燥砂、膨張ひる石、膨張真珠岩
> ソーダ灰（炭酸ナトリウム）
> **リン酸塩類**を使用する粉末消火剤

▶適応しない消火剤

> 水系（水・泡・強化液）の消火剤
> 二酸化炭素消火剤
> ハロゲン化物消火剤
> 炭酸水素塩類を使用する粉末消火剤

2．ハロゲン間化合物以外

　ハロゲン間化合物を除いたものは、一般に**水系（水・泡・強化液）の消火剤**が適応する。**二酸化炭素消火剤やハロゲン化物消火剤は適応しない**。また、加熱すると二酸化炭素が発生する**炭酸水素塩類を使用する粉末消火剤も適応しない**。

▶適応する消火剤

> **水系**（水・泡・強化液）の消火剤
> **リン酸塩類**を使用する粉末消火剤
> 乾燥砂、膨張ひる石、膨張真珠岩

▶適応しない消火剤

> 二酸化炭素消火剤
> ハロゲン化物消火剤
> 炭酸水素塩類を使用する粉末消火剤

▶過去問題◀

[ハロゲン間化合物]

【1】ハロゲン間化合物にかかわる火災の消火方法について、次のうち最も妥当なものはどれか。[★]

☐　1．膨張ひる石（バーミキュライト）で覆う。
　　2．水溶性液体用泡消火剤を放射する。
　　3．ハロゲン化物消火剤を放射する。
　　4．霧状の水を放射する。
　　5．強化液消火剤を放射する。

【2】ハロゲン間化合物にかかわる火災の消火方法について、次のうち最も妥当なものはどれか。[★]

☐　1．強化液消火剤を放射する。　　　　2．乾燥砂で覆う。
　　3．二酸化炭素消火剤を放射する。　　4．注水する。
　　5．泡消火剤を放射する。

第6類　危険物

269

【3】 ハロゲン間化合物の火災における消火方法として、次のうち妥当なものはどれか。

[★]

1. 水を含んだ土砂で覆う。　　　　2. ソーダ灰で覆う。
3. 霧状の水を放射する。　　　　　4. 泡消火剤を放射する。
5. 霧状の強化液を放射する。

【4】 ハロゲン間化合物の火災における消火方法として、次のうち妥当なものはどれか。

1. 泡消火剤を放射する。　　　　　2. 棒状の水を放射する。
3. 霧状の水を放射する。　　　　　4. 粉末消火剤（リン酸塩類）を放射する。
5. 霧状の強化液を放射する。

［ハロゲン間化合物以外］

【5】 第6類の危険物（ハロゲン間化合物を除く。）にかかわる火災の一般的な消火方法について、次のA～Dのうち、妥当なものをすべて掲げているものはどれか。

A. おがくずを散布し、危険物を吸収させて消火する。
B. 霧状注水は、いかなる場合でも避ける。
C. 化学泡消火剤による消火は、いかなる場合でも避ける。
D. 霧状の強化液を放射して消火する。

1. A　　　2. B　　　3. C　　　4. D　　　5. B、C

【6】 第6類の危険物の火災予防、消火の方法として、次のうち妥当でないものはどれか。[★]

1. 火源があれば燃焼するので、取扱いには十分注意をする。
2. 日光の直射、熱源を避けて貯蔵する。
3. 容器は耐酸性のものを使用する。
4. 可燃物、有機物との接触を避ける。
5. 水系消火剤の使用は、適応しないものがある。

【7】 過塩素酸、過酸化水素および硝酸にかかわる火災に共通する消火方法として、一般に不適切とされているものは、次のA～Eのうちいくつあるか。[★]

A. ハロゲン化物消火剤を放射する。
B. 霧状の水を放射する。
C. 乾燥砂で覆う。
D. 霧状の強化液消火剤を放射する。
E. 二酸化炭素消火剤を放射する。

1. 1つ　　　2. 2つ　　　3. 3つ　　　4. 4つ　　　5. 5つ

【8】第6類の危険物（ハロゲン間化合物を除く。）にかかわる火災の消火方法について、次のうち妥当でないものはどれか。

☑ 1．移動可能な危険物は速やかに安全な場所に移動する。
2．炭酸水素塩類を使用する粉末消火剤は消火に適している。
3．人体に有害なので、消火の際は保護具を活用する。
4．噴霧による注水は消火に適している。
5．水溶性液体用泡消火剤は消火に適している。

【9】第6類の危険物（ハロゲン間化合物を除く。）に関わる火災の一般的な消火方法および消火上の注意事項について、次のA～Eのうち、妥当でないものはいくつあるか。

A．人体に有害なので、消火の際は防護衣、空気呼吸器などを活用する。
B．消火の際は、可能な限り危険物の飛散を防止する。
C．粉末消火剤（炭酸水素塩類を使用するもの）により消火する。
D．霧状の水により消火する。
E．熱で容器が爆発するおそれがある場合の消火作業は、安全な距離を確保し、または遮へい物を利用する。

☑ 1．1つ　　2．2つ　　3．3つ　　4．4つ　　5．5つ

【10】第6類の危険物（ハロゲン間化合物を除く。）に関して、一般的な消火方法および消火上の注意事項について、次のうち妥当でないものはどれか。

☑ 1．消火の際は防護衣、空気呼吸器を活用する。
2．消火の際は可能な限り危険物の飛散を防止する。
3．消火の際は安全な距離を確保し、遮へい物を利用する。
4．粉末消火剤（炭酸水素塩類を使用するもの）で消火する。
5．棒状の水や大量の水噴霧で消火する。

【11】第6類の危険物（ハロゲン間化合物を除く。）に関わる火災の消火方法として、次のA～Eのうち、一般に不適切とされているもののみを組み合わせたものはどれか。

A．二酸化炭素消火剤を放射する。
B．霧状の強化液消火剤を放射する。
C．乾燥砂で覆う。
D．霧状の水を放射する。
E．ハロゲン化物消火剤を放射する。

☑ 1．BとC　　2．AとE　　3．CとE　　4．AとC　　5．BとD

【1】解答「1」

　　ハロゲン間化合物は、水系（水・泡・強化液）の消火剤は適応しない。また、二酸化炭素消火剤およびハロゲン化物消火剤も適応しない。

【2】解答「2」

　　ハロゲン間化合物は、水系（水・泡・強化液）の消火剤は適応しない。また、二酸化炭素消火剤およびハロゲン化物消火剤も適応しない。

【3】解答「2」

　　1．ハロゲン間化合物と土砂に含まれた水分が反応するため、不妥当である。

　　3～5．ハロゲン間化合物は、水系の消火剤（水・泡・強化液）は適応しない。

【4】解答「4」

　　ハロゲン間化合物は、水系（水・泡・強化液）の消火剤は適応しない。乾燥砂またはリン酸塩類を使用する粉末消火剤で消火する。

【5】解答「4」（Dのみが妥当）

　　A．第6類の危険物は強酸化剤のため酸化力が強く、可燃物および有機物と混ぜるとこれを酸化させ、場合により着火、爆発させることがある。

　　B＆C．ハロゲン間化合物を除いた第6類の危険物の消火には、一般に水系の消火剤が適応する。

【6】解答「1」

　　1．第6類の危険物は不燃性である。火源があっても燃焼しない。

　　5．ハロゲン間化合物は、水と激しく反応して発熱し、フッ化水素HFを生じる。従って、水系（水・泡・強化液）の消火剤は適応しない。

【7】解答「2」（A・Eが適切でない）

　　過塩素酸、過酸化水素および硝酸は、水系（水・泡・強化液）の消火剤で消火する。また、乾燥砂も有効である。ただし、ハロゲン化物消火剤や二酸化炭素消火剤は、適応しない。

【8】解答「2」

　　2．炭酸水素塩類を使用した粉末消火剤は適応しない。粉末消火剤であれば、リン酸塩類を使用したものであれば適応する。

【9】解答「1」（Cが妥当でない）

　　C．炭酸水素塩類を使用した粉末消火剤は適応しない。粉末消火剤であれば、リン酸塩類を使用したものであれば適応する。

【10】解答「4」

　　4．炭酸水素塩類を使用した粉末消火剤は適応しない。粉末消火剤であれば、リン酸塩類を使用したものであれば適応する。

【11】解答「2」（A・Eが適切でない）

　　A＆E．二酸化炭素消火剤およびハロゲン化物消火剤は適応しない。

第6類　危険物

4 過塩素酸 $HClO_4$

形状	▪ 刺激臭を有する、無色の液体。
性質	**比 重** 1.8 ▪ 水に加えると発熱、溶解し、過塩素酸一水和物 $HClO_4 \cdot H_2O$ ほか各種の水和物をつくる。 ▪ 水溶液は強酸で多くの金属と反応し、酸化物と水素を生じる。 ▪ 無水物は極めて分解しやすく危険なため、市販品は 60 ～ 70% の水溶液としてある。濃度の薄い水溶液は、金属を強く腐食する。 ▪ 水と激しく作用して、空気中で強く発煙（白煙）する。
危険性	▪ 強い酸化性（酸化力）をもち、可燃性物質（おがくず、木片、紙等）、還元性物質、有機物 (アルコール等)、強塩基とは爆発的に反応し、火災や爆発の危険をもたらす。 ▪ 蒸気は、眼、皮膚、気道に対して著しい腐食性を示す。 ▪ 加熱すると分解し、有毒で腐食性のヒューム（塩化水素や塩素など）を生じる。また、加熱により爆発することがある。 ▪ 重金属およびその塩類、還元性物質、アルカリ性物質や酸化されやすい有機物と混触すると分解し、引火性・爆発性を伴う気体（水素）を発生し発熱する。 ▪ 混合危険物質⇒アセトン、エタノール、ジエチルエーテル等。
貯蔵・取扱い	▪ 容器（ガラス及びポリエチレン製）は密栓し、火気、直射日光を避け、通風の良い冷暗所に貯蔵する。 ▪ 不安定な物質で、常圧で密閉容器に入れ冷暗所に保存しても、次第に分解して変色することがある。そのため、定期的な点検が必要である。 ▪ 加熱および可燃物、有機物との接触を避ける。 ▪ 濃硫酸、五酸化二リン、無水酢酸のような脱水剤との混合は、爆発しやすい無水過塩素酸の生成につながるので避ける。 ▪ 金属製の容器は使用しない。 ▪ 過塩素酸を車両で運搬する際は、容器の外部に「容器イエローカード」のラベルを貼る。 ※容器イエローカードとは、危険物の混載や小容量を容器輸送する場合に容器・包装品などにつけるラベルで、「国連番号」及び緊急時の応急措置方法に紐付けられた「指針番号」を表示したものである。なお、過塩素酸に限らず消防法で指定されている危険物を輸送する際は、容器にこれを貼り付ける必要がある。
消火方法	▪ 大量の水（噴霧注水）による消火が好ましい。

【1】過塩素酸の性状について、次のうち妥当なものはどれか。[★]

☑ 1．化学反応性が極めて強く、ガラスや陶磁器なども腐食する。
　　2．不燃性であるが、加熱すると爆発することがある。
　　3．赤褐色で刺激臭のある液体である。
　　4．空気と長時間接触していると、爆発性の過酸化物を生成する。
　　5．空気中で塩化水素を発生して、褐色に発煙する。

【2】過塩素酸の性状について、次のうち妥当でないものはどれか。

☑ 1．それ自体は不燃性である。
　　2．赤褐色で刺激臭のある液体である。
　　3．有機物などと共存すると、火災や爆発の危険がある。
　　4．加熱すると爆発する。
　　5．濃度の薄い水溶液は、大部分の金属を強く腐食する。

【3】過塩素酸の性状について、次のうち妥当でないものはどれか。[★]

☑ 1．無色の液体である。
　　2．おがくず、木片等の可燃物と接触すると、これを発火させることがある。
　　3．水と接触すると激しく発熱する。
　　4．水溶液は強い酸性であり、多くの金属と反応して、塩化水素ガスを発生する。
　　5．皮膚に触れた場合、激しい薬傷を起こす。

【4】過塩素酸の性状について、次のうち妥当でないものはどれか。

☑ 1．無色の液体である。
　　2．銅とは反応しにくい。
　　3．有機物と接触すると、発火するおそれがある。
　　4．不安定で、放置すれば分解する。
　　5．加熱すると、爆発するおそれがある。

【5】過塩素酸の性状について、次のうち妥当でないものはどれか。[★]

☑ 1．可燃物との混合物は、発火するおそれがある。
　　2．加熱すると分解し、腐食性のヒューム（フューム）を生じる。
　　3．加水分解を起こし、発火するおそれがある。
　　4．強い酸化力を持つ。
　　5．鉄、銅、亜鉛と激しく反応する。

【6】過塩素酸と接触すると発火または爆発の危険性のあるものとして、次のうち妥当でないものはどれか。[★]

  ☑ 1．二硫化炭素　　2．紙　　3．希硫酸　　4．アミン類　　5．木片

【7】過塩素酸と混合または接触しても、発火または爆発する危険性のない物質は次のうちどれか。

  ☑ 1．二硫化炭素　2．二酸化炭素　3．紙　4．アセチレン　5．リン化水素

【8】過塩素酸の性状等について、次のうち妥当でないものはどれか。[★]

  ☑ 1．無水過塩素酸は、常圧で密閉容器中に入れ冷暗所に保存しても爆発的分解を起こすことがある。
  2．蒸気は、眼および気管を刺激する。
  3．木片、ぼろ布などの有機物に接触すると、これを燃焼させることがある。
  4．水と反応して安定な化合物を作る。
  5．分解を抑制するため濃硫酸や十酸化四リン（五酸化二リン）等の脱水剤を添加して保存する。

【9】過塩素酸の性状について、次のA〜Eのうち妥当でないものはいくつあるか。

  A．無色の液体である。
  B．水と接触すると、激しく発熱する。
  C．おがくず、木片等の可燃物と接触すると、これを発火させることがある。
  D．ナトリウムやカリウムとは反応しない。
  E．加熱すれば分解して、水素ガスを発生する。

  ☑ 1．1つ　　2．2つ　　3．3つ　　4．4つ　　5．5つ

【10】過塩素酸を車両で運搬する場合の注意事項として、次のうち妥当でないものはどれか。

  ☑ 1．容器が摩擦または動揺しないように固定する。
  2．漏えいしたときは、吸い取るために布やおがくずのような可燃性物質を使用してはならない。
  3．運搬時は、日光の直射を避けるため遮光性のもので被覆する。
  4．容器の外部に、緊急時の対応を容易にするため、「容器イエローカード」のラベルを貼る。
  5．容器に収納するときは、運搬の振動によるスロッシング現象を防止するため、空間容積を設けないようにする。

【11】過塩素酸の流出事故時における処置について、妥当でないものは次のうちどれか。[★]

- 1．土砂等で過塩素酸を覆い、流出面積の拡大を防ぐ。
- 2．過塩素酸は空気中で激しく発煙するので、作業は風下側を避け、保護具等を使用して行う。
- 3．過塩素酸に消石灰やチオ硫酸ナトリウムをかけ中和し、大量の水で洗い流す。
- 4．過塩素酸と接触するおそれのある可燃物を除去する。
- 5．過塩素酸は水と作用して激しく発熱するので、注水による洗浄は絶対に避ける。

【12】過塩素酸の貯蔵、取扱いについて、次のうち妥当でないものはどれか。[★]

- 1．通風のよい乾燥した冷暗所に貯蔵する。
- 2．火気との接触を避ける。
- 3．可燃物と離して貯蔵する。
- 4．漏出時は、アルカリ液で中和する。
- 5．ガス抜き口を設けた金属製容器に貯蔵する。

【13】過塩素酸の貯蔵、取扱いの注意事項として、次のうち妥当でないものはどれか。

- 1．直射日光や加熱、有機物などの可燃物との接触を避ける。
- 2．漏えいした時はチオ硫酸ナトリウム等で中和し、水で洗い流す。
- 3．取扱いは換気のよい場所で行い、保護具を使用する。
- 4．汚損、変色しているときは、安全な方法で廃棄する。
- 5．分解してガスを発生しやすいことから、容器は密閉してはならない。

【14】過塩素酸に関わる火災の消火方法について、次のうち適応可能でないものはどれか。[★]

- 1．粉末消火剤（リン酸塩類を使用するもの）による消火方法
- 2．大量の水（棒状）による消火方法
- 3．泡消火剤による消火方法
- 4．大量の水噴霧による消火方法
- 5．二酸化炭素による消火方法

【15】 過塩素酸にかかわる火災の初期消火の方法について、次のA〜Eのうち妥当なものの組合せはどれか。[★]

　　A．粉末消火剤（炭酸水素塩類を使用するもの）で消火する。

　　B．泡消火剤で消火する。

　　C．ハロゲン化物消火剤で消火する。

　　D．水で消火する。

　　E．二酸化炭素消火剤で消火する。

☑　1．AとC　　　2．AとD　　　3．BとD　　　4．BとE　　　5．CとE

▶▶解答&解説··

【1】解答「2」

　1．過塩素酸は強力な酸化剤であるが、ガラスなどは腐食しない。

　3．無色で刺激臭のある液体である。

　4．空気と接触していても、爆発性の過酸化物を生成することはない。

　5．吸湿性があり、空気中で塩化水素 HCl を発生して、白色に発煙する。

【2】解答「2」

　2．無色で刺激臭のある液体である。

　5．例えば、硫酸は濃硫酸と希硫酸を比べたとき、希硫酸の方が強い酸性を示し、金属を溶かす。過塩素酸も同様である。

【3】解答「4」

　4．水溶液は強い酸性であり、多くの金属と反応して、水素 H_2 ガスを発生する。塩化水素 HCl ガスは、加熱分解などにより生じる。

【4】解答「2」

　2．過塩素酸は、銅と激しく反応する。

【5】解答「3」

　3．過塩素酸は加水分解されることはない。また、物質自体は不燃性である。

【6】解答「3」

　3．過塩素酸は紙、木片、二硫化炭素、アミン類等の有機物（可燃物）と混合すると発火・爆発の危険性がある。アミンは、アンモニア NH_3 の水素原子を炭化水素基で置き換えた化合物をいう。メチルアミン CH_3NH_2 やアニリン $C_6H_5NH_2$ があり、塩基性を示す。

【7】解答「2」

　2．二酸化炭素は、不燃性の物質であるため、過塩素酸と接触しても、発火・爆発のおそれはない。

【8】解答「5」

　4．水と反応すると、過塩素酸一水和物 $HClO_4·H_2O$ など各種の化合物を形成する。

　5．濃硫酸、五酸化二リンのような脱水剤と混合加熱すると、爆発しやすい無水過塩素
　　酸が生成されるため、脱水剤との混合は避ける。

【9】解答「2」（D・Eが妥当でない）

　D．ナトリウムやカリウムは反応性が高い金属で、酸の他、水とも反応する。

　E．加熱すると分解して、ヒューム（塩化水素や塩素）を発生する。

【10】解答「5」

　5．スロッシング現象は、液体の入ったタンクなどの容器に振動が加わった場合に内部
　　の液体も大きく波打ち、揺動する現象を指す。これが地震の揺れによって、石油タン
　　クなどで起こると、蓋の役割となる浮屋根が大きく上昇し、側壁と摩擦を起こすため
　　に火災が発生するおそれがある。法令では、液体の危険物を運搬容器に入れる場合、
　　収納率を98％以下とし、一定の空間容積が容器に残るよう定めている。液体圧力の
　　逃げ場がなくなり、容器が破損するおそれがあるため、空間容積を設ける。なお、ス
　　ロッシング〔sloshing〕は、「水の中をもがいて進むこと」の意味。

【11】解答「5」

　3．チオ硫酸ナトリウムは脱塩素剤として使用されている物質で、弱アルカリ性を示す。

　5．過塩素酸は、水とは発熱しながら反応して溶解する。しかし、流出事故時はアルカ
　　リで中和した後、大量の水を使用して洗い流す。また、火災時も水を使用して消火する。

【12】解答「5」

　5．密栓式の破損しにくい容器に貯蔵する。また、金属製容器は反応するため使用して
　　はならない。ポリエチレンやガラス製容器を使用する。

【13】解答「5」

　5．容器は密栓し、通風の良い冷暗所に貯蔵するのが妥当である。

【14】解答「5」

　5．過塩素酸は加熱により酸素等も放出するため、二酸化炭素による消火は適応しない。

【15】解答「3」（B・Dが妥当）

　　二酸化炭素消火剤およびハロゲン化物消火剤は適応しない。また、炭酸水素塩類を使
　　用する粉末消火剤も適応しない。

5 過酸化水素 H₂O₂

　強い酸化剤で、他の物質を酸化して水になる。ただし、強い酸化剤に対しては、還元剤として作用することもあり、その際、酸素を発生する。

形状	▪ 特殊な刺激臭を有する、無色の液体。多量の場合は青色。高濃度のものは油状である。
性質	**比　重**　$1.5 \sim 1.7$ ▪ 水にはどんな割合でもよく溶け合う。エーテルやエタノールにも溶ける。水溶液は弱酸性を示す。石油には溶けない。 ▪ 非常に不安定な物質で、濃度50%以上のものは常温（20℃）でも水と酸素に分解し、発熱する。 ▪ 分解を防ぐため、安定剤として無機酸（リン酸など）や尿酸、あるいはアセトアニリドなどが添加されている。 ▪ 強い酸化剤である。ただし、強い酸化剤に対しては還元剤として作用する。
危険性	▪ 熱、日光により速やかに分解し、酸素を発生して水になる。また、二酸化マンガンは過酸化水素の分解に際し、触媒としてはたらく。 ▪ 可燃性物質（紙・おがくず等）や還元性物質と接触すると、激しく反応して爆発するおそれがある。 ▪ 銅・鉄・マンガン・クロムなどの金属粉末およびその塩類、過酸化鉛、過酸化マグネシウムなどと混合すると、爆発的に分解する。 ▪ 塩基性のアンモニアと接触すると、爆発するおそれがある。 ▪ 高濃度のものは爆発性を有し、皮膚をおかす。
貯蔵・取扱い	▪ 容器には、通気のため小穴の開いた栓を用いる。 ▪ 塩化ビニールやステンレス製容器などを使用する。
消火方法	▪ 大量の水を用いる。
その他	▪ 殺菌剤や漂白剤などの用途がある。濃度3%の水溶液が外用消毒剤（オキシドールという名称）として利用されている。

【１】 過酸化水素の性状等について、次のうち妥当でないものはどれか。[★]

1．高濃度のものは油状の液体である。

2．水と混合すると、上層に過酸化水素、下層に水の２層に分離する。

3．金属等の混入により、爆発的に分解し酸素を放出することがある。

4．リン酸や尿酸の添加により、分解が抑制される。

5．有害であり、消毒殺菌剤として用いられることがある。

【２】 過酸化水素の性状について、次のうち妥当でないものはどれか。

1．濃度の高いものは、引火性がある。

2．無色で、水より重い液体である。

3．濃度の高いものは、皮膚、粘膜をおかす。

4．強力な酸化剤であるが、還元剤として作用する反応もある。

5．水と任意の割合で混合する。

【３】 過酸化水素の性状等について、次のうち妥当なものはどれか。[★]

1．水とどんな割合にも溶け合う。

2．消毒に用いられるのは、通常 90 〜 98％の濃度のものである。

3．常温（20℃）では分解しない。

4．赤褐色の蒸気を発生する。

5．廃棄する場合は、屋外の安全な場所で焼却するのが最もよい。

【４】 過酸化水素の性状について、次のA〜Dのうち、妥当なもののみをすべて掲げているものはどれか。

A．無色の液体であり、高濃度のものは粘性を有する。

B．強力な酸化剤であり、還元剤としては作用しない。

C．熱や日光によって速やかに分解し、酸素を発生する。

D．無機酸や尿酸との混合により、爆発のおそれがある。

1．A、C　　2．A、D　　3．B、C　　4．B、D　　5．A、C、D

【５】 過酸化水素の性状等について、次のうち妥当なものはどれか。

1．水より軽い無色の液体である。

2．加熱しても発火のおそれはない。

3．高濃度のものは引火性を有している。

4．分解を防止するため、通常種々の安定剤が加えられている。

5．熱や光により容易に水素と酸素とに分解する。

【6】 過酸化水素の性状について、次のうち妥当でないものはどれか。[★]

☑ 1．引火性をもつ、無色透明な液体である。

2．特殊な刺激臭をもつ。

3．分解すると酸素を発生する。

4．pHが6を超えると、分解率が上昇する。

5．多くの無機化合物または有機化合物と付加物をつくる。

【7】 次の文の（ ）内のA～Cに入る語句の組合せとして妥当なものはどれか。[★]

「過酸化水素は一般に他の物質を酸化して（A）になる。また、酸化力の強い過マンガン酸カリウムのような物質等と反応すると（B）として作用して、（C）を発生する。」

	A	B	C
☑ 1.	水	還元剤	酸素
2.	水素	酸化剤	酸素
3.	水	還元剤	水素
4.	水素	還元剤	水素
5.	水	酸化剤	水素

【8】 次の文の（ ）内のA～Cに入る語句の組合せとして、妥当なものはどれか。

「酸化性液体である過酸化水素は可燃物と反応すると（A）されて水に変化する。また、過マンガン酸カリウムのような物質と反応するときは（B）されて、（C）を発生する。」

	A	B	C
☑ 1.	還元	酸化	水素
2.	酸化	還元	水素
3.	還元	還元	酸素
4.	酸化	酸化	水素
5.	還元	酸化	酸素

【9】 過酸化水素の性状について、次のうち妥当でないものはどれか。

☑ 1．水と自由に混和し、水溶液は強い塩基性を示す。

2．可燃性物質に接触すると発火や爆発を起こすことがある。

3．加熱したり金属粉に接触すると発火や爆発を起こすことがある。

4．日光により分解し、酸素を発生する。

5．常温（20℃）で徐々に分解し、加熱すると激しく分解する。

【10】過酸化水素の性状について、次のうち妥当でないものはどれか。

☐ 1．加熱したり金属粉との接触により、発火や爆発を起こすことがある。

2．可燃性物質との接触により、発火や爆発を起こすことがある。

3．20℃で安定である。

4．日光により分解し、酸素を発生する。

5．強力な酸化剤であるが、還元剤としてはたらくこともある。

【11】過酸化水素の性状について、次のA～Eのうち、妥当でないものの組合せはどれか。

A．水、エーテルにはほとんど溶けない。

B．強力な酸化剤であり、還元剤としてはたらくことはない。

C．リン酸や尿酸の添加により、分解が抑制される。

D．腐食性を有するので、普通鋼、銅、鉛の容器への収納は避ける。

E．不安定で、分解すると酸素を発生するとともに発熱する。

☐ 1．AとB　　2．AとE　　3．BとC　　4．CとD　　5．DとE

【12】次のA～Eのうち、過酸化水素の分解を促進し、酸素を発生させるものは、いくつあるか。

A．リン酸

B．直射日光

C．二酸化マンガン粉末

D．銅の微粒子

E．過酸化マグネシウム

☐ 1．1つ　　2．2つ　　3．3つ　　4．4つ　　5．5つ

【13】次のA～Eのうち、過酸化水素の分解を促進し、酸素を発生させるものは、いくつあるか。［★］

A．直射日光

B．湿った空気

C．加熱

D．過酸化鉛

E．無機酸

☐ 1．1つ　　2．2つ　　3．3つ　　4．4つ　　5．5つ

▶▶解答＆解説 ……………………………………………………………………………

【1】解答「2」

2．過酸化水素 H_2O_2 は水に溶けやすいため、水と混合した際に2層に分離することはない。

【2】解答「1」

1．第6類の危険物は、不燃性の酸化性液体である。

【3】解答「1」

2．過酸化水素の水溶液のうち、消毒に用いられるのは、通常3％程度の濃度のものである。

3．常温（20℃）であっても、少しずつ水と酸素に分解する。

4．赤褐色の蒸気を発生することはない。

5．廃棄する場合は、多量の水で十分希釈してから、亜硫酸ナトリウム等の還元剤、あるいは金属類等と徐々に反応させて分解させるのがよい。

【4】解答「1」（A・Cが妥当）

B．強い酸化剤に対しては還元剤として作用する。

D．分解を防ぐために、安定剤としてリン酸などの無機酸や尿酸が添加されている。

【5】解答「4」

1．比重は1.5〜1.7で水よりも重い。

2．加熱あるいは衝撃や摩擦等により発火、爆発を起こすおそれがある。

3．第6類の危険物は不燃性である。

4．分解を防ぐために、安定剤としてリン酸などの無機酸や尿酸が添加されている。

5．熱や光により分解すると、酸素を発生して水になる。水素は発生しないため誤り。

【6】解答「1」

1．過酸化水素そのものは不燃性であり、引火性もない。

4．分解率は、単位時間当たりに分解する割合を表す。過酸化水素の水溶液は弱酸性を示すが、中性に近づくと分解率が高くなる。

5．例えば、第1類危険物の炭酸ナトリウム過酸化水素付加物などが挙げられる。

【7】解答「1」

〈酸化剤としてはたらく場合〉：$H_2O_2 + 2H^+ + 2e^- \longrightarrow 2H_2O$

電子を受け取ることで、自身は還元される。一般に、相手の物質を酸化し、自身は還元される物質を酸化剤という。

〈還元剤としてはたらく場合〉：$H_2O_2 \longrightarrow O_2 + 2H^+ + 2e^-$

電子を与えることで、自身は酸化される。一般に、相手の物質を還元し、自身は酸化される物質を還元剤という。

第6類 危険物

【8】解答「5」

　　過酸化水素 H_2O_2 は、可燃物と反応すると可燃物に酸素を与え、自身は還元されて水 H_2O になる。過酸化水素の O に注目すると、酸化数は－1から－2に減っている。また、過マンガン酸カリウム $KMnO_4$ のような強い酸化剤と反応すると、酸化されて O_2 となる。過酸化水素の O に注目すると、酸化数は－1から0に増えている。

【9】解答「1」

　　1．水と自由に混和し、水溶液は弱酸性を示す。

【10】解答「3」

　　3．非常に不安定な物質で、濃度50%以上のものは常温（20℃）でも分解して酸素を
　　　発生し、発熱する。

　　5．強い酸化剤である。ただし、その他の強い酸化剤に対しては還元剤として作用する。

【11】解答「1」（A・Bが妥当でない）

　　A．水、エーテルに溶ける。

　　B．強力な酸化剤だが、強い酸化剤に対しては還元剤として作用する。

　　D．塩化ビニールやステンレス製の容器に収納する。

【12】解答「4」（B・C・D・Eの4つが該当）

　　過酸化水素の分解を促進し、酸素を発生させるものに、熱や直射日光、二酸化マンガン粉末が挙げられる。ただし、これら以外にも、銅の微粒子や過酸化マグネシウム MgO_2 がある。

【13】解答「3」（A・C・Dの3つが該当）

　　過酸化水素の分解を促進し、酸素を発生させるものに、熱や直射日光、二酸化マンガン粉末や過酸化鉛が挙げられる。

▶過去問題［2］◀

【1】過酸化水素の貯蔵および取扱い方法について、次のA～Eのうち妥当なものはいくつあるか。［★］

　　A．通風のよい乾燥した冷暗所に貯蔵する。

　　B．可燃性物質と接触しないように取り扱う。

　　C．還元性物質と接触しないように取り扱う。

　　D．アンモニアと接触しないように取り扱う。

　　E．濃度にかかわらず、容器に密栓して貯蔵する。

　☑　1．1つ　　　　2．2つ　　　　3．3つ　　　　4．4つ　　　　5．5つ

【2】 過酸化水素の貯蔵および取扱いについて、次のA～Eのうち妥当なものはいくつあるか。
　　A．通気のよい冷暗所に貯蔵する。
　　B．濃度にかかわらず容器に密栓して貯蔵する。
　　C．有機物と接触させない。
　　D．可燃性物質と接触させない。
　　E．銅や普通鋼などと接触させない。
▢　1．1つ　　　　2．2つ　　　　3．3つ　　　　4．4つ　　　　5．5つ

【3】 過酸化水素の貯蔵、取扱いについて、次のうち妥当でないものはどれか。
▢　1．可燃物から離して貯蔵し、または取り扱う。
　　2．通風のよい乾燥した冷暗所に貯蔵する。
　　3．銅や普通鋼から離して貯蔵し、または取り扱う。
　　4．容器を密封すると分解ガスにより破損等を生じるので、通気孔の付いた容器に入れて貯蔵する。
　　5．リン酸と接触すると分解が促進されるので、リン酸から離して貯蔵し、または取り扱う。

【4】 過酸化水素の貯蔵、取扱いについて、次のうち妥当でないものはどれか。
▢　1．取扱いには鉄粉や銅粉と接触しないようにする。
　　2．安定剤として、アルカリを加え分解を抑制する。
　　3．日光の直射を避ける。
　　4．可燃物から離して貯蔵する。
　　5．漏えいしたときは、多量の水で洗い流す。

【5】 過酸化水素の貯蔵、取扱いについて、次のうち妥当でないものはどれか。
▢　1．容器は通気孔を設けて、冷暗所で貯蔵する。
　　2．アセトアニリドを加えて、分解を抑制する。
　　3．加熱すると水素を発生するので、十分火気に注意する。
　　4．爆発するおそれがあるので、アニリンとは接触させない。
　　5．漏洩した場合は、大量の水で洗い流す。

【6】60％過酸化水素水溶液を貯蔵している工場の流出事故における対応方法について、次のうち妥当でないものはどれか。

☑ 1．ステンレス製の容器に回収した。
　　2．直射日光を避けて、火気、熱源を遠ざけた。
　　3．木製の板で、囲いを作成し囲った。
　　4．大量の水で希釈した。
　　5．関係者の立入を禁止し、換気をよくした。

▶▶解答＆解説……………………………………………………………………………………

【1】解答「4」（A・B・C・Dが妥当）
　C．還元性物質は相手から酸素を奪いやすく、自身は酸化されやすい。過酸化水素のような酸化剤を還元性物質（還元剤）と接触させると、発火の危険性が増す。
　D．塩基性のアンモニアと接触すると、爆発するおそれがある。
　E．過酸化水素は常温でも分解して酸素を発生するため、容器のふたには、必ず通気孔を設ける。密栓すると危険である。

【2】解答「4」（A・C・D・Eが妥当）
　B．過酸化水素は常温でも分解して酸素を発生するため、容器のふたには、必ず通気孔を設ける。密栓すると危険である。

【3】解答「5」
　5．リン酸や尿酸は、過酸化水素の分解を防ぐための安定剤として使われている。

【4】解答「2」
　2．過酸化水素は弱酸性であり、アルカリを加えると反応してしまうため、過酸化水素の安定剤にはリン酸や尿酸を使用するのが妥当である。

【5】解答「3」
　3．加熱により水と酸素に分解するため、水素は発生しない。なお、空気中の酸素濃度が高まると爆発の危険性がある。
　4．アニリン$C_6H_5NH_2$は可燃性の液体であるため接触させない、が正しい。

【6】解答「3」
　1．ステンレスはクロムやニッケルを含んだ鉄の合金鋼で、表面に不動態皮膜を形成しているため、耐食性が高い。
　3．過酸化水素水溶液は発火の危険性が増すため、可燃性物質と接触させてはならない。
　5．酸素が蓄積しないよう、ほどよく換気を施す必要がある。

第6類危険物

1. 硝酸

※政令で定める試験において、硝酸の標準物質は「濃度 90 ％の水溶液」と規定されているため、一般に流通している濃度 60 ～ 70 ％の水溶液は、消防法に定める危険物には該当しないことになる。

形状	▪ 刺激臭を有する、無色の液体。
性質	**比 重** 1.3 ～ 1.5 ▪ 硝酸自身に燃焼性、爆発性はない。 ▪ 水に不安定で、加熱によりNOxなどを発生する。 ▪ 水と任意の割合で溶け、その水溶液は強酸性を示す。また、水に溶ける際に多量の熱を発生する。 ▪ 高濃度のものは吸湿性が強く、空気中の湿気と反応、褐色に発煙。 ▪ アルミニウム Al、鉄 Fe、ニッケル Ni などは、希硝酸と反応して水素を発生しながらおかされる。しかし、濃硝酸に対しては表面にち密な酸化物の被膜ができ、内部を保護する状態（不動態）になるためおかされない。 ▪ 水素よりイオン化傾向の小さい金属（銅・銀・水銀など）とも反応する。このとき希硝酸では一酸化窒素 NO、濃硝酸では二酸化窒素 NO_2 を発生する。 ▪ 希硝酸と銅を作用させると、一酸化窒素を生じる。 $8HNO_3 + 3Cu \longrightarrow 3Cu(NO_3)_2 + 4H_2O + 2NO$ （さらにその後、空気中の酸素と反応して二酸化窒素になる） $2NO + O_2 \longrightarrow 2NO_2$ ▪ 濃硝酸と銅を作用させると、二酸化窒素を生じる。 $4HNO_3 + Cu \longrightarrow Cu(NO_3)_2 + 2H_2O + 2NO_2$ ▪ 濃硝酸 1 体積と濃塩酸 3 体積の混合水溶液を**王水**といい、酸化力が非常に強い。白金 Pt や金 Au を溶かすことができる。 ▪ 濃硝酸に硫黄 S およびリン P を作用させると、それぞれ硫酸 H_2SO_4 およびリン酸 H_3PO_4 が得られる。 ▪ 光および熱に弱く、分解して二酸化窒素と酸素を生じる。また、透明な液体は黄色または褐色を帯びる。 $4HNO_3 \longrightarrow 4NO_2 + O_2 + 2H_2O$ ▪ タンパク質水溶液に濃硝酸を加えて熱すると黄色になり、さらにアンモニア水などを加えて塩基性にすると橙黄色になる（キサントプロテイン反応）。
危険性	▪ 酸化力がきわめて強い。 ▪ 硫化水素 H_2S、ヨウ化水素 HI、アセチレン C_2H_2、二硫化炭素 CS_2、アミン類 R － NH_2、ヒドラジン N_2H_4 類などと接触すると、発火・爆発するおそれがある。

	▪ のこくず、木片、紙、ぼろ布などの有機物と接触すると、自然発火の危険性がある。 ▪ アセトン CH_3COCH_3、酢酸 CH_3COOH（無水酢酸）等とは激しく反応し、発火・爆発するおそれがある。 ▪ 木炭やアルコールなどの還元性物質と激しく反応する。 ▪ 蒸気は不燃性であるが、きわめて有毒で腐食性が強い。 ▪ 皮膚に付着すると、重度の薬傷を起こす。
貯蔵・取扱い	▪ 濃アンモニア NH_3 と接触すると、硝酸アンモニウム NH_4NO_3 を生成する。これは硝安とも呼ばれ、爆薬の原料である。 ▪ 希釈する場合は、水に濃硝酸を滴下する。 ▪ アンモニア、炭素、金属、酸化剤、可燃性物質、還元性物質から離して保管する。 ▪ 硝酸は多くの金属を腐食して、水素や窒素酸化物を発生する。 ▪ 褐色のビン、またはステンレス鋼、アルミニウム製の容器を使用して密栓する。 ※ステンレス鋼は鉄とクロムの合金で、含有するクロムが空気中で酸素と結合し表面に不動態皮膜を形成している。このため、耐食性が高い。また、アルミニウムも空気中では、表面に酸化皮膜が形成されて内部が保護されるため、高い耐食性をもつ。ただし、希硝酸の場合は鉄、アルミニウム、クロム、ニッケル等を激しくおかすため使用できない。
消火方法	▪ 水（散水・噴霧水）、水溶性液体用泡消火剤、粉末消火剤などを用いる。
漏えい時	▪ 多量に漏えいした場合、土砂などでその流れを止め、これに吸着させるか、または安全な場所に導いて、遠くから除々に注水してある程度希釈したあと、発熱に注意しながら炭酸ナトリウム（ソーダ灰）や、水酸化カルシウム（消石灰）などで中和し、多量の水を用いて洗い流す。

2. 発煙硝酸

形状	▪ 刺激臭を有する、赤色～赤褐色の液体。
性質	比重　約1.5 ▪ 濃硝酸に二酸化窒素 NO_2 を加圧飽和させたもので、純硝酸86%以上を含む。 ▪ 空気中で褐色に発煙（二酸化窒素によるもの）する。 ▪ 濃硝酸より酸化力が強い。 ▪ 発煙硝酸の硝酸濃度は、98 ～ 99%である。 ※「硝酸」と特に異なる部分のみを記載。

【1】 硝酸の性状等について、次のうち妥当でないものはどれか。［★］

☐ 1．強い酸化力をもち、硝酸の90％水溶液は第6類の危険物の試験に用いられる。

2．鉄やアルミニウムは、濃硝酸中では不動態となるため溶けない。

3．濃硝酸と濃塩酸を体積比1：3で混合した溶液は酸化力が強く、金や白金なども溶かす。

4．発煙硝酸は濃硝酸より酸化力が弱い。

5．濃硝酸が漏えいした場合は、発熱に注意しながら炭酸ナトリウムや水酸化カルシウムで徐々に中和する。

【2】 硝酸の性状について、次のうち妥当でないものはどれか。［★］

☐ 1．アセトンやアルコールなどと混合すると、発火または爆発することがある。

2．水と任意の割合で混合する。

3．無色の液体であるが、加熱または日光によって分解し、その際に生じる二酸化窒素によって黄色または褐色を呈する。

4．酸化力が強く、銅、銀などのイオン化傾向の小さな金属とも反応して水素を発生する。

5．濃硝酸をタンパク質水溶液に加えて加熱すると黄色になる。

【3】 硝酸の性状等について、次のうち妥当でないものはどれか。［★］

☐ 1．鉄、ニッケルは、希硝酸には激しくおかされるが、濃硝酸には不動態皮膜を形成しおかされにくい。

2．水溶液は極めて強い一塩基酸で、水酸化物に作用して硝酸塩を生じる。

3．希硝酸と銅の反応では一酸化窒素、濃硝酸と銅の反応では二酸化窒素が生じる。

4．光により分解し、二酸化窒素を生じる。

5．水と任意の割合で混合し、水溶液の比重は硝酸の濃度が増加するにつれて減少する。

【4】 硝酸の性状について、次のうち妥当なものはどれか。［★］

☐ 1．揮発性の液体で、不安定であり、爆発性が高い。

2．酸化力が強く、銅、銀などのイオン化傾向の小さな金属も溶解する。

3．赤紫色の液体であり、加熱または日光によって分解し、酸素を生じる。

4．水と反応して安定な化合物をつくる。

5．酸素を自ら含んでいるため、他からの酸素供給がなくても自己燃焼する。

第6類危険物

【5】 硝酸の性状について、次のうち妥当でないものはどれか。

☐ 1．蒸気は、空気と爆発性の混合物をつくることがある。

2．のこくず、木毛等の有機物質と接すると、自然発火のおそれがある。

3．酸化力が強く、燃焼を促進する。

4．日光や加熱により分解しやすい。

5．水とは、任意に混和する。

【6】 硝酸の性状について、次のうち妥当でないものはどれか。

☐ 1．無色透明の液体である。

2．水には任意の割合で混合する。

3．金、白金などを除いた多くの金属と反応して水素を発生する。

4．熱や光により分解し、変色する。

5．濃硝酸は、アルミニウムや鉄の表面に不動態皮膜をつくらない。

【7】 硝酸と接触すると発火または爆発の危険性があるものとして、次のうち該当しないものはどれか。[★]

☐ 1．濃アンモニア水　　　2．アセチレン　　　3．硫酸

4．紙　　　　　　　　　5．木片

【8】 硝酸と接触すると発火または爆発の危険性のあるものとして、次のうち妥当でないものはどれか。[★]

☐ 1．無水酢酸　　　　　　2．麻袋　　　　　3．アルコール

4．塩酸　　　　　　　　5．濃アンモニア水

▶▶解答＆解説……………………………………………………………………………

【1】解答「4」

1．「危険物の試験」は、「共通する性状」の燃焼試験（263Pを参照）において、硝酸の90％水溶液と木粉との混合物の燃焼時間が酸化力の基準となる。

2．アルミニウム Al や鉄 Fe の他、ニッケル Ni も不動態となり濃硝酸に溶けない。

3．この混合水溶液を王水と呼び、酸化力が非常に強い。白金 Pt や金 Au を溶かすことができる。

4．発煙硝酸は、濃硝酸に更に二酸化窒素 NO₂ を溶かし込んだもので、酸化力は濃硝酸よりも強い。

5．濃硝酸が漏えいした場合は、注水して希釈した後、発熱に注意しながら炭酸ナトリウムや水酸化カルシウムで徐々に中和し、多量の水で洗い流す。

【2】解答「4」

4．水素よりイオン化傾向の小さい金属（銅・銀・水銀など）とも反応する。しかし、このとき希硝酸では一酸化窒素 NO、濃硝酸では二酸化窒素 NO_2 を発生する。水素は、水素よりイオン化傾向の大きな金属（アルミニウム Al や鉄 Fe など）と希硝酸の反応により発生する。

【3】解答「5」

2．一塩基酸は、電離して H^+ になることができる水素原子を1分子当たり1個もつ酸である。1価の酸で、硝酸や塩酸 HCl が該当する。また、一酸塩基は、1分子につき H^+ を1個だけ受容できる塩基である。1価の塩基で、水酸化ナトリウム NaOH が該当する。

3．希硝酸と銅の反応では、無色の一酸化窒素が生じる。ただし、一酸化窒素は空気中で速やかに酸化され、二酸化窒素になる。

$$3Cu + 8HNO_3 \longrightarrow 3Cu(NO_3)_2 + 2NO + 4H_2O$$

濃硝酸と銅の反応では、赤褐色の二酸化窒素が生じる。二酸化窒素は有毒で特有の臭気がある。

$$Cu + 4HNO_3 \longrightarrow Cu(NO_3)_2 + 2NO_2 + 2H_2O$$

5．硝酸は水と任意の割合で混合する。しかし、その水溶液の比重は硝酸の濃度が大きくなるにつれ増加する。

【4】解答「2」

1．硝酸は不安定で自然分解する傾向があるが、爆発性はない。

3．刺激臭のある無色の液体で、加熱または日光によって分解し、二酸化窒素 NO_2 と酸素を生じる。

4．水に不安定で、加熱により NOx や硝酸ガスなどを発生する。

5．第6類の危険物は、不燃性である。

【5】解答「1」

1．蒸気は不燃性であり、きわめて有毒で腐食性が高い。

【6】解答「5」

5．鉄 Fe、ニッケル Ni、クロム Cr、アルミニウム Al は濃硝酸に浸すと、表面にち密な酸化物皮膜（不動態皮膜）をつくって内部がおかされない。

【7】解答「3」

3．硝酸は、塩酸や硫酸と接触しても、発火や爆発の危険性は生じない。なお、濃硝酸と濃塩酸を体積比1：3で混合した溶液を王水といい、白金や金を溶かすことができる。

【8】解答「4」

4．硝酸は、塩酸や硫酸と接触しても、発火や爆発の危険性は生じない。

【1】硝酸の貯蔵、取扱いについて、次のうち妥当でないものはどれか。[★]
　☐　1．還元性物質との接触を避けて貯蔵する。
　　　2．日光の直射を避けて貯蔵する。
　　　3．分解を促す物質との接近を避けて貯蔵する。
　　　4．水と接触すると可燃性ガスを発生するので注意する。
　　　5．毒性が非常に強いので、蒸気を吸わないようにする。

【2】硝酸の貯蔵または取扱いの注意事項として、次のうち妥当でないものはどれか。
　☐　1．濃硝酸は不動態を作ることがあるが、希硝酸は大部分の金属を腐食するため、貯蔵する場合には容器の材質に注意する。
　　　2．二酸化窒素の発生に注意する。
　　　3．還元性物質に対しては比較的安定なので、それ以外の物質との接触に注意する。
　　　4．直射日光を避け、冷所に貯蔵する。
　　　5．皮膚に付着するとやけどを起こすため注意する。

【3】90％硝酸水溶液の貯蔵、取扱いについて、次のうち妥当でないものはどれか。
　☐　1．周辺で高温物の使用を禁止し、加熱を避ける。
　　　2．褐色のガラスビンに保存し、直射日光を避ける。
　　　3．アルミニウム製の台上で取り扱う。
　　　4．容器は密閉する。
　　　5．容器の下に木製すのこを敷いて保管する。

【4】90％硝酸水溶液の貯蔵、取扱いについて、次のうち妥当なものはどれか。[★]
　☐　1．容器の下に発泡スチロール製の緩衝材を敷く。
　　　2．木製台上で取り扱う。
　　　3．透明なガラス容器に保存する。
　　　4．保管用棚に鉄板を敷く。
　　　5．アルミニウム製容器で屋内貯蔵所に密閉保存する。

【5】硝酸の貯蔵、取扱いについて、次のうち妥当でないものはどれか。
　☐　1．直射日光を避けて貯蔵する。
　　　2．希釈する場合は、濃硝酸に水を滴下する。
　　　3．有機化合物との接触を避けて貯蔵、取り扱いをする。
　　　4．人体に接触すると薬傷を起こすため、接触を避ける。
　　　5．硝酸により可燃物が燃えている場合、水または泡で消火する。

【6】硝酸の流出事故における処理方法について、次のうち妥当でないものはどれか。

[★]

☑ 1．強化液消火剤（主成分：K_2CO_3 水溶液）を放射して水で希釈する。

2．ソーダ灰で中和する。

3．ぼろ布に染み込ませる。

4．大量の水で希釈する。

5．乾燥砂で覆い、吸い取る。

▶▶解答＆解説‥‥‥‥‥‥‥‥‥‥‥‥‥‥‥‥‥‥‥‥‥‥‥‥‥‥‥‥‥‥‥‥‥‥‥

【1】解答「4」

4．硝酸は水と接触しても可燃性ガスを発生しない。ただし、水と溶解する際に、発熱する。

【2】解答「3」

3．還元性物質とは激しく反応するので誤りである。

【3】解答「5」

硝酸のうち濃度90％以上のものが危険物の対象となることから、設問では「90％硝酸水溶液」と指定している。

5．容器から90％硝酸が漏れた場合、木製すのこと接触すると発火するおそれがあるため、木製すのこを敷いて保管してはならない。

【4】解答「5」

1～2．可燃物から離して、貯蔵・取扱うようにする。可燃物の上に容器を置いてはならない。容器から漏れた場合、発火するおそれがある。

3．硝酸は光分解性があるため、褐色のガラス製容器に保存する。

4．鉄（金属）と反応して水素や窒素酸化物が発生するため、棚に鉄板を敷いてはならない。

5．硝酸水溶液の容器には、一般にガラスが使われている。ただし、過去の問題では「アルミニウム製容器」および「ステンレス鋼製容器」を「妥当」としている。

【5】解答「2」

2．希釈する場合は、水に濃硝酸を滴下する。硝酸は水に溶解する際に、多量の熱を発生する。比重の重い硝酸は下部へ、周りが水となり熱が除去される。しかし反対に、少量の水に濃硝酸に加えた場合、比重の軽い水が上部へ、熱が除去されずに水が沸騰し溶液が飛散するおそれがある。

5．硝酸にかかわる火災では、水や水溶性液体用泡消火剤を使用する。

【6】解答「3」

3．流出した硝酸は、ぼろ布・くず綿・のこくずなどの有機物（可燃物）にしみ込ませて回収してはならない。それらが自然発火することがある。

政令第1条第4項では、「その他のもので政令で定めるもの」として、ハロゲン間化合物を危険物に指定している。

▶ハロゲン間化合物

ハロゲン間化合物とは、2種のハロゲンからなる化合物の総称である。一般に、ハロゲンの単体に似た性質をもつ。

ハロゲン間化合物は、加水分解しやすく、**酸化力（他の物質から電子を奪う力）が強い**という性質がある。また、どの化合物も**揮発性**がある。ハロゲン間化合物の大半はあまり**安定ではないものの、爆発することはない**。

2種のハロゲンの**電気陰性度の差**が大きくなると、**不安定**になる傾向がある。

※電気陰性度は、原子が共有電子対を引きつける強さをいう。フッ素4.0、塩素3.2、臭素3.0、ヨウ素2.7となっている。

多数のフッ素原子を含むハロゲン間化合物ほど、**反応性に富み**、ほとんどすべての金属および多くの非金属と反応して**フッ化物**をつくる。フッ化物は多くが無色である。

1. 三フッ化臭素　BrF_3

形状	・刺激臭を有する、無色の液体。
性質	**比　重**　2.8 **融　点**　9℃ **沸　点**　127℃ ・空気中で発煙する。低温では固体化する。 ・強力な酸化剤である。
危険性	・木材、紙、油脂類等の可燃性物質と接触すると発熱反応が起こる。 ・水と非常に激しく反応し、猛毒で腐食性のあるフッ化水素 HF を生じると同時に発熱する。フッ化水素の水溶液（フッ化水素酸）はガラスをおかす。 ・加熱分解し、フッ化物などの有毒ガスを発生する。
貯蔵・取扱い	・容器は密栓する。また、ガラスや陶器製の容器は使用しない。 ・水分および可燃物と接触させない。
消火方法	・粉末消火剤（リン酸塩類）、乾燥砂などを用いる。 ・水系（水・泡・強化液）の消火剤は使用しない。

2. 五フッ化臭素　BrF₅

形状	・刺激臭を有する、無色〜淡黄色の液体。
性質	・**比　重**　2.5 ・**融　点**　−61℃ ・**沸　点**　41℃ ・蒸気は空気より重い。 ・気化しやすく、空気中で発煙する。 ・強力な酸化剤で、あらゆる可燃物を支燃する。
危険性	・水と爆発的に反応し、フッ化水素 HF などを生じる。 ・三フッ化臭素より反応性に富む。ほとんどの有機物、一部の無機物と激しく反応する。 ・ほとんどの金属と反応して、フッ化物を生じる。
貯蔵・取扱い	※三フッ化臭素と同じ
消火方法	※三フッ化臭素と同じ

3. 五フッ化ヨウ素　IF₅

形状	・強い刺激臭を有する、無色〜黄色の液体。
性質	・**比　重**　3.2 ・**融　点**　9.4℃ ・**沸　点**　101℃ ・空気中で激しく発煙する。低温では固体化する。 ・強力な酸化剤で、ベンゼンやカルシウムと爆発的に反応する。
危険性	・水と激しく反応してフッ化水素 HF とヨウ素酸 HIO₃ を生じる。 ・反応性に富み、多くの金属・非金属と反応してフッ化物を生じる。 ・酸または酸性蒸気に触れると、猛毒のフッ化水素その他の化合物を生じる。 ・ガラスをおかす。 ・有機物、硫黄、赤リン、金属粉などが接触すると、酸化して発火するおそれがある。
貯蔵・取扱い	※三フッ化臭素と同じ
消火方法	※三フッ化臭素と同じ

[ハロゲン間化合物]

【1】ハロゲン間化合物の一般的な性状等として、次のうち妥当でないものはどれか。

[★]

☑ 1．フッ素を含むものの多くは無色である。
　2．多くは不安定であるが、爆発はしない。
　3．水と接触すると分解する。
　4．2種のハロゲン元素からなる化合物である。
　5．還元力があり、多くの金属酸化物または非金属酸化物を還元する。

【2】ハロゲン間化合物の性状について、次のうち妥当でないものはどれか。[★]
☑ 1．一般にハロゲンの単体に似た性質を有する。
　2．加熱すると、酸素を発生する。
　3．多くの金属や非金属を酸化する。
　4．揮発性である。
　5．フッ素原子を多数含むものは、特に反応性が強い。

【3】ハロゲン間化合物の性状について、次のうち妥当なものはどれか。[★]
☑ 1．多数のフッ素原子を含むものほど、反応性に乏しい。
　2．水と反応しない。
　3．多くの金属と反応する。
　4．それ自体、爆発性がある。
　5．ハロゲン単体とは性質が全く異なる。

【4】三フッ化臭素の性状について、次のうち妥当でないものはどれか。[★]
☑ 1．無色の発煙性の液体である。
　2．沸点は水より高く、比重は1より大きい。
　3．水との接触により、猛毒で腐食性のフッ化水素を生ずる。
　4．酸と接触すると激しく反応する。
　5．液温が上昇すると可燃性蒸気が発生する。

【5】三フッ化臭素の性状について、次のA～Cのうち、妥当なもののみをすべて掲げているものはどれか。

　A．無色の液体で、空気中で発煙する。
　B．多くの金属に対して、強い腐食作用がある。
　C．水と発熱しながら激しく反応し、フッ化水素を生じる。

☑ 1．A　　　2．C　　　3．A、B　　　4．B、C　　　5．A、B、C

【6】三フッ化臭素の性状について、次の A ～ C のうち、妥当なもののみをすべて挙げているものはどれか。

> A．紫色の液体で、空気中で発煙する。
> B．木材との接触で反応し、発熱や発火のおそれがある。
> C．水と接触すると激しく反応し、猛毒で腐食性のあるフッ化水素を生じる。

　　1．A
　　2．C
　　3．A、B
　　4．B、C
　　5．A、B、C

【7】五フッ化臭素の性状について、次のうち妥当なものはどれか。［★］
　　1．暗褐色の発煙性液体である。
　　2．水と反応しない。
　　3．空気中で自然発火する。
　　4．還元されにくい。
　　5．蒸気は空気より重い。

【8】五フッ化臭素の性状について、次のうち妥当でないものはどれか。
　　1．水と接触すると爆発的に反応して、フッ化水素を生じる。
　　2．炭素、硫黄、ヨウ素などとは、激しく反応する。
　　3．常温（20℃）では、無色の液体である。
　　4．ほとんどの金属と反応して、フッ化物をつくる。
　　5．気化しやすく、常温（20℃）で引火する。

【9】五フッ化臭素の性状について、次のうち妥当なものはどれか。
　　1．常温（20℃）では無色の液体である。
　　2．水と反応しない。
　　3．空気中で自然発火する。
　　4．還元されにくい。
　　5．不安定で、引火性かつ爆発性の物質である。

【10】五フッ化ヨウ素の性状について、次のA〜Eのうち妥当なものの組合せはどれか。

    A．強い刺激臭がある発煙性の褐色液体である。

    B．空気中で激しく発煙し、酸または酸性蒸気に触れると、フッ化水素その他の化合物を生じる。

    C．ガラスは侵さない。

    D．水と激しく反応し、猛毒のフッ化水素とヨウ素酸を生じる。

    E．金属と容易に反応しフッ化物をつくるが、非金属とは反応しない。

☐ 　1．AとC　　2．AとE　　3．BとD　　4．BとE　　5．CとD

【11】五フッ化ヨウ素の性状について、次のA〜Eのうち妥当なものを組み合せたものはどれか。

    A．常温（20℃）で褐色の液体である。

    B．空気中で発生する気体は無臭である。

    C．皮膚に触れると薬傷を起こす。

    D．有機物、硫黄、金属微粉と接触すると発火するおそれがある。

    E．不安定で爆発しやすい。

☐ 　1．AとB　　2．AとE　　3．BとC　　4．CとD　　5．DとE

【12】五フッ化ヨウ素の性状について、次のうち妥当でないものはどれか。

☐ 　1．反応性に富み、金属と容易に反応してフッ化物をつくる。

    2．強酸で腐食性が強いため、ガラス容器が適している。

    3．常温（20℃）では、液体である。

    4．硫黄、赤リンなどと光を放って反応する。

    5．水とは激しく反応してフッ化水素を生じる。

【13】五フッ化ヨウ素の性状等について、次のうち妥当でないものはどれか。［★］

☐ 　1．常温（20℃）で無色の液体である。

    2．水と反応してフッ化水素を生じる。

    3．多くの金属と反応することから、ガラス容器に貯蔵する。

    4．約10℃の低温で固化し、白色となる。

    5．可燃物と接触し火災となった場合は、保護服及び呼吸保護器具を着用して消火する。

▶▶解答＆解説‥‥‥‥‥‥‥‥‥‥‥‥‥‥‥‥‥‥‥‥‥‥‥‥‥‥‥‥‥‥‥‥‥‥

【1】解答「5」

　5．ハロゲン間化合物は酸化力があり、多くの金属や非金属を酸化させる。

【2】解答「2」

　2．ハロゲン間化合物は酸素原子を含んでいないため、加熱しても酸素を発生しない。
　　加熱すると分解して、フッ化物や臭化物などの有毒ガスを発生する。

【3】解答「3」

　1．多数のフッ素原子を含むものほど、反応性に富む。

　2．水と反応しやすく、フッ素を含むものはフッ化水素 HF を生じる。

　4．水と爆発的に反応するものもあるが、そのもの自体に爆発性はない。

　5．一般にハロゲン単体と似た性質をもつ。

【4】解答「5」

　5．三フッ化臭素は、液温が上昇しても可燃性蒸気が発生することはない。

【5】解答「5」（A・B・Cが妥当）

【6】解答「4」（B・Cが妥当）

　A．空気中で発煙するが、無色の液体である。

【7】解答「5」

　1．五フッ化臭素は、無色〜淡黄色の発煙性液体である。

　2．水と爆発的に反応して、フッ化水素 HF などを生じる。

　3．空気中で発煙するが、自然発火することはない。

　4．強力な酸化剤であり、五フッ化臭素そのものは還元されやすい。

　5．蒸気は空気より重く、腐食性を示す。蒸気を吸入すると、肺水腫を引き起こすことがある。

【8】解答「5」

　5．気化しやすいが、不燃性液体のため五フッ化臭素そのものには引火しない。

【9】解答「1」

　2．水と爆発的に反応して、フッ化水素 HF などを生じる。

　3．空気中で発煙するが、自然発火することはない。

　4．強力な酸化剤であり、五フッ化臭素そのものは還元されやすい。

　5．第6類の危険物はいずれも不燃性物質である。

第
6
類
危
険
物

【10】解答「3」(B・D が妥当)

A．五フッ化ヨウ素 IF_5 は強い刺激臭があり、発煙性もある。ただし、無色～黄色の液体である。

B＆D．五フッ化ヨウ素は、水と激しく反応して、フッ化水素 HF とヨウ素酸 HIO_3 を生じる。また、酸や酸性蒸気に触れると、フッ化水素やその他の化合物を生じる。

C．五フッ化ヨウ素そのものはガラスをおかす。また、水や酸との反応で生じるフッ化水素も、その水溶液がやはりガラスをおかす。

E．金属の他、多くの非金属とも反応してフッ化物をつくる。

【11】解答「4」(C・D が妥当)

A．常温（20℃）で無色～黄色の液体である。

B．強い刺激臭を有している。

E．不安定であるが爆発性はない。

【12】解答「2」

2．五フッ化ヨウ素そのものはガラスをおかすため、ガラス製容器は適さない。

【13】解答「3」

3．五フッ化ヨウ素そのものはガラスをおかすため、ガラス製容器は適さない。

4．融点が9.4℃のため、約10℃であれば固体化するため正しい。

▶ 過去問題 [2] ◀

【1】三フッ化臭素の貯蔵、取扱いに関する次のA～Dについて、正誤の組合せとして、妥当なものはどれか。[★]

A．金属容器を避け、ガラス容器で貯蔵する。

B．直射日光を避け、冷暗所に貯蔵する。

C．危険性を低減するため、ヘキサン等の炭化水素で希釈して貯蔵する。

D．木材、紙等との接触を避ける。

	A	B	C	D
1.	×	○	○	○
2.	○	×	○	×
3.	×	×	×	○
4.	○	○	×	○
5.	×	○	×	○

注：表中の○は正、×は誤を表すものとする。

【2】三フッ化臭素の貯蔵、取扱いについて、次のA〜Dの正誤の組合せとして、妥当なものはどれか。[★]

A．直射日光を避け、冷暗所で貯蔵する。
B．危険性を低減するため、水で希釈して取り扱う。
C．貯蔵容器はガラス製のものを用い、密栓する。
D．発生した蒸気は吸入しないようにする。

	A	B	C	D
1.	○	×	×	○
2.	×	○	×	○
3.	○	×	○	○
4.	×	×	○	○
5.	○	○	○	×

注：表中の○は正、×は誤を表すものとする。

【3】五フッ化臭素の貯蔵容器の材質として妥当なものは、次のうちどれか。

1．アルミニウム
2．鉄
3．ガラス
4．陶器
5．ポリエチレン

【4】五フッ化臭素の貯蔵容器の材質として、次のA〜Dのうち、妥当なもののみをすべて掲げているものはどれか。

A．ガラス
B．ポリエチレン
C．アルミニウム
D．陶器

1．A
2．B
3．A、C
4．A、D
5．B、D

第6類　危険物

【5】 五フッ化臭素の貯蔵、取扱いに関する次のA～Dについて、正誤の組合せとして、妥当なものはどれか。[★]

A．直射日光を避け、冷暗所に貯蔵する。
B．金属容器を避け、ガラス容器で貯蔵する。
C．危険性を低減するため、ヘキサンやベンゼン等で希釈して貯蔵する。
D．木材、紙等との接触を避ける。

	A	B	C	D
1.	○	×	○	×
2.	×	○	×	○
3.	○	○	×	○
4.	×	○	○	○
5.	○	×	×	○

注：表中の○は正、×は誤を表すものとする。

【6】 五フッ化臭素の貯蔵、取扱いに関する次のA～Dについて、正誤の組合せとして、妥当なものはどれか。

A．金属容器を避け、ガラス容器で貯蔵する。
B．冷暗所で貯蔵する。
C．空気に触れないように水中で貯蔵する。
D．発生した蒸気は吸引しないようにする。

	A	B	C	D
1.	×	○	○	×
2.	○	○	×	○
3.	×	○	×	○
4.	○	×	○	×
5.	×	×	○	○

注：表中の○は正、×は誤を表すものとする。

▶▶解答&解説 ··

【1】解答「5」（B・Dは○、A・Cは×）

A．水と反応して生じるフッ化水素酸はガラスを腐食する（ガラス容器は使用しない）。

C．酸化剤とヘキサンなどの可燃物を混合してはならない。激しく反応して発火・爆発するおそれがある。ヘキサン C_6H_{14} は鎖式の飽和炭化水素（アルカン）。

【2】解答「1」（A・Dは○、B・Cは×）

B．水と激しく反応し、猛毒で腐食性のあるフッ化水素を生じる。

C．容器は密栓するが、ガラス製容器は使用しないこと。

【3】解答「5」

1&2．アルミニウム Al や鉄 Fe などのイオン化傾向の大きな金属は酸化されやすいため不適である。

3&4．水と反応して生じるフッ化水素は、ガラスや陶器に含まれるケイ酸塩と反応し、これを分解させる。よって、ガラスや陶器の使用は避ける。

【4】解答「2」（B が妥当）

A&D．水と反応して生じるフッ化水素は、ガラスや陶器に含まれるケイ酸塩と反応し、これを分解させる。よって、ガラスや陶器の使用は避ける。

C．アルミニウム Al などのイオン化傾向の大きな金属は酸化されやすいため不適である。

【5】解答「5」（A・Dは○、B・Cは×）

B．水と反応して生じるフッ化水素酸はガラスを腐食する（ガラス容器は使用しない）。

C．酸化剤とヘキサンなどの可燃物を混合してはならない。激しく反応して発火・爆発するおそれがある。ヘキサン C_6H_{14} は鎖式の飽和炭化水素（アルカン）。

【6】解答「3」（B・Dは○、A・Cは×）

A．水と反応して生じるフッ化水素酸はガラスを腐食する（ガラス容器は使用しない）。

C．五フッ化臭素は、水と接触させてはならない。有毒で腐食性のフッ化水素 HF などを生じる。

第6類 危険物

303

◆第6類危険物の特徴◆

試験前にチェック！

★酸化性の液体　　　　★不燃性（自らは燃えない）　　　★無機化合物

★蒸気は有毒で腐食性がある　　　　★直射日光を避ける

★強酸化剤で還元剤とよく反応する

★ハロゲン間化合物は酸素を含まない　　　　★ハロゲン間化合物は注水厳禁

◆物品別重要ポイント◆

※水…泡・強化液含む水系消火剤 ／ 二…二酸化炭素消火剤 ／ ハ…ハロゲン化物消火剤
／ 粉…粉末消火剤（△＝リン酸塩類使用のものは○、炭酸水素塩類のものは×）
なお、"**乾燥砂・膨張ひる石又は膨張真珠岩**"による窒息消火は全てに対応する。

物品名	消火		貯蔵	性質（一部抜粋）
過塩素酸	水	○	容器密栓（ガラスやポリエチレン○、**金属製は×**）	★刺激臭のある**無色の液体** ★加熱により、腐食性のヒューム（塩化水素など）を生じる ★可燃性物質（紙・おがくず・木片等）、還元性物質、有機物（アルコール等）、強塩基（アルカリ）と反応し発火、爆発のおそれがある
	二	×		
	ハ	×		
	粉	△		
過酸化水素	過塩素酸と同様		容器には**通気孔を設ける** 塩化ビニール、ステンレスを使用	★刺激臭のある**無色の液体** ★水やエタノールによく**溶ける** ★分解しやすい（**水と酸素に分解**され、熱を持つ） ★濃度の高いものは皮膚、粘膜をおかす ★強い酸化剤に対しては還元剤としても作用する
硝酸			容器密栓（褐色ビン、ステンレス鋼、アルミニウム製 ※ただし、**希硝酸の場合は×**）	★刺激臭のある**無色の液体** ★**銅、銀、水銀などとも反応し、希硝酸では一酸化窒素、濃硝酸では二酸化窒素**を発生する ★希釈する場合は**水に濃硝酸を滴下する** ★硫化水素、ヨウ化水素、アセチレン、二硫化炭素、アミン類、ヒドラジンなどとの接触で、発火、爆発するおそれがある
発煙硝酸				★刺激臭のある**赤〜赤褐色の液体**、硝酸より酸化力が強い
三フッ化臭素	水	×	容器密栓（禁水） **ガラス、陶器製は×**	★揮発性があり、**安定はしないが爆発もしない** ★空気中で発煙する ★可燃性物質との接触で熱をもつ ★水と激しく反応し、猛毒で腐食性の**フッ化水素**を生じる ★加熱分解し、フッ化物などの有毒ガスを発生する。
	二	×		
	ハ	×		
	粉	△		
五フッ化臭素	三フッ化臭素と同様			★水と反応し、フッ化水素などを生じる
五フッ化ヨウ素				★反応性に富み、多くの金属や非金属と反応してフッ化物を生じる

第6類危険物

索　引

記号・数字

－ CH2CH2CH2CH3〔ブチル基〕 ········· 172
－ CH2CH2CH3〔プロピル基〕 ·········· 172
－ CH2CH3〔エチル基〕 ·················· 172
－ CH3〔メチル基〕 ····················· 172
2Na2CO3・3H2O2
　〔炭酸ナトリウム過酸化水素付加物〕 ····· 89

A・B

AIBN〔アゾビスイソブチロニトリル〕 ····· 242
Al〔アルミニウム粉〕 ····················· 132
Al4C3〔炭化アルミニウム〕 ··············· 194
Ba〔バリウム〕 ·························· 180
Ba（ClO3）2〔塩素酸バリウム〕 ··········· 52
BaO2〔過酸化バリウム〕 ············· 36, 65
BrF3〔三フッ化臭素〕 ···················· 294
BrF5〔五フッ化臭素〕 ···················· 295

C

C2H2〔アセチレン〕 ······················ 195
（C2H5）2AlCl
　〔ジエチルアルミニウムクロライド〕 ····· 169
（C2H5）2Zn〔ジエチル亜鉛〕 ·············· 184
（C2H5）3Al〔トリエチルアルミニウム〕
　 ···································· 169
（C2H5）3Al2Cl3〔エチルアルミニウムセス
　キクロライド〕 ························ 169
C2H5AlCl2
　〔エチルアルミニウムジクロライド〕 ····· 169
C2H5NO3〔硝酸エチル〕 ·················· 228
C3H5（ONO2）3
　〔ニトログリセリン〕 ··················· 228
（C4H9）Li〔ノルマルブチルリチウム〕 ···· 172
C5H10N6O2〔ジニトロソペンタメチレンテト
　ラミン〕 ····························· 240
C6H2（NO2）3CH3〔トリニトロトルエン〕
　 ···································· 235
C6H2（NO2）3OH〔ピクリン酸、トリニトロフェ
　ノール〕 ····························· 234
C6H2ON2（NO2）2
　〔ジアゾジニトロフェノール〕 ··········· 245
（C6H5CO）2O2〔過酸化ベンゾイル〕 ····· 219
（C6H10O5）n〔セルロース〕 ··············· 229
Ca〔カルシウム〕 ························ 180
Ca3P2〔リン化カルシウム〕 ··············· 191
CaC2〔炭化カルシウム〕 ·················· 194
Ca（ClO）2〔次亜塩素酸カルシウム〕 ······ 88
Ca（ClO3）2〔塩素酸カルシウム〕 ········· 53
CaO2〔過酸化カルシウム〕 ············ 36, 64
〔C（CH3）2CN〕2N2
　〔アゾビスイソブチロニトリル〕 ········· 242
CH3CH2CH3（C3H8）〔プロパン〕 ········· 172
CH3CH3（C2H6）〔エタン〕 ··············· 172
CH3COC2H5〔メチルエチルケトン〕 ······ 220
（CH3COC2H5）2OO〔メチルエチルケトンパー
　オキサイド〕 ·························· 220
CH3COOOH〔過酢酸〕 ·················· 221
CH3NO3〔硝酸メチル〕 ·················· 227
CH4〔メタン〕 ·························· 172
CH5N3・HNO3〔硝酸グアニジン〕 ········· 256
CrO3〔三酸化クロム〕 ············· 35, 36, 87

F ～ H

Fe〔鉄粉〕 ····························· 129
H2Cr2O7〔重クロム酸〕 ··················· 85
H2N － NH2〔ヒドラジン〕 ················ 247
H2O2〔過酸化水素〕 ····················· 279
H2S〔硫化水素〕 ························ 123
HBrO3〔臭素酸〕 ························· 72
HClO2〔亜塩素酸〕 ······················ 70
HClO4〔過塩素酸〕 ················· 58, 273
HIO3〔ヨウ素酸〕 ······················· 79
HN3〔アジ化水素〕 ····················· 255
HNO3〔硝酸〕 ···················· 75, 287

I ～ M

IF5〔五フッ化ヨウ素〕 ··················· 295
K〔カリウム〕 ·························· 163
K2Cr2O7〔重クロム酸カリウム〕
　 ································ 35, 85
K2O2〔過酸化カリウム〕 ············· 35, 63
KBrO3〔臭素酸カリウム〕 ················· 72
KClO3〔塩素酸カリウム〕 ············ 36, 51
KClO4〔過塩素酸カリウム〕 ·········· 36, 58
KIO3〔ヨウ素酸カリウム〕 ················ 79
KMnO4〔過マンガン酸カリウム〕
　 ································ 35, 82
KNO3〔硝酸カリウム〕 ··················· 75
Li〔リチウム〕 ·························· 179
LiH〔水素化リチウム〕 ··················· 188

305

Mg〔マグネシウム〕‥‥‥‥‥‥‥‥ 138
MgO2〔過酸化マグネシウム〕
　‥‥‥‥‥‥‥‥‥‥‥‥‥‥‥ 36, 64

N

Na〔ナトリウム〕‥‥‥‥‥‥‥‥‥ 165
Na2CO3〔炭酸ナトリウム〕‥‥‥‥‥ 89
Na2O2〔過酸化ナトリウム〕‥‥‥‥‥ 63
NaBrO3〔臭素酸ナトリウム〕‥‥‥‥ 72
NaClO2〔亜塩素酸ナトリウム〕‥‥‥ 70
NaClO3〔塩素酸ナトリウム〕‥‥ 36, 52
NaClO4〔過塩素酸ナトリウム〕
　‥‥‥‥‥‥‥‥‥‥‥‥‥‥‥ 36, 58
NaH〔水素化ナトリウム〕‥‥‥‥‥ 187
NaIO3〔ヨウ素酸ナトリウム〕‥‥‥‥ 79
NaIO4〔過ヨウ素酸ナトリウム〕‥‥‥ 87
NaMnO4〔過マンガン酸ナトリウム〕
　‥‥‥‥‥‥‥‥‥‥‥‥‥‥‥ 35, 36
NaMnO4・3H2O〔過マンガン酸ナトリウム
　三水和物〕‥‥‥‥‥‥‥‥‥‥‥ 83
NaN3〔アジ化ナトリウム〕‥‥‥ 253, 255
NaNO3〔硝酸ナトリウム〕‥‥‥ 36, 75
NH2NH2・H2SO4〔硫酸ヒドラジン〕‥‥ 247
NH2OH〔ヒドロキシルアミン〕‥‥‥‥ 249
(NH2OH) 2・H2SO4
　〔硫酸ヒドロキシルアミン〕‥‥‥ 252
(NH4) 2Cr2O7〔重クロム酸アンモニウム〕
　‥‥‥‥‥‥‥‥‥‥‥‥‥‥‥ 35, 85
NH4ClO3〔塩素酸アンモニウム〕‥‥‥ 52
NH4ClO4〔過塩素酸アンモニウム〕‥‥‥ 59
NH4NO3〔硝酸アンモニウム〕‥‥‥‥ 76

O ～ Z

O2²⁻〔過酸化物イオン〕‥‥‥‥‥‥ 62
P〔赤リン〕‥‥‥‥‥‥‥‥‥‥‥ 119
P2S5〔五硫化リン〕‥‥‥‥‥‥‥‥ 115
P4〔黄リン〕‥‥‥‥‥‥‥‥‥‥‥ 175
P4O10〔リン酸化物〕‥‥‥‥‥‥‥ 114
P4S3〔三硫化リン〕‥‥‥‥‥‥‥‥ 114
P4S7〔七硫化リン〕‥‥‥‥‥‥‥‥ 115
PbO2〔二酸化鉛〕‥‥‥‥‥‥ 35, 36, 88
S〔硫黄〕‥‥‥‥‥‥‥‥‥‥‥‥ 123
SiHCl3〔トリクロロシラン〕‥‥‥‥‥ 200
SO2〔二酸化硫黄、亜硫酸ガス〕‥‥‥ 114
TNT〔トリニトロトルエン〕‥‥‥‥‥ 235
Zn〔亜鉛粉〕‥‥‥‥‥‥‥‥‥‥‥ 133

あ

亜鉛粉‥‥‥‥‥‥‥‥‥‥‥ 108, 133
亜塩素酸‥‥‥‥‥‥‥‥‥‥‥‥‥ 70
亜塩素酸塩類‥‥‥‥‥‥‥‥‥‥‥ 70
亜塩素酸ナトリウム‥‥‥‥‥‥‥‥ 70
アジ化水素‥‥‥‥‥‥‥‥‥‥‥ 255
アジ化ナトリウム‥‥‥‥‥‥ 216, 253, 255
アセチレン‥‥‥‥‥‥‥‥‥‥‥ 195
アゾ化合物‥‥‥‥‥‥‥‥‥‥‥ 242
アゾ基‥‥‥‥‥‥‥‥‥‥‥‥‥ 242
アゾビスイソブチロニトリル‥‥‥‥‥ 242
亜硫酸ガス‥‥‥‥‥‥‥‥‥‥‥ 114
アルカリ金属‥‥‥‥‥‥‥‥ 62, 179
アルカリ金属等の過酸化物‥‥‥‥‥‥ 43
アルカリ土類金属‥‥‥‥‥‥‥‥‥ 179
アルキルアルミニウム‥‥‥‥‥‥‥ 169
アルキル基‥‥‥‥‥‥‥‥‥‥‥ 169
アルキル基とアルカン‥‥‥‥‥‥‥ 172
アルキルリチウム‥‥‥‥‥‥‥‥‥ 172
アルコキシド‥‥‥‥‥‥‥‥‥‥‥ 165
アルミニウム粉‥‥‥‥‥‥‥‥‥‥ 132
アルミニウムの炭化物‥‥‥‥‥‥‥ 194
泡消火設備・消火器‥‥‥‥‥‥‥‥ 32
硫黄‥‥‥‥‥‥‥‥‥‥‥‥‥‥ 123
イオン化列‥‥‥‥‥‥‥‥‥‥‥ 163
引火性固体‥‥‥‥‥‥‥‥‥ 108, 143
エタン‥‥‥‥‥‥‥‥‥‥‥‥‥ 172
エチルアルミニウムジクロライド‥‥‥ 169
エチルアルミニウムセスキクロライド‥‥ 169
エチル基‥‥‥‥‥‥‥‥‥‥‥‥ 172
塩素酸アンモニウム‥‥‥‥‥‥‥‥ 52
塩素酸塩類‥‥‥‥‥‥‥‥‥‥‥‥ 51
塩素酸カリウム‥‥‥‥‥‥‥‥ 36, 51
塩素酸カルシウム‥‥‥‥‥‥‥‥‥ 53
塩素酸ナトリウム‥‥‥‥‥‥‥ 36, 52
塩素酸バリウム‥‥‥‥‥‥‥‥‥‥ 52
黄リン‥‥‥‥‥‥‥‥‥‥‥‥‥ 175
屋内消火栓設備‥‥‥‥‥‥‥‥‥‥ 32

か

過塩素酸‥‥‥‥‥‥‥‥‥‥ 58, 273
過塩素酸アンモニウム‥‥‥‥‥‥‥ 59
過塩素酸塩類‥‥‥‥‥‥‥‥‥‥‥ 58
過塩素酸カリウム‥‥‥‥‥‥‥ 36, 58
過塩素酸ナトリウム‥‥‥‥‥‥ 36, 58

過酢酸 ……………………………… 221
過酸化カリウム ……………………… 35, 63
過酸化カルシウム …………………… 36, 64
過酸化水素 …………………………… 279
過酸化ナトリウム …………………… 63
過酸化バリウム ……………………… 36, 65
過酸化物イオン ……………………… 62
過酸化ベンゾイル …………………… 219
過酸化マグネシウム ………………… 36, 64
過炭酸ナトリウム …………………… 89
可燃物 ………………………………… 5
過マンガン酸塩類 …………………… 36, 82
過マンガン酸カリウム ……………… 35, 82
過マンガン酸ナトリウム …………… 35, 36
過マンガン酸ナトリウム 三水和物 ……… 83
過ヨウ素酸ナトリウム ……………… 87
カリウム ……………………………… 163
カルシウム …………………………… 180
カルシウムの炭化物 ………………… 194
金属粉 ………………………………… 132
金属の水素化物 ……………………… 187
金属のリン化物 ……………………… 191
固形アルコール ……………………… 143
五フッ化臭素 ………………………… 295
五フッ化ヨウ素 ……………………… 295
ゴム状硫黄 …………………………… 123
ゴムのり ……………………………… 143
五硫化リン（五硫化二リン） ……… 115

さ

三酸化クロム ………………………… 87
三酸化クロム酸 ……………………… 35, 36
三フッ化臭素 ………………………… 294
三硫化リン（三硫化四リン） ……… 114
次亜塩素酸カルシウム ……………… 88
ジアゾ化合物 ………………………… 245
ジアゾジニトロフェノール ………… 245
ジエチル亜鉛 ………………………… 184
ジエチルアルミニウムクロライド ……… 169
ジニトロソペンタメチレンテトラミン …… 240
斜方硫黄 ……………………………… 123
重クロム酸 …………………………… 85
重クロム酸アンモニウム …………… 35, 85
重クロム酸塩類 ……………………… 85
重クロム酸カリウム ………………… 35, 85

臭素酸 ………………………………… 72
臭素酸塩類 …………………………… 72
臭素酸カリウム ……………………… 72
臭素酸ナトリウム …………………… 72
消火設備 ……………………………… 32
硝化綿 ………………………………… 229
硝酸 …………………………………… 75, 287
硝酸アンモニウム …………………… 76
硝酸エステル類 ……………………… 227
硝酸エチル …………………………… 228
硝酸塩類 ……………………………… 75
硝酸カリウム ………………………… 75
硝酸グアニジン ……………………… 256
硝酸繊維素 …………………………… 229
硝酸ナトリウム ……………………… 36, 75
硝酸メチル …………………………… 227
水素化ナトリウム …………………… 187
水素化リチウム ……………………… 188
赤リン ………………………………… 119
セルロイドの特性 …………………… 229

た

第1〜5種の消火設備 ……………… 32
第1〜6類のまとめ ………………… 4
炭化アルミニウム …………………… 194
炭化カルシウム ……………………… 194
炭酸ナトリウム ……………………… 89
炭酸ナトリウム過酸化水素付加物 ……… 89
単斜硫黄 ……………………………… 123
潮解性 ………………………………… 36
鉄粉 …………………………………… 129
テルミット反応 ……………………… 115, 133
同素体 ………………………………… 119
トリエチルアルミニウム …………… 169
トリクロロシラン …………………… 200
トリニトロトルエン ………………… 235
トリニトロフェノール ……………… 234

な

ナトリウム …………………………… 165
七硫化リン（七硫化四リン） ……… 115
二酸化硫黄 …………………………… 114
二酸化鉛 ……………………………… 35, 36, 88
ニトロ化合物 ………………………… 234
ニトログリセリン …………………… 228
ニトロセルロース …………………… 229

ニトロソ化合物 ………………………… 240
ノルマルブチルリチウム ……………… 172

| は |

発煙硝酸 …………………………………… 288
バリウム ………………………………… 180
ハロゲン化物消火設備・消火器 ………… 32
ハロゲン間化合物 ……………… 269, 294
ピクリン酸 ……………………………… 234
ヒドラジン ……………………………… 247
ヒドラジンの誘導体 …………………… 247
ヒドロキシルアミン …………………… 249
ヒドロキシルアミン塩類 ……………… 252
不動態被膜 ……………………… 134, 286
ヒューム …………………………………… 74
プロパン ………………………………… 172
プロピル基 ……………………………… 172
粉末消火設備・消火器 …………………… 32

| ま |

マグネシウム …………………………… 138
無機過酸化物 …………………… 36, 62
メタン …………………………………… 172
メチルエチルケトン …………………… 220
メチルエチルケトンパーオキサイド …… 220
メチル基 ………………………………… 172

| や |

有機金属化合物 ………………………… 184
有機物 ……………………………………… 5
誘導体 …………………………………… 219
ヨウ素酸 …………………………………… 79
ヨウ素酸塩類 ……………………………… 79
ヨウ素酸カリウム ………………………… 79
ヨウ素酸ナトリウム ……………………… 79

| ら |

ラッカーパテ …………………………… 143
リチウム ………………………………… 179
硫化水素 ………………………………… 123
硫化リン ………………………… 108, 114
硫酸ヒドラジン ………………………… 247
硫酸ヒドロキシルアミン ……………… 252
流動パラフィン ………………… 155, 163
両性元素 ………………………………… 98
リン化カルシウム ……………………… 191

リン酸化物 ……………………………… 114

書籍の訂正について

本書の記載内容について正誤が発生した場合は、弊社ホームページに
正誤情報を掲載しています。

株式会社公論出版 ホームページ
書籍サポート/訂正
URL：https://kouronpub.com/book_correction.html

本書籍に関するお問い合わせ

メール ✉	問合せフォーム	FAX	03-3837-5740

必要事項
・お客様の氏名とフリガナ
・FAX 番号（FAX の場合のみ）
・書籍名　・該当ページ数　・問合せ内容

※お問い合わせは、**本書の内容に限ります。**
　下記のようなご質問にはお答えできません。

EX：・実際に出た試験問題について　　・書籍の内容を大きく超える質問
　　・個人指導に相当するような質問　・旧年版の書籍に関する質問　等

また、回答までにお時間をいただく場合がございます。ご了承ください。
なお、**電話でのお問い合わせは受け付けておりません。**

乙種1・2・3・5・6類 危険物取扱者試験 令和6年版
科目免除者用
令和5年～平成25年中に出題された524問を収録

■発行所　株式会社 公論出版
　　　　　〒110-0005
　　　　　東京都台東区上野3-1-8
　　　　　TEL.03-3837-5731
　　　　　FAX.03-3837-5740

■定価　2,200円　　■送料　300円（共に税込）

■発行日　2023年 12月25日　初　版

ISBN978-4-86275-262-8